Elektromotorische Antriebe

von

Professor Dipl.-Ing. W. Meyer

Mit 113 Abbildungen

Sammlung Göschen Band 827/827 a/827 b

Walter de Gruyter & Co. · Berlin 1967

vormals G. J. Göschen'sche Verlagshandlung · J. Guttentag,
Verlagsbuchhandlung · Georg Reimer · Karl J. Trübner · Veit & Comp.

Inhalt

Abkürzungen

M_a Anlaufmoment
M_b Beschleunigungsmoment
M_n Nennmoment
M_w Widerstandsmoment
N_n PS-Motorleistung
N_w Beharrungsleistung
n_1 Motordrehzahl
n_2 Drehzahl der umlaufenden Massen
t_a Anlaufzeit s
d bezogener Trägheitsdurchmesser m
w Reibungswiderstand kg/t
GD_1^2 Schwungmoment auf die Motorwelle bezogen kgm^2
GD_2^2 Schwungmoment aller umlaufenden Massen kgm^2

Einleitung

Der Elektromotor lieferte ursprünglich als zentraler Antrieb über die Transmission mechanische Leistung. Er folgte später seinem eigenen Gesetz: „Die Entwicklung des wirtschaftlichen elektromotorischen Antriebes ist einschließlich Motor und Schaltzeug gekennzeichnet durch die Wanderung des Punktes der Umwandlung elektrischer Energie in die mechanische des Elektromotors auf das letzte Arbeitselement zu, in der Regel unter gleichzeitiger Leistungsaufteilung des zentralen Antriebes in eine Anzahl kleinerer Krafteinheiten (Dr. Bingel, 1930)."

Der Motor paßte sich den Bedingungen des Einzelantriebes an. Für die Entwicklung der Motoren und ihrer Charakteristiken war diese Richtung sehr fruchtbar; jeder Einzelantrieb an einer Arbeitsmaschine fordert je nach den technologischen und verfahrenstechnischen Bedingungen Besonderheiten:

im Drehzahl- und Drehmomentverhalten,
beim Beschleunigen und Verzögern,
in Bauform, Schutzart und Kühlung,
für den Schutz und die Netzverhältnisse.

In Jahrzehnten hat sich entsprechend den Forderungen der Praxis eine umfangreiche Technik der Geräte und Steuerungen entwickelt, bewährt und weitverbreitet. Neben diesen mit Kontakten arbeitenden Ausrüstungen tritt nun die Elektronik. Und dennoch werden sich die Schaltungen mit Steuerwalzen, Meisterschaltern, Schützen hoher Schalthäufigkeit und Lebensdauer und die Geräte dieser bekannten Technik behaupten. Denn neue Erkenntnisse und Entwicklungen führten auf diesem Gebiet zu Fortschritten: Geräte und Schützenkonstruktionen paßten sich dem schwereren Betrieb mit hohen Schalthäufigkeiten an.

Die Vorteile des sehr anpassungsfähigen elektromotorischen Antriebs fördern die zunehmende Anwendung elektrischer Arbeit. Durch Ausnutzen der Eigenschaften der Motoren, der Steuerungs-, Regelungs- und Automatisierungstechnik werden Mechanisierung und Rationalisierung gefördert.

Wie die Forderungen der Arbeitsprozesse die elektromotorischen Ausrüstungen bestimmen, zeigen in besonderem Maße die Industrieantriebe mit den Beispielen der Drehstrom- und Gleichstrom-Antriebstechnik.

Dem Gleichstrommotor entstand durch den von Dolivo-Dobrowolski entwickelten Drehstrommotor nach 1890 ein Konkurrent, der bei seiner Einfachheit des Aufbaues, der Robustheit, dem geringen Platzbedarf und der Sparsamkeit seiner Schaltgeräte wichtige Vorteile brachte.

Durch Ausnutzen der Eigenschaften der Motoren und Anwenden der Steuerungs- und Regelungstechnik wird die technisch und wirtschaftlich beste Lösung angestrebt. Die zunehmende Verwendung elektrischer Arbeit ist in den Vorteilen des sehr anpassungsfähigen elektromotorischen Antriebes begründet. Mechanisierung, Rationalisierung und Automatisierung sind ohne ihn nicht denkbar. Neben den modernen Geräten der Elektronik, Magnetik und Halbleitertechnik werden die Bausteine der Motoren, Schaltgeräte u. a. ständig weiterentwickelt.

1. Gleichstrommotoren für Antriebe

Der Gleichstrommotor besteht aus dem Joch mit Haupt- und Wendepolen, dem Anker mit Wicklung, Stromwender und Lüfter. Der Übersichtsschaltplan zeigt verschiedene maßgebliche Schaltungsmöglichkeiten der Gleichstrommaschine (VDE 0570/7.57): Der gekrümmte Pfeil gibt die Drehrichtung an, von der Antriebsseite aus gesehen; die geraden Pfeile stimmen mit der Stromrichtung überein und zeigen zugleich die

Richtung des vom Strom erzeugten magnetischen Feldes an. Die Polarität der Bürsten ist durch den Netzanschluß gegeben. Der Ankerpfeil zeigt von der Plus- zur Minusbürste beim Motor als Verbraucher. Den Schaltplan eines Reihenschlußmotors für Linkslauf zeigt Bild 1.

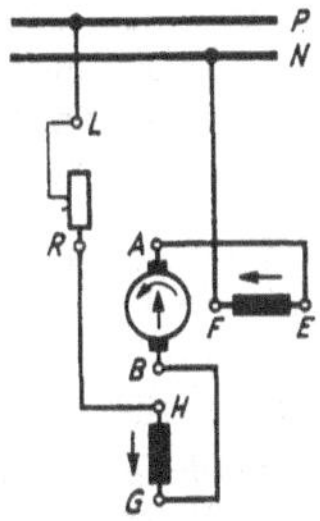

Bild 1

Elektromotorische Kraft (EMK)

Die im Anker induzierte EMK ist, unabhängig ob Motor- oder Generatorbetrieb vorliegt:

$$E = z \cdot \frac{2\,p}{2\,a} \cdot \frac{n}{60} \cdot \Phi = c_1 \cdot n \cdot \Phi \text{ in V}$$

Hierin bedeuten:

$2\,p$ Polzahl
$2\,a$ Anzahl der parallelen Zweige der Ankerwicklung
n Drehzahl in min^{-1}
z Gesamtzahl der Ankerleiter
Φ Fluß je Pol in Weber (1 Wb = 1 Vs = 10^8 Maxwell)

$$c_1 = z \cdot \frac{2\,p}{2\,a} \cdot \frac{1}{60} = \text{die sogenannte Maschinenkonstante}$$

Erregung

Der Fluß Φ wird durch den Erregerstrom erzeugt, der durch die die Hauptpole umfassende Erregerwicklung fließt.

Man unterscheidet in Übereinstimmung mit VDE 0530/3.59, § 6 „Regeln für elektrische Maschinen“ folgende Erregungsarten:

Selbsterregung
ist die Erregung einer Maschine durch einen Strom, den sie selbst oder das gleiche Netz liefert, an dem auch ihr Anker liegt.

Eigenerregung
ist die Erregung einer Maschine durch einen Generator, der im wesentlichen diesem Zwecke dient und dessen Drehzahl an die der Hauptmaschine (meist durch direkte mechanische Kupplung) gebunden ist.

Fremderregung
ist die Erregung einer Maschine durch eine von ihr unabhängige Stromquelle. Man verwendet eine getrennte Erregermaschine, eine Batterie oder einen an das Drehstrom- oder Wechselstromnetz angeschlossenen Stromrichter.

Bei der Schaltung der Erregerwicklung unterscheidet man:

Nebenschlußerregung
Die Erregerwicklung ist an die Ankerklemmen der Maschine angeschlossen oder sie wird von einem fremden Netz gespeist.

Reihenschlußerregung
Die Erregerwicklung ist mit dem Anker in Reihe geschaltet. Unter Umständen wird ein Teil des Ankerstromes abgezweigt. In der Wicklung fließt der volle Ankerstrom oder ein Teil desselben.

Doppelschlußerregung
Die Erregung geschieht gemeinsam durch eine Nebenschluß- und eine Reihenschlußwicklung.

Vorgang der Selbsterregung
Der remanente Magnetismus ermöglicht die Selbsterregung der Gleichstrommaschine. Er erzeugt beim drehenden Anker in der Ankerwicklung eine geringe

Spannung, die der Drehzahl verhältnisgleich ist und in der Erregerwicklung einen kleinen Strom zum Fließen bringt. Durch diesen Strom wird das anfänglich schwache Magnetfeld verstärkt, so daß die erzeugte Ankerspannung steigt und einen größeren Strom durch die Erregerwicklung treibt.

Drehmoment

Das Drehmoment ist dem Produkt aus Fluß und Ankerstrom proportional:

$$M = c_2 \cdot \Phi \cdot I_A$$

wobei c_2 eine zweite Maschinenkonstante ist, die fast mit der Maschinenkonstante c_1 übereinstimmt, da $c_2 = 0{,}974\, c_1$ ist. Die Richtung des Drehmomentes hängt von der Stromrichtung und von der Polarität des Magnetfeldes ab. Beim Motor, der an der Welle mechanische Leistung abgibt, wirkt das Drehmoment immer im Sinne der Drehrichtung. Zwischen Leistung, Drehmoment und Drehzahl besteht die Beziehung:

$$M = 974 \frac{P}{n}, \quad M \text{ in kp m}, \ P \text{ in kW}, \ n \text{ in min}^{-1}$$

Hierbei ist zu beachten, daß bei Berechnung des Drehmomentes an der Kupplung bei Motoren die mechanisch abgegebene Leistung eingesetzt werden muß, die sich aus der elektrisch umgesetzten Leistung ergibt zu:

$$\text{Motor } P_{\text{mech}} = P_{\text{el}} \cdot \eta_{\text{mot}}$$

Reihenschluß- und Nebenschlußverhalten bei Motoren Ohmscher Widerstand und Ankerrückwirkung

Die belastete Gleichstrommaschine führt Ankerstrom, der im Ankerkreis einen ohmschen Spannungsabfall verursacht. Der Ankerspannungsabfall beträgt nur wenige Prozent der bei Nennbetrieb erzeugten EMK; er ist — an dieser gemessen — um so kleiner, je größer die Maschine ist und je höher die Nenndrehzahl liegt.

Der Spannungsabfall hängt von der Summe aller im Ankerkreis liegenden Widerstände ab. Zu diesem Spannungsabfall tritt noch der geringe Spannungsverlust unter den Bürsten, der von der Stromdichte in den Bürsten abhängig ist. Der Ankerstrom der Gleichstrommaschine ergibt sich dann nach dem Ohmschen Gesetz beim Motor zu

$$I_A = (U - E)\, R_A \quad (U \text{ vom Netz geliefert})$$

Der die Ankerwicklung durchfließende Strom baut bei nichtkompensierten Maschinen ein magnetisches Feld auf, das als Ankerquerfeld bezeichnet wird.

Infolge der Sättigungserscheinungen des Eisens ist die Schwächung des Feldes auf der einen Seite größer als die Verstärkung auf der anderen Seite. Das Ankerquerfeld bewirkt also, falls die Bürsten in der neutralen Zone stehen, stets eine Schwächung des gesamten die EMK induzierenden Flusses Φ.

Stabilität und dynamisches Verhalten

Aus den Gleichungen für die EMK (1) und für Ankerstrom I_A folgt die Grundgleichung des Motors

$$U = I_A \cdot R_A + c_1 \cdot n \cdot \Phi$$

die den wechselseitigen Einfluß von Spannung, Strom, Drehzahl und Fluß wiedergibt.

Für die Drehzahl gilt:

$$n = \frac{U - I_A \cdot R_A}{c_1 \cdot \Phi}$$

An Hand dieser Gleichung läßt sich das Drehzahlverhalten des Gleichstrommotors erkennen und die Stabilität seines Verhaltens bei Last beurteilen.

Beim Nebenschlußmotor entnimmt die am Netz liegende Erregerwicklung diesem einen konstanten Erregerstrom, der ohne jegliche Ankerrückwirkung einen gleichbleibenden Fluß Φ hervorrufen würde. Mit stei-

Bild 2. Drehzahl bei Änderung der Spannung

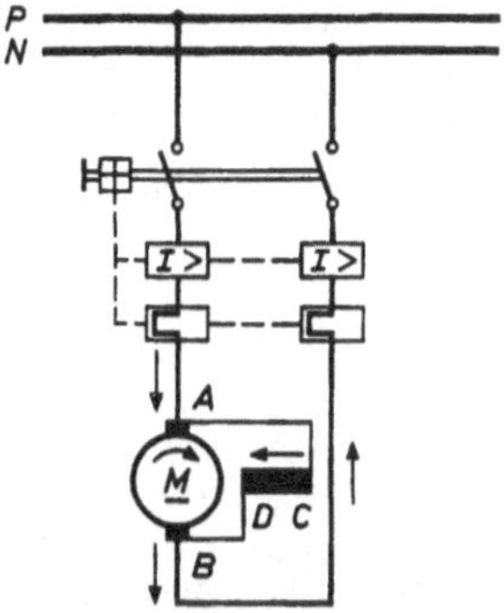

Bild 3. Nebenschlußmotor

gendem Ankerstrom wird die Motor-EMK kleiner, und die Drehzahl hat die Neigung, proportional mit der Last abzufallen. Andererseits wird aber durch die meist vorhandene Ankerrückwirkung auch der Fluß Φ bei Last mehr oder weniger stark geschwächt; dies ruft eine Neigung zur Drehzahlsteigerung hervor. Der Fluß wird aber nicht linear, sondern etwa quadratisch vom Strom beeinflußt.

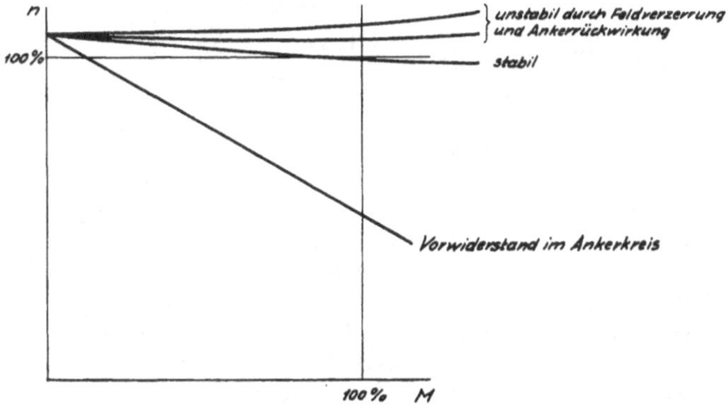

Bild 4. Kennlinien des Gleichstrom-Nebenschlußmotors

Bei kleiner Belastung überwiegt also die Wirkung des Ankerspannungsabfalles, so daß anfangs die Drehzahl fällt. Bei größerer Belastung dagegen kann der Einfluß der Ankerrückwirkung infolge der quadratischen Stromabhängigkeit größer als der des linearen ohmschen Spannungsabfalles werden, so daß die Drehzahl nicht mehr fällt, sondern unter Umständen nach Erreichen eines Minimums zu steigen beginnt.

In einigen Fällen besteht also bei modernen, hochausgenutzten und vor allem bei größeren Motoren eine gewisse Neigung zu unstabilem Drehzahlverhalten; es werden daher zusätzliche Maßnahmen angewandt, um den stabilen Bereich über die Nennlast hinaus zu erweitern.

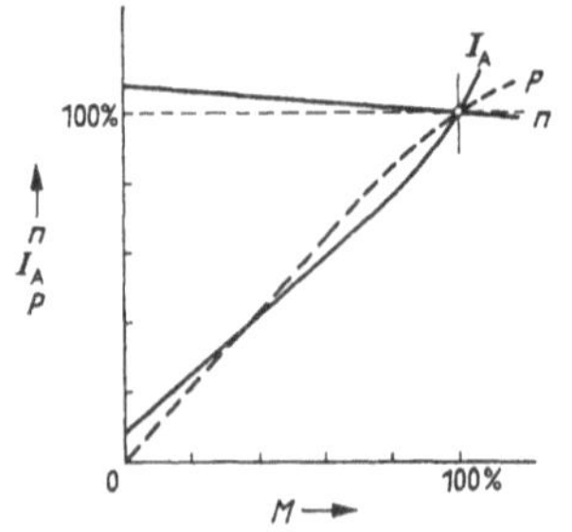

Bild 5. Drehzahl, Ankerstrom und Leistung eines Gleichstrom-Nebenschlußmotors über dem Drehmoment

Kompensationswicklung

Als wirksames Mittel erweist sich die Kompensationswicklung, die Feldverzerrung und -schwächung bei Last erfolgreich verhindert. Große Gleichstrommaschinen werden daher immer mit einer Kompensationswicklung ausgerüstet.

Bei kleinen bis mittleren Gleichstrommaschinen ist jedoch die Kompensationswicklung verhältnismäßig teuer und erschwert den inneren Aufbau. Man sieht hier einfachere Mittel zur Erweiterung des Stabilitätsbereiches vor und beschränkt die Anwendung der Kompensationswicklung auf Maschinen für hohe Überlast, besonders wenn diese im Feldschwächbereich auftritt. Ein einfaches Mittel, die Stabilität zu erhöhen, ist in manchen Fällen die Hilfs-Reihenschlußwicklung, die eine zusätzliche Erregung bei belastetem Motor bewirkt. Sie wird so ausgelegt, daß bei Nennbetrieb der Einfluß der Ankerrückwirkung nahezu ausgeglichen wird, so daß noch bei 50 % Überlast mit stabilem Drehzahlverhalten gerechnet werden kann. Bei dieser Wicklung ist beim Ändern der Drehrichtung ihre Verbindung zum Anker umzuschalten, wodurch ein größerer Aufwand in der Steuerung entsteht. Wenn infolge durchziehender Last die Möglichkeit zum generatorischen Betrieb besteht, sind besondere Maßnahmen erforderlich.

Eine vom Belastungsstrom abhängige Spannungssenkung des Stromerzeugers wirkt ebenfalls stabilisierend; sie kann im einfachsten Falle durch einen in den Hauptstromkreis eingeschalteten Widerstand geringer Größe bewirkt werden, der allerdings zusätzliche Verluste verursacht.

Bürstenvorschub

Einfluß auf die Stabilität üben auch Bürstenverschiebung und die Stärke des Wendepolfeldes aus.

Sowohl beim Motor als auch beim Generator wirkt ein Verschieben der Bürsten im Sinne der Drehrichtung stabilisierend, d. h. die Drehzahl der Motoren bzw. die Spannung der Generatoren fällt mit zunehmender Last.

Wendepolfeld

Durch ein zu starkes Wendepolfeld wird die Wendung des Stromes beschleunigt, so daß sie bereits im auflaufenden Bürstenbereich stattfindet. Bei zu schwachem Wendepolfeld wird sie verzögert und vollzieht sich in der Nähe der ablaufenden Bürstenkante. Verfrühte Stromwendung entspricht also einer Bürstenverschiebung entgegen der Drehrichtung und der verspätete

Vorgang dem soeben erwähnten Bürstenvorschub. Deshalb wird die Stärke des Feldes unter den Wendepolen sorgfältig abgestimmt.

Reihenschlußmotor

Während bei der Nebenschlußmaschine — von der Ankerrückwirkung abgesehen — ein konstantes, lastunabhängiges Feld erzeugt wird, entsteht bei der Reihenschlußmaschine durch den zur Erregung benutzten Ankerstrom ein lastabhängiges Feld. Die Beziehung zwischen Strom und Fluß ist nicht linear: sie wird durch die gekrümmte Magnetisierungskennlinie $\Phi = f\,(I_A)$ dargestellt. Mit zunehmender Belastung verstärkt sich also der Fluß eines Reihenschlußmotors, wodurch seine Drehzahl, insbesondere im Bereich hoher Last merklich sinkt und Stabilitätsschwierigkeiten infolgedessen gar nicht auftreten. Umgekehrt steigt bei Entlastung die Drehzahl sehr stark an. Diese Drehzahlzunahme wird durch die innere und äußere Reibung des gesamten Antriebes im allgemeinen eingeschränkt. Da unter keinen Umständen durch eine zu hohe Leerlaufdrehzahl die zulässige mechanische Beanspruchung überschritten

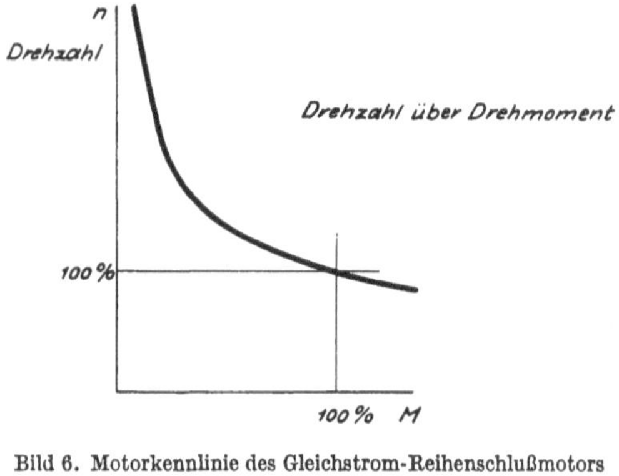

Bild 6. Motorkennlinie des Gleichstrom-Reihenschlußmotors

werden darf, sorgt man in kritischen Fällen durch eine zusätzliche, sogenannte Nebenschluß-Haltewicklung für eine Begrenzung der Motorgeschwindigkeit auch bei völliger Entlastung.

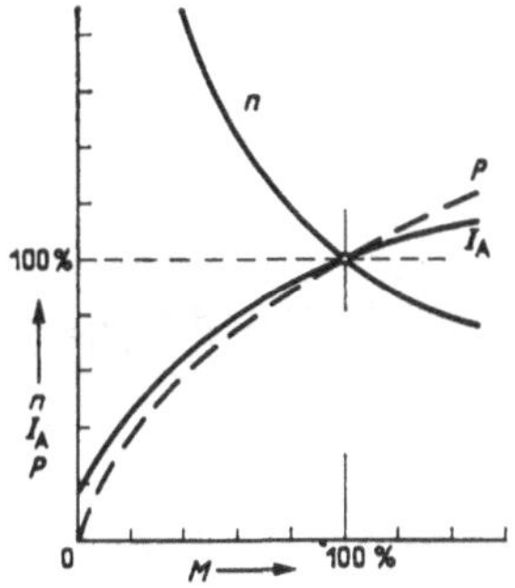

Bild 7. Drehzahl, Leistung u. Strom des Gleichstrom-Reihenschlußmotors

Doppelschlußmotor

Die Kombination einer Nebenschluß- mit einer Reihenschlußwicklung führt zur Doppelschlußmaschine. Je nach den gewünschten Eigenschaften als Motor oder Generator wird die gesamte Erregung in verschiedenem Maße auf die Nebenschluß- und die Reihenschlußwirkung aufgeteilt. Bei Motoren wird die Reihenschlußwicklung ausschließlich feldverstärkend geschaltet, so daß sie immer die Nebenschlußwicklung unterstützt,

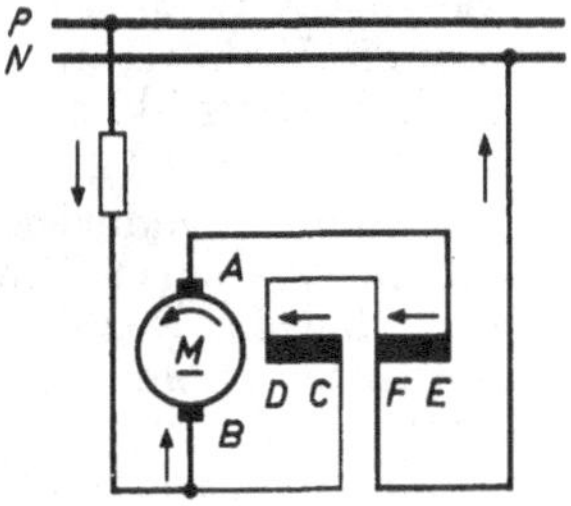

Bild 8. Gleichstrommotor mit Doppelschlußwicklung

damit ein sicheres Sinken der Drehzahl mit steigender Belastung eintritt und ein stabiles Verhalten erzielt werden.

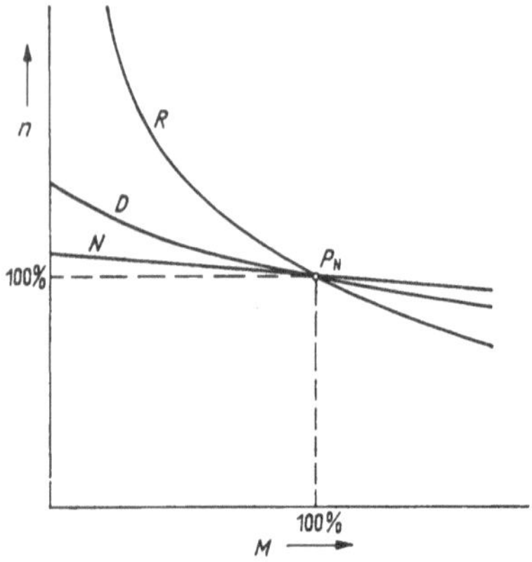

Bild 9. Drehzahlverhalt des Reihenschluß- (*R*), Doppelschluß- (*D*) und Nebenschlußmotors (*N*)

2. Drehstrom-Asynchronmotor

Drehfeld und Drehmoment

Der Asynchronmotor besteht im wesentlichen aus Ständer und Läufer. Beide werden aus legierten Dynamoblechen geschichtet und tragen die in Nuten eingebetteten Läufer- und Ständerwicklungen.

Die vom Netz aufgenommene Wirkleistung P_W wird, bis auf die Verluste, durch das in der Ständerwicklung umlaufende Drehfeld auf den Läufer übertragen und in mechanische Leistung umgewandelt.

Das Drehfeld induziert in der Läuferwicklung eine Spannung, die einen Strom I_2 zur Folge hat, vorausgesetzt, daß der Läufer in seiner Geschwindigkeit von der des synchron umlaufenden Drehfeldes abweicht. Die Tatsache, daß der Läufer bei Belastung nicht mehr synchron, sondern asynchron läuft, wird „Schlupf“ s genannt; er wird allgemein in Prozenten der Synchrondrehzahl n_s angegeben:

$$s = \frac{n_s - n}{n_s} \cdot 100\ (\%)$$

Der magnetische FlußΦ bildet mit dem Läuferstrom I_2 das Drehmoment M, und zwar gilt im Bereich der vollen Drehzahl angenähert $M \approx k \cdot \Phi \cdot I_2$ (kpm).

Die Drehfeldleistung ist

$$P_L = \frac{M \cdot n_s}{0{,}974}\ (\mathrm{W})$$

die abgegebene Leistung

$$P_2 = \frac{M \cdot n}{0{,}974}\ (\mathrm{W})$$

Die Differenz $P_L - P_2$ geht als elektrische Verlustleistung P_v im Läuferkreis verloren. Die auf den Läufer übertragene Leistung zerfällt daher in die mechanische Nutzleistung P_2 und die Verlustleistung P_v, die sich mit Bezug auf den Schlupf und die Luftspaltleistung wie folgt aufteilen:

$$P_2 = P_L\,(1 - s)$$
$$P_v = P_L \cdot s$$

Das Drehmoment ist

$$M = \frac{P_2}{n} \cdot 0{,}974\ (\mathrm{kpm})$$

oder bei Betriebsdrehzahl angenähert

$$M \approx \frac{P_2}{n_s}\ (\mathrm{kpm})$$

Hierin bedeuten:

P_2 Leistung in W,
n Drehzahl in U/min,
n_s synchrone Drehzahl in U/min.

Bis zur Grenze seiner Überlastbarkeit gibt der Asynchronmotor jede Leistung ab, die von ihm gefordert wird. Er paßt sich selbsttätig der Belastung an. Ein Überschreiten der Nennleistung muß jedoch zeitlich begrenzt werden. Die Motoren entsprechen in der Überlastbarkeit VDE 0530/7.55 „Regeln für elektrische Maschinen", wonach die Maschinen für Dauerbetrieb im betriebswarmen Zustand während zwei Minuten den 1,5fachen Nennstrom aushalten müssen. Das Kippmoment als Höchstmoment ist mindestens gleich dem 1,6fachen Nennmoment. Die tatsächlichen Werte sind jedoch im allgemeinen wesentlich größer.

Das Drehmoment ist angenähert proportional dem Produkt aus Fluß und Läuferstrom. Bei unveränderter Netzfrequenz ist der Fluß der Netzspannung verhältnisgleich, so daß bei konstanter Netzspannung der Läuferstrom dem jeweiligen an der Kupplung geforderten Drehmoment proportional ist. Änderungen des Drehmomentes haben die entsprechenden Änderungen des Läuferstromes zur Folge.

Steigt oder sinkt dagegen die Netzspannung, so zeigt bei unverändertem Drehmoment der Läuferstrom das umgekehrte Verhalten, da das Produkt aus Fluß und Läuferstrom gleichbleiben muß, der Fluß sich aber im gleichen Maße wie die Netzspannung ändert. Geht z. B. die Spannung des Netzes um 20 % zurück, so muß der Läuferstrom um 25 % ansteigen. Jede Spannungssenkung ist bei unveränderter Last mit erhöhten Wicklungsverlusten und größerer Erwärmung der Läuferwicklung verbunden. Der Ständerstrom und die Ständerwicklung werden in geringerem Maße betroffen.

Erhöhte Netzspannung wirkt beim Läufer im umgekehrten Sinn, erfordert aber im Ständer eine fühlbare Zunahme des Blindstromes, da die Sättigung der Maschine zunimmt. Es sind daher nur Spannungserhöhungen bis zu 105 % der Nennspannung zulässig.

Frequenz

Der Zusammenhang zwischen Netzspannung U, Fluß Φ, primärer Windungszahl w und Netzfrequenz f lautet:

$$U = k \cdot w \cdot f \cdot \Phi$$

Bei erhöhter Frequenz sinkt der Fluß, sofern weder die Spannung noch die Windungszahl geändert werden. Umgekehrt führt der Betrieb mit verringerter Frequenz zu einem erhöhten, meist nicht mehr zulässigen Fluß. Die Leerlaufdrehzahl und angenähert auch die Betriebsdrehzahl bei Last sind der jeweiligen Frequenz proportional. Wenn die zugeführte Spannung im gleichen Verhältnis wie die Frequenz geändert wird, arbeitet die Maschine mit dem richtigen Fluß.

Spannung

Die Nennspannungen für Drehstrommotoren sind nach VDE 0530/7.55 genormt.

Für 10 kV liegt die wirtschaftliche Leistungsgrenze bei etwa 800 bis 1000 kW (1500 U/min). Die wirtschaftliche Ausführung von Niederspannungsmotoren ist nach oben hin leistungsmäßig begrenzt. Zweckmäßigerweise sollte man bei 380 V Betriebsspannung eine Leistung von etwa 800 kW (1500 U/min) nicht überschreiten. Dabei ergeben sich bereits Nennstromstärken von etwa 1400 A. Die Zuführung solch großer Stromstärken erfordert besondere Maßnahmen.

Bei Motoren bis 1 kW ist die Ausführung für 500 V nicht immer möglich.

Die Nennspannung darf um $\pm 5\,\%$ schwanken. Den Einfluß von Spannungsänderungen auf die Nennleistung zeigt Bild 5.

Ein für 380 V gewickelter Motor kann ohne weiteres für eine Betriebsspannung von höchstens 400 V verwendet werden.

Bei einer Überschreitung der Netzspannung über den höchstzulässigen Grenzwert erhöhen sich die Eisenverluste, und die Erwärmung steigt. Ein Dauerbetrieb ist hierbei im allgemeinen nicht zulässig. Der Leerlaufstrom wird ebenfalls größer, während der Leistungsfaktor zurückgeht.

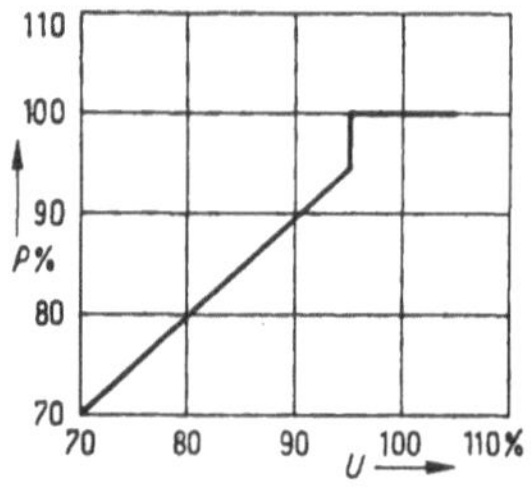

Bild 10. Netzspannungsänderung und Leistung

Die einfachste Möglichkeit, eine Wicklung für zwei verschiedene Spannungen verwenden zu können, ist die Umschaltung von Dreieck auf Stern oder umgekehrt. Die Spannungen stehen hierbei in einem Verhältnis $1:\sqrt{3}$. Es können daher z. B. folgende praktisch vorkommende Spannungen erzielt werden: 110/190, 127/220 220/380, 290/500, 380/660, 500/865, 3000/5000, 6000/10 000 V. Selbstverständlich muß die Wicklung immer für die höhere Spannung isoliert sein.

Leistungsfaktor (cos φ)

Wird ein Drehstrommotor ganz entlastet, läuft er also leer, so geht der Strom keinesfalls auf Null zurück. Vielmehr nimmt der Motor den Leerlaufstrom I_0 auf, der bei kleinen Motoren etwa 40 bis 50 %, bei mittleren und größeren Leistungen etwa 25 bis 30 % des Nennstromes betragen kann. Langsamlaufende Drehstrommotoren haben bei gleicher Leistung und Spannung im allgemeinen einen größeren Leerlaufstrom als Motoren mit höheren Drehzahlen.

Der Leerlaufstrom setzt sich aus zwei Komponenten zusammen, dem Strom zur Deckung der geringen Leerlaufverluste (Wirkstrom), und einem Strom, der zur Magnetisierung des Blechpaketes dient. Der Magnetisierungsstrom eilt zeitlich der Spannung nach und leistet als Blindstrom keine Arbeit, daher wird von der Leerlaufblindleistung des Drehstrommotors gesprochen, da diese nicht in mechanische Leistung umgewandelt werden kann.

Wird der Motor belastet, so entnimmt er dem Netz einen Strom I_1, der in den Wirkstrom I_w und den Blindstrom I_b zerlegt werden kann. Bei unveränderter Wirkleistung werden die Scheinleistung und die Stromaufnahme um so größer, je größer die Blindleistung ist. Das Verhältnis von Wirkleistung zu Scheinleistung wird als Leistungsfaktor oder cos φ bezeichnet; es ist

$$\cos\varphi = \frac{\text{Wirkleistung}}{\text{Scheinleistung}} = \frac{\text{Wirkstrom}}{\text{Netzstrom}}$$

Der cos φ bewegt sich im allgemeinen bei zwei- bis achtpoligen Motoren in den Grenzen von etwa 0,80 bis 0,90.

Der Wirkstrom I_w wird gewöhnlich durch den Netzstrom I_1 und den Leistungsfaktor cos φ ausgedrückt.

Der Leistungsfaktor ist von der Belastung abhängig und wird mit abnehmender Leistung schlechter. Er ist ferner abhängig von der Polzahl, also der Drehzahl der Motoren. Schnellaufende Motoren haben bessere Leistungsfaktoren als Motoren gleicher Leistung, jedoch kleinerer Drehzahl.

Drehzahl und Schlupf

Drehstrommotoren lassen sich nur für bestimmte Drehzahlen ausführen, die durch die Polzahl $2\,p$ und die Netzfrequenz f festgelegt sind. Zwischen diesen Größen und der synchronen Drehzahl n_s (Leerlaufdrehzahl) besteht eine einfache Beziehung, und zwar ist

$$n_s = \frac{120\,f}{2\,p}\ (\text{U/min})$$

Bei voller Last ist die Drehzahl entsprechend dem Schlupf des Motors geringer. Sie beträgt bei einer Netzfrequenz von 50 Hz etwa 2850, 1420, 720, 560 und so weiter. Eine Steigerung ist nicht möglich.

Motormomente

Der Drehmomentverlauf des Drehstrommotors mit Käfigläufer läßt sich durch den Werkstoff der Stäbe und deren Querschnitt (Keilstab- und Hochstabläufer) oder durch Verwendung zweier Stäbe je Nut (Doppelkäfigläufer) in starkem Maße beeinflussen.

Nach der Drehmoment-Drehzahl-Kennlinie unterscheidet man:

Motormoment	M	
Nennmoment	M_N	(Motornennmoment)
Kippmoment	M_K	(Höchstmoment im Lauf)
Anzugsmoment	M_a	(Moment im Stillstand)
Sattelmoment	M_s	(kleinstes Moment)
Gegenmoment	M_g	(dem Motormoment entgegenwirkendes Moment der Arbeitsmaschine)

Beschleunigungsmoment

$$M_b \; (M_b = M - M_g)$$

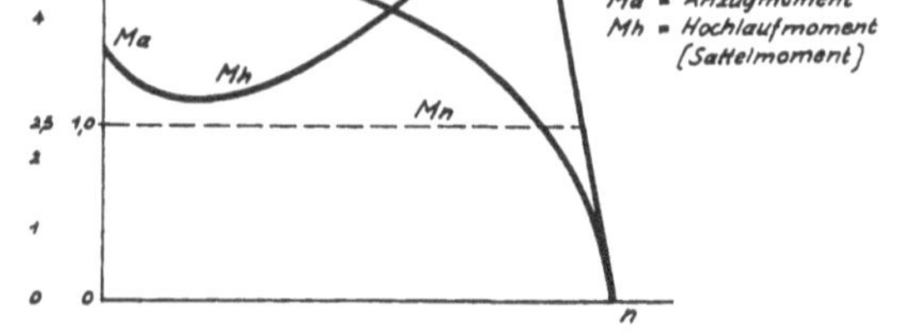

Bild 11. Strom- und Drehmomentverlauf eines Drehstrommotors

Angestrebt wird, den Drehmomentverlauf normaler Drehstrommotoren den in der Praxis am häufigsten vorkommenden Anlaufbedingungen so anzupassen, daß ein sicheres, möglichst sanftes und stoßfreies Hochfahren gewährleistet ist. Dieser Tatsache wurde durch Entwicklung des Keilstabläufers für größere Motoren Rechnung getragen, der einen einwandfreien Hochlauf fast aller Arbeitsmaschinen bei direkter Einschaltung ermöglicht und oft für Stern-Dreieck-Einschaltung bei Leerlauf geeignet ist. Er wird meist für Leistungen ab 100 kW verwendet (bezogen auf 1500 U/min oder bei direkter Einschaltung).

Mit dem Doppelnutläufer können noch günstigere Anlaufwerte als mit dem Keilstabläufer erreicht werden. Wenn man aber die Anlaufbedingungen mit dem Keilstabläufer noch beherrscht, und das sind etwa 90 % aller Fälle, wird man diesen wegen der einfachen Bauart vorziehen. Für die Antriebe, bei denen sein Anzugsmoment nicht mehr ausreicht, zum Beispiel bei Stern-Dreieck-Anlauf und größeren Gegenmomenten, werden die Käfigläufermotoren mit Doppelnutläufern ausgerüstet.

Anlassen von Käfigläufermotoren

Direkte Einschaltung

Die direkte Einschaltung ist das einfachste Anlaßverfahren bei Drehstrommotoren mit Käfigläufer. Für die Beurteilung, ob ein Motor direkt eingeschaltet werden kann, ist der beim Anlauf im Netz hervorgerufene Spannungsabfall maßgebend. Für Drehstrommotoren, die an öffentliche Netze angeschlossen werden, bestehen Vorschriften, wonach der Anschluß solcher Motoren in Leistung und Anzugsstrom beschränkt wird.

Durch Verwendung eines Läufers mit erhöhtem Widerstand kann ein verringerter Anzugsstrom erzielt werden, wobei der hiermit verbundene größere Schlupf in Kauf genommen werden muß.

Stern-Dreieck-Schaltung

Zur Herabsetzung des Anzugsstromes beim Käfigläufer wird dem Motor während des Anlaufes durch die Stern-Dreieck-Schaltung eine verminderte Spannung zugeführt. Die in Dreieck geschaltete Ständerwicklung wird beim Anlauf in Stern umgeschaltet und nach erfolgtem Hochlauf wieder auf die betriebsmäßige Dreieckschaltung zurückgeschaltet. Der Anzugstrom geht hierbei auf etwa 30 % des Wertes bei direkter Einschaltung zurück. Aber auch das Anzugsmoment wird gleichzeitig auf etwa 30 % des Anzugsmomentes bei direkter Schaltung herabgesetzt.

Damit der Stern-Dreieck-Anlauf seinen Zweck erfüllt, muß der Motor in der Sternstellung bis zur Nenndrehzahl hochlaufen.

Bei Stern-Dreieck-Anlauf unter Last ist mit einer größeren Anlauferwärmung zu rechnen als bei direkter Einschaltung. Beim Betrieb mit stark herabgesetzter Belastung bietet die Stern-Dreieck-Schaltung die Möglichkeit, den Wirkungsgrad und den Leistungsfaktor zu verbessern.

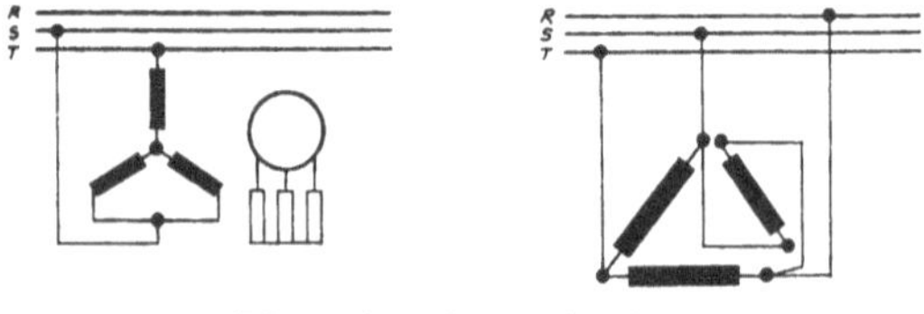

Bild 12. Stern-Dreieck-Schaltung

Anlaßtransformator

Setzt man die Spannung am Motor durch einen Anlaßtransformator herab, so geht der Anzugsstrom des Motors verhältnisgleich mit der Anlaßspannung am Motor zurück. Bezogen auf die Primärseite des Anlaßtransformators, verringert sich der Netzstrom beim Anlauf quadratisch mit dem Übersetzungsverhältnis. Bei einer Anlaßspannung von 50 % der Netzspannung beträgt der Anzugsstrom im Netz 25 % des Anzugsstromes bei direkter Einschaltung. Das Anzugsmoment verringert sich ebenfalls quadratisch mit der Spannung am Motor.

Einphasiger Ständervorschaltwiderstand

Kommt es nur darauf an, das Anzugsmoment herabzusetzen, so kann man einer Phase der Ständerwicklung einen Widerstand vorschalten. So läßt sich das Anzugsmoment stark verringern und bei Leerlauf ein sanfter stoßfreier Anlauf erzielen. Der Widerstand muß nach erfolgtem Hochlauf kurzgeschlossen werden (Kusa-Schaltung).

Die Anwendung einphasiger Ständervorschaltwiderstände beim Anlauf kommt jedoch nur bei Leeranlauf oder geringen Gegenmomenten in Frage. Es ist zweckmäßig, die Vorschaltwiderstände mit Anzapfungen zu versehen, um das Anzugsmoment einstellen zu können.

Die Anzugsströme in den beiden anderen Phasen bleiben annähernd in voller Höhe erhalten. Einphasige Vorschaltwiderstände sind daher nicht geeignet, wenn es nur darauf ankommt, den Anzugsstrom herabzusetzen.

Anlassen von Schleifringläufermotoren

Schleifringläufer werden mit einer dreiphasigen Läuferwicklung ausgeführt. Schleifringläufer bis 100 kW haben normalerweise dauernd aufliegende Bürsten.

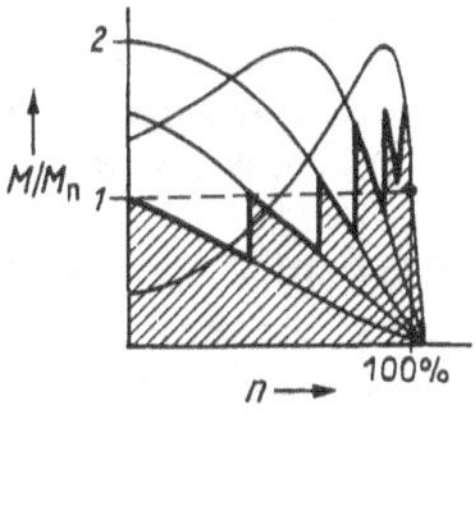

Bild 13. Anlassen des Drehstrom-Asyndronmotors durch Läuferanlassen

Größere Motoren werden meist mit Kurzschluß- und Bürstenabhebevorrichtung versehen.

Durch Einschalten von Widerständen in den Läuferstromkreis können der Anlaufstrom, das Anzugsmoment sowie der Drehmomentverlauf in weiten Grenzen geändert werden.

Das Anzugsmoment des Drehstrommotors mit Schleifringläufer läßt sich durch Läufervorschaltwiderstände in beliebiger Höhe bis zum Kippmoment einstellen.

Erwärmung beim Anlauf

Bei Leeranlauf

Bei Drehstrommotoren mit Käfigläufer muß neben der Zulässigkeit der Erwärmung im Dauerbetrieb auch die Erwärmung festgestellt werden, die beim Anlauf oder Bremsen auftritt und die namentlich bei großen zu beschleunigenden Schwungmassen, hohen Gegenmomenten der Arbeitsmaschine oder größerer Schalthäufigkeit kritische Werte erreichen kann. Bei reiner Massenbeschleunigung eines Motors mit Schwungmassen wird die Hälfte der dem Läufer zugeführten Energie zum Beschleunigen der Schwungmassen verwendet, während die andere Hälfte in der Läuferwicklung in Wärme umgesetzt wird.

Im Gegensatz zum Motor mit Schleifringläufer muß die während des Anlaufes erzeugte Läuferwärme von der Läuferwicklung selbst aufgenommen werden, während sie beim Schleifringläufermotor zum größten Teil in den Läufervorschaltwiderständen vernichtet wird. Die zulässige Anlaufarbeit, die gleichzeitig die Schwere des Anlaufes ausdrückt, ist daher beim Käfigläufer durch die Wärmekapazität des Läufers und der Ständerwicklung begrenzt und im allgemeinen erheblich kleiner als beim Schleifringläufer.

Aus der Größe der zu beschleunigenden Schwungmassen läßt sich die beim Leeranlauf entstehende

Läuferwärme W_0'' leicht ermitteln, es ist bei einem Hochlauf bis zur synchronen Drehzahl n_s

$$W_0'' = \frac{GD^2 \cdot n_s^2}{730} \text{ (Ws)}$$

Die Läuferanlaufwärme bei Leeranlauf ist nach der Gleichung völlig unabhängig von der Ausbildung der Läuferwicklung und der Art des Anlaßverfahrens. Für die Anlaufwärme sind nur die Größe der zu beschleunigenden Schwungmassen und die Drehzahl maßgebend.

Bei Lastanlauf

Wenn neben der Beschleunigung von Schwungmassen außerdem noch Gegenmomente zu überwinden sind (Lastanlauf), so wird die Anlaufwärme größer als bei Leeranlauf. Das Verhältnis der Läuferanlaufwärme W'' bei Lastanlauf zur Anlaufwärme W_0'' bei Leeranlauf wird bestimmt von dem Verhältnis des zeitlich mittleren Beschleunigungsmomentes. Im Gegensatz zum Leeranlauf läßt sich die Anlaufwärme bei Anlauf unter Last durch die Bemessung der Läuferwicklung beeinflussen. Bei einem bestimmten Gegenmoment ist die Anlaufwärme um so geringer, je größer das Beschleunigungsmoment oder das Motormoment ist. Diese Tatsache ist für alle Anlaßverfahren mit herabgesetztem Anzugsstrom, wobei gleichzeitig auch das Motormoment verringert wird, von Bedeutung.

Zulässige Schalthäufigkeit

Die zulässige Schalthäufigkeit, das ist die Zahl der Schaltungen in der Stunde, läßt sich angenähert aus den Anlaufwärmeverlusten errechnen, indem diese in Beziehung zu den im Dauerbetrieb zulässigen Stromwärmeverlusten gesetzt werden. Es ist zu unterscheiden zwischen Schaltbetrieb, bei dem die Erwärmung der Maschine hauptsächlich durch den Anlauf oder die Bremsung bestimmt ist, und Dauerschaltbetrieb, bei dem Schaltungen in regelmäßiger Folge mit Arbeitsbelastungen abwechseln.

3. Synchronmotoren

Beim Synchronmotor wird das Drehfeld ebenso wie beim Asynchronmotor durch die mehrphasige vom Netz gespeiste Ständerwicklung erzeugt. Das Läuferfeld wird unabhängig davon mit Gleichstrom erregt und steht gegenüber dem Läufer fest. Um ein unveränderliches Drehmoment mit dem Ständerdrehfeld zu erhalten, muß der Läufer mit der Geschwindigkeit des Ständerdrehfeldes synchron umlaufen.

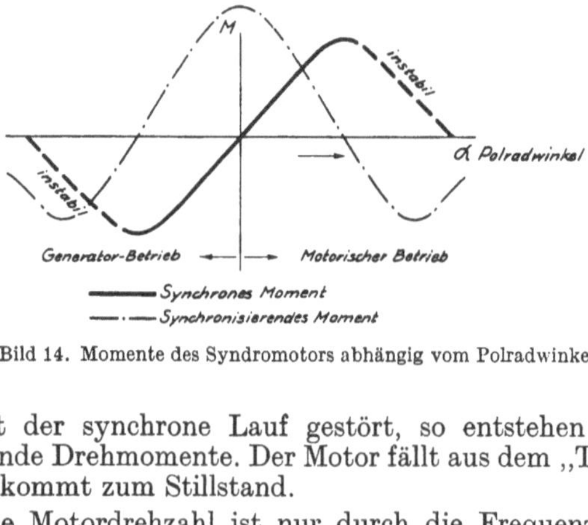

Bild 14. Momente des Syndromotors abhängig vom Polradwinkel

Ist der synchrone Lauf gestört, so entstehen pulsierende Drehmomente. Der Motor fällt aus dem „Tritt" und kommt zum Stillstand.

Die Motordrehzahl ist nur durch die Frequenz des speisenden Stromes und die Polzahl gegeben.

Anlauf erfolgt wie beim Asynchronmotor mit Käfigläufer, eine Dämpferwicklung dient als Anlaufwicklung, die im synchronen Lauf ohne Einfluß ist.

Synchronmotoren haben für Antriebe großer Leistung an Bedeutung gewonnen durch:

besseren Leistungsfaktor und Wirkungsgrad gegenüber Asynchronmotoren, Blindleistungskompensation bei Übererregung.

Eine Schaltung zur *optimalen Synchronisierung* hat zu leisten:

Umschalten nach dem Abklingen des Ständerstromes bei Teilspannungsanlauf auf volle Spannung oder bei Teilwicklungsanlauf auf ganze Wicklung.

Erfassen des vorwählbaren Synchronisierschlupfes.

Zuschalten der Erregung nach Erreichen des Synchronisierschlupfes dann, wenn das Polrad so kleinen Schlupf hat, daß das einsetzende synchronisierende Moment gemeinsam mit dem vorhandenen asynchronen und dem Reluktanzmoment das Intrittfallen bewirken.

Diesen Forderungen genügt eine elektronische logische Schaltung, deren Schaltgeschwindigkeit so groß ist, daß

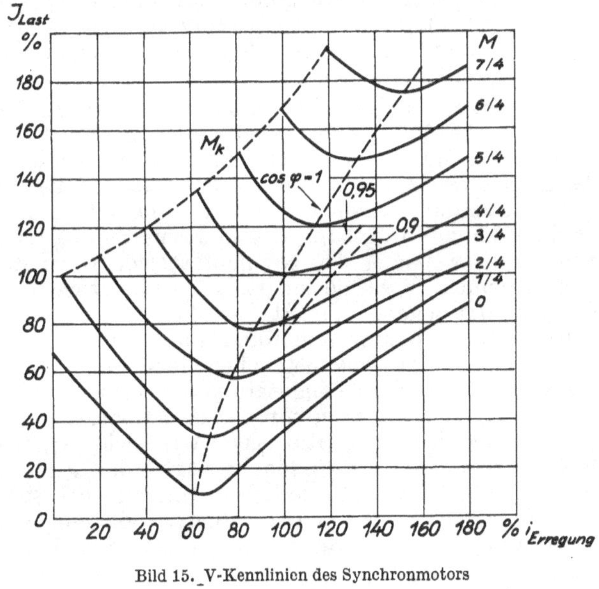

Bild 15. V-Kennlinien des Synchronmotors

auch bei schnellen Anlaufvorgängen eine sichere Schaltfolge gewährleistet wird.

Zum Antrieb von langsamlaufenden Kompressoren wird der starr mit der Kompressorwelle gekuppelte Synchronmotor bevorzugt.

4. Drehstrom-Kommutatormotoren

Ist eine fast verlustlose und stetige Änderung der Umdrehungszahl von Drehstrommotoren erforderlich, so verwendet man Drehstrom-Kommutatormotoren. Sie haben Nebenschlußverhalten, d. h. die Drehzahl bleibt bei Belastungsänderungen praktisch gleich, sie kann im Bereich 1 : 3 und mehr gesteuert werden.

Für kleinere Leistungen werden diese Motoren meist als läufergespeiste und für größere als ständergespeiste Motoren gebaut. Die Ständerspeisung hat den Vorteil, daß der Motor auch für Anschluß an Hochspannung ausgelegt werden kann.

Der ständergespeiste Kommutatormotor hat in den Nuten des Ständerblechpaketes eine normale Netzwicklung, die an das Drehstromnetz angeschlossen wird, der Läufer eine einfache Gleichstromwicklung, die mit dem Kommutator verbunden ist. Auf dem Motor ist ein Drehumspanner aufgebaut, dessen Primärseite parallel zur Ständerwicklung des Kommutatormotors an das Drehstromnetz angeschlossen ist. Die Sekundärwicklung des Drehumspanners, die Stellwicklung, wird an die Bürsten des Kommutatormotors geführt. In Reihe mit dieser Sekundärwicklung liegt eine Hilfswicklung, die in denStändernuten des Kommutatormotors untergebracht ist und transformatorisch von der Primärwicklung des Motors gespeist wird, also eine stets richtungsfeste Spannung erhält. Diese Spannung setzt sich mit der in der Phasenrichtung veränderlichen Spannung der Stellwicklung geometrisch zu einer Summenspannung zusammen, die über die Bürsten des Motors dem Läufer aufgedrückt wird.

Diese Spannung bestimmt die Drehzahl des Motors in Verbindung mit der im Läufer vorhandenen Läuferstillstandsspannung, und zwar ist die Drehzahl synchron, wenn die Summenspannung Null ist; sie ist untersynchron, wenn die Summenspannung gegen die Läuferstillstandsspannung gerichtet ist, und übersynchron, wenn beide Spannungen gleiche Richtung haben.

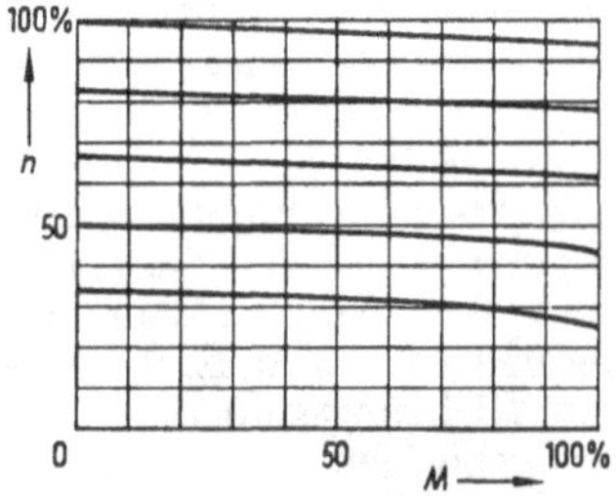

Bild 16. Drehzahl-Drehmoment-Verhalten des ständergespeisten Ds-Ns-Motors

Bei der läufergespeisten Bauart ist die Netzwicklung als Primärwicklung in den Nuten des Läufers untergebracht und über Schleifringe an das Drehstromnetz angeschlossen. In denselben Läufernuten ist als zweites Wicklungssystem die Steuerwicklung angeordnet, die an den Kommutator angeschlossen ist. Zwei gegeneinander verschiebbare Bürstensätze auf dem Kommutator sind mit einer in den Nuten des Ständerblechpaketes eingelegten Wicklung, der Sekundärwicklung, verbunden. Die drei Anfänge der Sekundärwicklung sind zu je einem Bürstenpaar auf dem anderen Bürstenjoch geführt. Bei Anschluß der Primärwicklung an das Netz werden in der Steuer- und der Sekundärwicklung Spannungen induziert. Die Frequenz der am Kommutator abzunehmenden Steuerspannung stimmt bei jedem Betriebszustand mit der Frequenz der Sekundärspannung, der Schlupffrequenz, überein; sie ist also bei synchronem Lauf Null und im Stillstand gleich der Netzfrequenz. Stehen die mit dem Anfang oder Ende einer Phase der Sekundärwicklung verbundenen Bürsten auf demselben Kommutatorsegment, so ist die Wicklung kurzgeschlossen; von der Steuerwicklung wird keine Spannung abgenommen, sie ist stromlos. Der Motor arbeitet wie ein normaler Asynchronmotor mit Speisung im Läufer. Er nimmt im Leerlauf praktisch seine Synchrondrehzahl an, die Sekundärspannung und der Sekundärstrom sind Null. Bei Belastung schlüpft der Motor um so viel, daß die induzierte Sekundärspannung ausreicht, um den für die Erzeugung des geforderten Drehmomentes notwendigen Strom zu liefern.

Werden die Bürsten durch Drehen eines Handrades gegeneinander verschoben, so wird der Steuerwicklung über den Kommutator eine Spannung entnommen, deren Größe und Richtungssinn durch die Größe und den Richtungssinn der Verschiebung zwischen zusammengehörigen Bürsten gegeben sind. Diese Spannung wird der Sekundärwicklung zugeführt und ergibt zusammen mit der von der Primärwicklung in der Sekundärwicklung induzierten Schlupfspannung die resultierende Sekundärspannung. Diese bewirkt ähnlich wie beim ständergespeisten Kommutatormotor einen Lauf des Motors mit entsprechenden über- oder untersynchronen Drehzahlen.

Der Drehzahlbereich wird meist im Verhältnis 1 : 3 vorgesehen, er kann auch größer gewählt werden.

5. Sondermotoren

Sondermotoren werden für die mannigfaltigen Bedingungen der Arbeitsmaschinen und technologischen Prozesse entwickelt: im Drehmoment, in der Drehzahl, in Betriebsart, Bauform, Isolation, Abmessungen, in Kombinationen mit maschinenbaulichen Elementen, wie Getrieben, Kupplungen, Bremsen usw.

Bremsmotoren vereinigen Motor und mechanische Bremse in einem Gehäuse

Druckfest gekapselte Motoren mit stahlgeschweißtem Gehäuse werden in explosionsgefährdeten Betrieben verwendet. Für die Anwendung im rauhen Grubenbetrieb gibt es den „Quadratmotor“ im Walzstahlgehäuse mit sehr niedriger Bauhöhe, durch Fußleisten oben und unten für jede Gebrauchslage verwendbar. Eine geduckte Bauart zeigt der druckfeste Schrämmaschinenmotor in niedrigen Gruben für den Antrieb von Kohlenhobeln, druckfesten Förderern u. a. unter Tage.

Gleichstrommotoren für rauhe Betriebe im Walzwerk, auf Baggern und Krananlagen sind besonders gefährdet. Bemerkenswert ist der Hüttenwerksmotor mit Stahlgußgehäuse, das horizontal geteilt ist, um gute Zugänglichkeit der zu wartenden inneren Teile und schnelle Demontage des Ankers zu erreichen. Bei Rollgängen im Walzwerk werden wegen der Gefährdung durch Staub, Zunder und Wasser vollkommen geschlossene Motoren sehr robuster Bauart verwendet. Rollgangsmotoren haben wegen des schweren Beschleunigungsbetriebes eine verhältnismäßig lange Bauart mit geringem Ankerschwungmoment und eine besondere Kühlrippenanordnung.

Neue Wege für elektromotorische Antriebe hoher Dynamik zeigen Entwicklungen im Bereich kleiner Motoren: um Motoren mit kleinem Ankerträgheitsmoment zu erhalten, wird ein eisenfreier scheibenförmiger Läufer mit geätzter Flachwicklung eingesetzt, der ein sehr geringes Trägheitsmoment und eine besonders niedrige Ankerinduktivität hat.

Die Kommutierung des Ankerstromes geschieht fast ohne Ankerrückwirkung, so daß zum Beschleunigen Ankerströme bis zum fünffachen Nennwert während 1 s zulässig sind; Nennleistung zur Zeit etwa 2 kW.

Eine andere Entwicklung bringt einen langen, dünnen Läufer mit ungenutetem Eisen und geringem Durchmesser, die Ankerwicklung bedeckt die Oberfläche des Läufers, so daß sich ebenfalls eine niedrige Ankerinduktivität ergibt. Der magnetische Fluß des Motorfeldes ist nicht durch Sättigung der Läuferzähne begrenzt, so daß eine gleichmäßige und hohe Antriebskraft auf die Ankerwicklung ausgeübt wird.

Gleichstrommotoren mit Permanentmagneterregung

Während seit Jahren Drehzahlmeß- und Erregermaschinen geringer Leistungen bereits mit Permanentmagnetmaterial ausgerüstet wurden, ist nun durch den Fortschritt in der Herstellung größerer Volumeneinheiten anisotroper ALNICO-Werkstoffe mit hohem Energieprodukt und hohen Koerzitivfeldstärken für die Anwendung bei Gleichstrommotoren ein Leistungsbereich bis 20 kW und mehr erreicht worden. Vorteile sind Einsparen der Feldverluste, so daß der Anker nicht zusätzlich aufgeheizt wird und die Ausnutzung gesteigert wird; Feldzuleitungen, Schutz- und Einstellwiderstände werden eingespart.

6. Kennlinien der Motoren

Kennlinien der Motoren dienen der Beurteilung der antriebstechnischen Eigenschaften. Meist ist das Drehzahl-Drehmomentverhalten kennzeichnend, z.B. *Reihenschluß-* oder *Nebenschlußverhalten*. Bei Motoren mit dem Stellglied Bürstensatz ist das gesamte Kennlinienfeld über den Bürstenstellbereich wichtig.

Beim *Asynchronmotor* ist die Zuordnung des Drehmomentes zum Schlupf wissenswert. Im Betrieb als Motor reicht der Schlupf von $+1$, d. i. Stillstand bis nahe dem synchronen Lauf bei Nennmoment. Bei negativen Gegenmomenten, z. B. beim Senken einer Last am Haken des Kranhubwerkes, wird der Motor zum asynchronen Generator mit Energierücklieferung ins Netz, wie der Schlupfbereich 0 bis -1 zeigt, allerdings darf aus Gründen der Sicherheit der Bereich der Stabilität von 0 bis zum Kippmoment-Sk nicht verlassen werden.

Beim Verzögern durch Gegenstrom-Bremsschaltungen, d. h. Umkehren des Ständerdrehfeldes, wird im

Augenblick des Umschaltens mit Schlupf + 2 gearbeitet, der dann auf + 1 im Stillstand zurückgeführt wird.

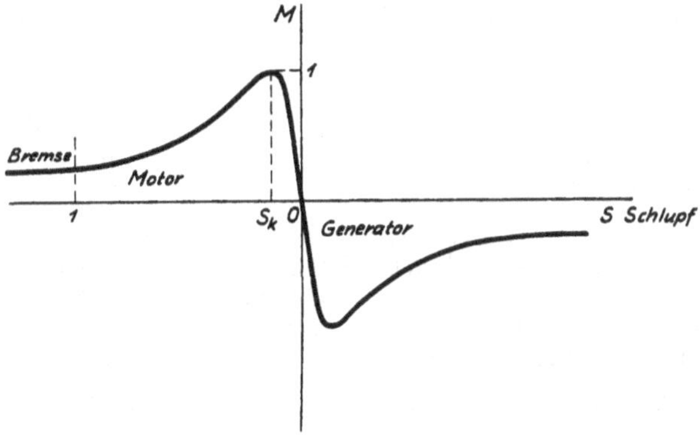

Bild 17. Kennlinien des Asyndronmotors

Beim *Synchronmotor* bleibt das Gleichstromfeld des Läufers mit steigender Belastung um einige Winkelgrade gegenüber dem Drehstromfeld zurück. Das Motor-

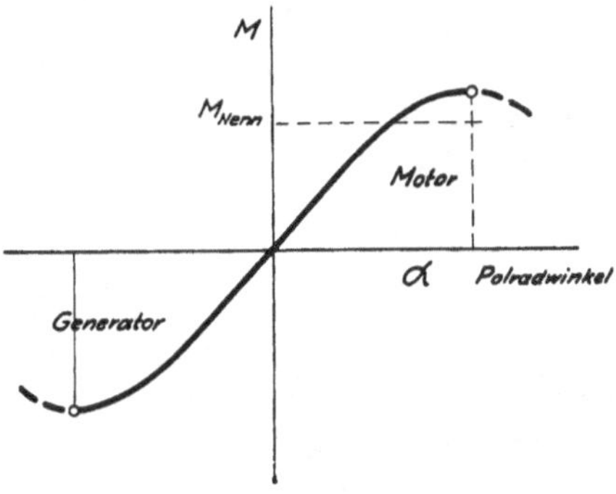

Bild 18. Kennlinie des Synchronmotors

moment verläuft über dem Polradwinkel nach einer Sinuslinie. Bei Überlastung wird der synchrone Gleichgewichtszustand überschritten, die Läuferdrehzahl beginnt zu pendeln. Je größer der Auslenkwinkel, desto stärker das synchronisierende Moment. Bei zu großer Winkelabweichung fällt der Motor außer Tritt.

Kennlinienfelder in V-Form geben abhängig vom Gegenmoment und der Erregung den veränderbaren Leistungsfaktor an.

Die Kennlinie des *Gleichstrom-Reihenschlußmotors* ist durch das starke Sinken der Drehzahl mit zunehmendem Drehmoment gekennzeichnet. Das gilt auch vom *Wechselstrom-Reihenschlußmotor*, *Drehstrom-Reihenschlußmotor* und vom *Drehstrom-Reihenschluß-Kommu-tatormotor*.

Bei weitgehender Entlastung besteht die Gefahr des Überschreitens der zulässigen Drehzahl.

Beim *Gleichstrom-Nebenschlußmotor* ist die Drehzahl fast gleichbleibend, sie strebt bei Entlastung ihrer Leerlaufdrehzahl zu. Ähnlich verhält sich der Drehstrom-Kommutatormotor bei Ständer- oder Läuferspeisung.

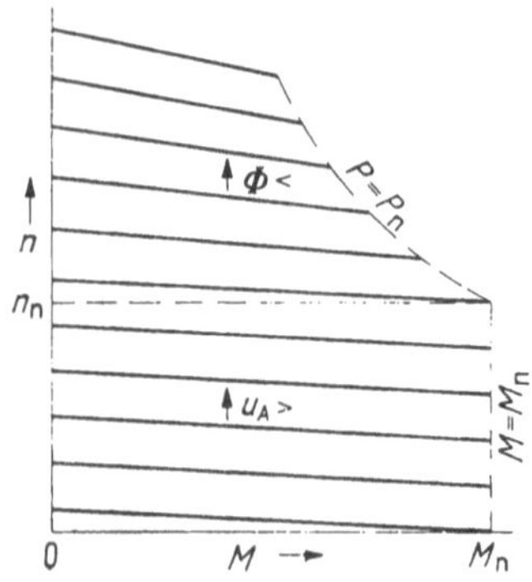

Bild 19. Drehzahl-Drehmoment-Kennlinie des Gleichstromnebenschlußmotors

Die den *Wirkungsgrad* bestimmenden Verluste sind in der Hauptsache Stromwärme-, Eisen-, Reibungs- und Lüfterverluste. Allgemein gilt für den Wirkungsgrad:

er steigt mit der abgegebenen Leistung;

er wird günstiger mit der Größe der Maschine;

2polige und Maschinen mit niedriger Drehzahl sind ungünstiger als 6- und 8polige Maschinen;

Synchronmotoren sind günstiger als Asynchronmotoren;

Gleichstrommotoren sind ungünstiger;

Drehstrom-Kommutatormotoren liegen in den Werten noch niedriger.

Drehzahlverhalten der Motoren wird nach der Abhängigkeit der Drehzahl von der Leistungsabgabe unterschieden als:

gleichbleibend: z. B. bei Synchronmotoren, der Läufer läuft synchron mit dem Drehfeld;

fast gleichbleibend: die Drehzahl ändert sich nur wenig, z. B. bei Motoren mit Nebenschlußverhalten, wie Asynchron- und Drehstrom-Nebenschlußkommutatormotoren, auch Gleichstrom-Nebenschlußmotoren;

mäßig veränderlich: z. B. bei Gleichstrommotoren mit Doppelschlußwicklung und Gleichstrom-Nebenschlußmotoren kleiner Leistung mit Drehzahlabfall wesentlich über 5 %;

stark veränderlich: wie beim Reihenschlußverhalten, die Drehzahl steigt beim Entlasten stark an, z. B. Reihenschlußmotoren und Motoren mit Drehzahländerung zwischen Nennbetrieb und Leerlauf um mehr als 25 %.

7. Motorenverhalten in Sonderfällen

Beim *Asynchronmotor* führt der Spannungsabfall zum etwa quadratisch mit dem Spannungswert sinkenden Anzug- und Kippmoment, der Anzugstrom fällt proportional, die Drehzahl wenig, der Leistungsfaktor wird besser;

jede *Frequenzänderung* verursacht verhältnisgleiche Drehzahländerung; die zulässige Leistung nimmt bei kleineren Frequenzen wegen der geringeren Belüftung mehr als proportional ab;

In Höhen von 1000 m über NN mindert die geringe Luftdichte die Abfuhr der Verlustwärme, Leistung ist nach Tafel zu beurteilen.

Bei geänderten Temperaturwerten gegenüber Nennverhältnissen (Kühllufttemperatur 40 °C zul. Erwärmung 75 °C)					
Kühllufttemperatur	40°	45°	50°	55°	60°
Zulässige Erwärmung	75°	70°	65°	60°	55°
Richtwert für die Ausnutzung gegenüber Nennverhältnissen	100 %	95 %	90 %	85 %	80 %
Ausnutzung gegen Nennverhältnisse bei AM Reihe der AEG	(100 %)	(96 %)	(92 %)	(88 %)	(84 %)
Bei verringertem Luftdruck (Größere Aufstellungshöhe)					
Aufstellungshöhe	0...1000	1000...2000	2000...3000	3000...4000	4000...5000
Richtwert für die Ausnutzung gegenüber Nennverhältnissen	100 %	95 %	90 %	85 %	80 %
Max. zulässige Kühllufttemperatur bei 100 % Ausnutzung (nach VDE 0530 § 34)	40°	35°	30°	25°	—

Hohe Raumtemperaturen fordern Leistungsminderung und Verwendung von Isolierstoffen für höhere Grenzerwärmung, z. B. Silikonisolation;

erschütterungsfreier Lauf verlangt, daß vom Motor keine mechanischen Schwingungen ausgehen, deshalb sorgfältiges Auswuchten, Präzisionskugellager u. a., auch Teile der Arbeitsmaschine sind entsprechend zu behandeln;

geräuscharmer Lauf bedeutet Beschränken der Lager-, Luft- und magnetischen Geräusche auf ein Mindestmaß:

Verwendung von Gleitlagern, geringere magnetische Sättigung, größeren Luftspalt, Verminderung der Lüftung, also Herabsetzen der Leistung.

Vermindern der Drehzahl bei Motoren mit Selbstkühlung oder Eigenbelüftung führt je nach Betriebsart zu Stauungen der Verlustwärme im Motorgehäuse und ist bei der Bemessung des Motors zu berücksichtigen, u. U. ist Fremdbelüftung vorzusehen;

Funkentstörung bei Gleichstrommotoren erfolgt meist mit symmetrischen Kapazitäten;

Schutzarten der Motoren für die meisten Betriebsbedingungen, auch für explosions- und schlagwettergefährdete Betriebe, werden in den Normen aufgeführt (DIN 40 050).

Sonderforderungen stellen Hüttenwerke, Textilindustrie, Hebezeuge, Landwirtschaft, Molkereien, Chemie, Erdölindustrie u. a.

Einfluß der Höhenlage auf Leistungsminderung

Höhe über NN in m	0...1000	2000	3000	4000
Für Drehzahlen bis 1000 U/min, Leistung in %	100	95	90	85
Für Drehzahlen über 1000 U/min, Leistung in %	100	92	85	77

DIN 40 050 Kennziffern und Erklärungen für Schutzarten:

a) gegen Berührung und Eindringen fester Fremdkörper,
b) gegen Eindringen von Wasser,
c) für explosions- und schlagwettergeschützte Maschinen,
d) für erhöhte Sicherheit, Fremdbelüftung, druckfeste Kapselung, Plattenschutz.

Für verschärfte Betriebsbedingungen wurden kompensierte Millmotoren entwickelt, bei denen die Ankerrückwirkung durch die Kompensationswicklung aufgehoben und das Schwungmoment wesentlich verringert wird. So werden bei Antrieben für hohe Beschleunigungen (Scheren, Walzenanstellungen, Umkehrrollgängen) günstigere Beschleunigungs- und Verzögerungszeiten erreicht. Gute Kommutierung bei hohem Drehmoment und großen Stromsteilheiten sind wesentliche Eigenschaften, durch Lamellierung des magnetischen Kreises ergibt sich Unempfindlichkeit gegen schnelle Strom- und Feldänderung sowie welligen Gleichstrom.

Die Drehstrom-Normmotoren mit Käfigläufer entsprechend DIN 42 672 und 42 673 für innen- bzw. oberflächengekühlte Motoren wurden mit den Ländern des EWG- und EFTA-Raumes so abgestimmt, daß sie den Normen dieser Länder entsprechen. Für die Schutzarten P 21, 22 und 33 sind deutsche Normenmotorenreihen in beiden Ausführungen vorhanden; diese Motoren können auch in explosionsgefährdeten Räumen für „erhöhte Sicherheit" und „druckfeste Kapselung" verwendet werden.

8. Nennbetriebsarten

Unterschieden werden die Nennbetriebe nach (s. Bild 20a—h):

a) *Dauerbetrieb S 1*

Der Dauerbetrieb S 1 ist ein Betrieb mit konstantem Belastungszustand (Nennleistung), dessen Dauer ausreicht, um den thermischen Beharrungszustand zu erreichen.

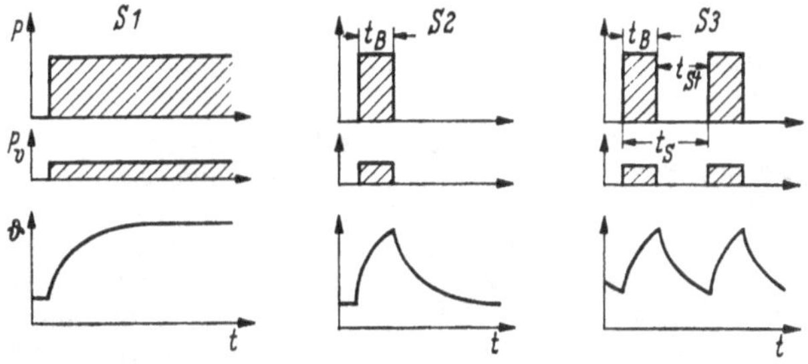

Bild 20 a Bild 20 b Bild 20 c

b) *Kurzzeitbetrieb S 2*

Beim Kurzzeitbetrieb ist der Betrieb mit konstantem Belastungszustand (Nennleistung) so kurz, daß der thermische Beharrungszustand nicht erreicht wird. Die Pause, in der die Maschine nicht unter Spannung steht, ist so lang, daß die Maschine sich praktisch auf die Temperatur des Kühlmittels abkühlt.

Für die Dauer des Kurzzeitbetriebes werden die Werte 10, 30, 60 und 90 min empfohlen.

c) *Aussetzbetrieb S 3* ohne Einfluß des Anlaufs auf die Temperatur

Beim Aussetzbetrieb S 3 handelt es sich um einen Betrieb, der sich aus einer dauernden Folge von gleichartigen Spielen zusammensetzt. Jedes dieser Spiele umfaßt eine Zeit mit konstanter Belastung (Nennleistung) und eine Stillstandszeit. Diese Zeiten genügen nicht, um den thermischen Beharrungszustand innerhalb eines Spieles zu erreichen, weder während der Belastungszeit noch während der Abkühlungszeit.

Es wird vorausgesetzt, daß die Stromspitzen beim Anlauf die Erwärmung nicht merklich beeinflussen.

Beim Aussetzbetrieb beträgt die Spieldauer, falls nicht anders vereinbart, 10 min. Für die relative Einschaltdauer werden die Werte 15, 25, 40 und 60% empfohlen.

d) *Aussetzbetrieb S 4* mit Einfluß des Anlaufes auf die Temperatur

Beim Aussetzbetrieb S 4 handelt es sich um einen Betrieb, der sich aus einer dauernden Folge von gleichartigen Spielen zusammensetzt. Jedes dieser Spiele umfaßt eine Anlaufzeit, eine Zeit mit konstanter Belastung (Nennleistung) und eine Stillstandszeit. Diese Zeiten genügen nicht, um den thermischen Beharrungszustand innerhalb eines Spieles zu erreichen. In diesem Betrieb kommt der Stillstand des Motors nach dem Abschalten entweder durch natürlichen Auslauf oder durch eine mechanische Bremse zustande, so daß dadurch keine zusätzliche Erwärmung der Wicklungen entsteht.

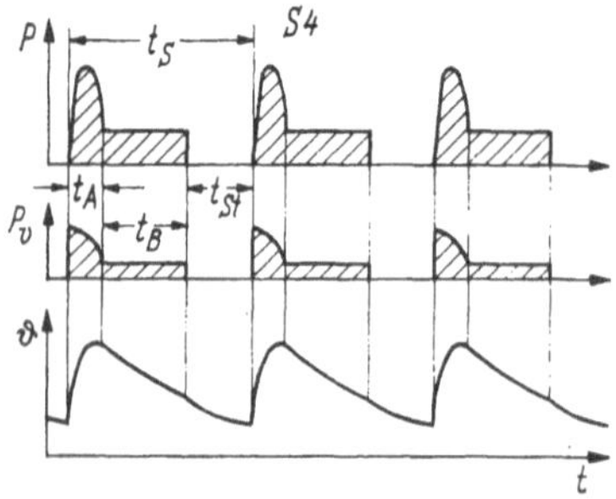

Bild 20 d

e) *Aussetzbetrieb S 5* mit Einfluß des Anlaufes und der Bemessung auf die Temperatur

Beim Aussetzbetrieb S 5 handelt es sich um einen Betrieb, der sich aus einer dauernden Folge gleichartiger Spiele zusammensetzt. Jedes dieser Spiele umfaßt eine

Anlaufzeit, eine Zeit mit konstanter Belastung (Nennleistung), eine Bremszeit und eine Stillstandszeit. Diese Zeiten genügen nicht, um den thermischen Beharrungszustand innerhalb eines Spieles zu erreichen. In diesem Betrieb kommt die Bremsung elektrisch, beispielsweise durch Gegenstrom, zustande.

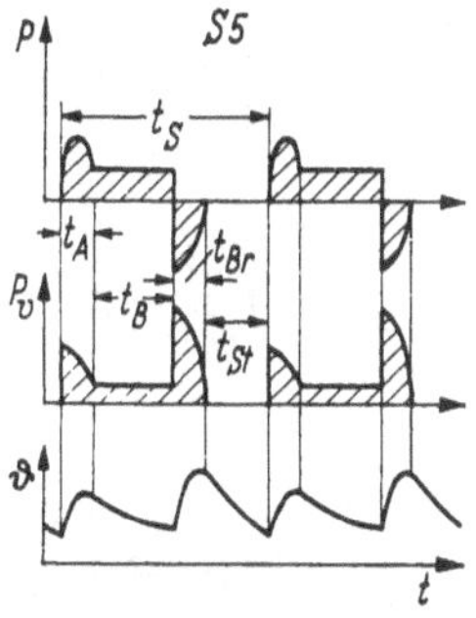

Bild 20 e

f) *Durchlaufbetrieb S 6* mit Aussetzbelastung

Beim Durchlaufbetrieb S 6 handelt es sich um einen Betrieb, der sich aus einer dauernden Folge von gleichartigen Spielen zusammensetzt. Jedes dieser Spiele umfaßt eine Zeit von konstanter Belastung (Nennleistung) und eine Leerlaufzeit. Diese Zeiten genügen nicht, um den thermischen Beharrungszustand innerhalb eines Spieles zu erreichen, weder während der Belastungszeit noch während der Abkühlungszeit.

Beim Durchlaufbetrieb mit Aussetzbelastung S 6 beträgt die Spieldauer, falls nicht anders vereinbart, 10 min. Für die relative Einschaltdauer werden die Werte 15, 25, 40 und 60 % empfohlen.

g) *Ununterbrochener Betrieb S 7* mit Anlauf und Bremsung

Beim ununterbrochenen Betrieb S 7 handelt es sich um einen Betrieb, der sich aus einer dauernden Folge von gleichartigen Spielen zusammensetzt. Jedes dieser Spiele umfaßt eine Anlaufzeit, eine Zeit mit konstanter Belastung (Nennleistung) und eine Zeit mit elektrischer Bremsung (z. B. durch Gegenstrom). Die Zeiten genügen nicht, um den thermischen Beharrungszustand innerhalb eines Spieles zu erreichen. Es gibt bei diesem Betrieb keinen Stillstand, die Maschine steht praktisch immer unter Spannung.

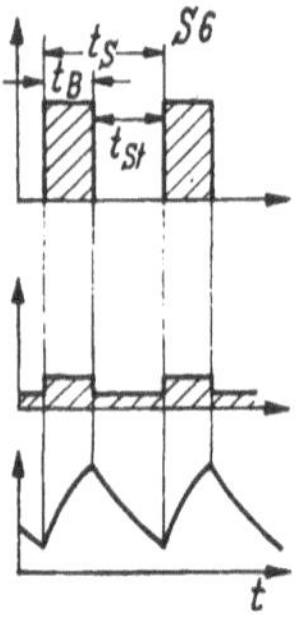

Bild 20 f

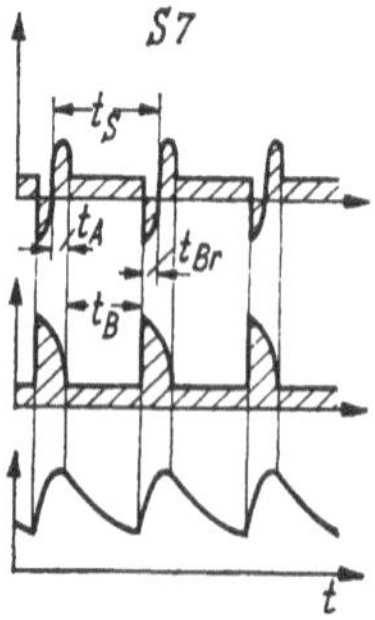

Bild 20 g

h) *Ununterbrochener Betrieb S 8* mit Polumschaltung

Beim ununterbrochenen Betrieb S 8 handelt es sich um einen Betrieb, der sich aus einer dauernden Folge von gleichartigen Spielen zusammensetzt. Jedes dieser Spiele umfaßt eine Zeit konstanter Belastung mit einer zugehörigen Geschwindigkeit und unmittelbar anschließend daran eine Zeit anderer Belastung mit anderer Geschwindigkeit.

Diese Betriebsart tritt z. B. bei polumschaltbaren Induktionsmotoren auf.

Für die Nennbetriebe S 2, S 3 und S 6 ist hinter diesen Kurzzeichen die Betriebsdauer oder die Spieldauer und die relative Einschaltdauer durch ein weiteres Kurzzeichen anzugeben. Die Kennzeichnung der Spieldauer ist nicht nötig, wenn der empfohlene Wert von 10 min eingehalten wird.

Beispiele: S 2 — 60 min
S 3 — 25 %

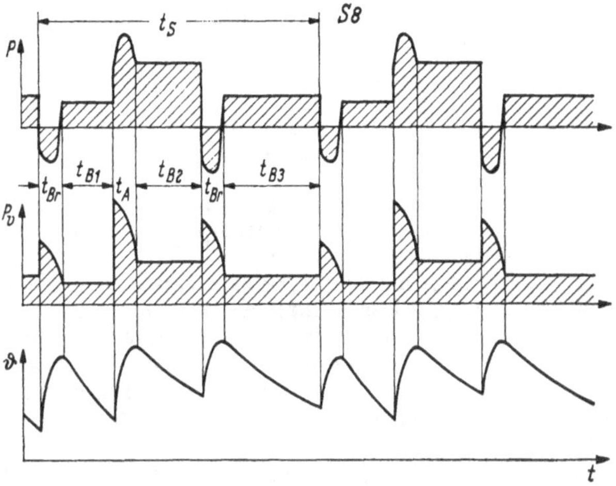

Bild 20 h

Für die Nennbetriebe S 4 und S 5 ist hinter diesen Kurzzeichen die relative Einschaltdauer, die Anzahl der Spiele je Stunde (c/h) und der Trägheitsfaktor FI anzugeben.

Beispiel: S 4 — 25 % — 120 c/h — FI 2

Für den Nennbetrieb S 7 ist hinter diesem Kurzzeichen die Anzahl der Spiele je Stunde (c/h) und der Trägheitsfaktor FI anzugeben, das ist das Verhältnis des Trägheitsmoments sämtlicher auf die Drehzahl des Motors umgerechneten und von ihm angetriebenen Massen einschließlich des Trägheitsmomentes des Motorläufers zum Trägheitsmoment des Motorläufers.

Beispiel: S 7 — 500 c/h — FI 2

Für den Nennbetrieb S 8 ist hinter diesem Kurzzeichen die Anzahl der Spiele je Stunde (c/h), der Trägheitsfaktor FI und die relative Einschaltdauer für jede Drehzahl anzugeben.

Beispiele:

S 8 — 30 c/h — FI 30 — 25 kW — 740 U/min — 40 %
S 8 — 30 c/h — FI 30 — 60 kW — 1460 U/min — 60 %

Bei aussetzendem Betrieb wechseln Einschaltungen und stromlose Pausen oder Leerlaufpausen miteinander ab, so daß die Zeit, in welcher die vollen Verluste auftreten, gegenüber dem Dauerbetrieb verkürzt wird und daher kleinere Motoren benutzt werden können. Bei der Planung dieser Motoren wird die relative Einschaltdauer (ED), d. h. das Verhältnis von Belastungsdauer zu Spieldauer, zugrunde gelegt; auf dem Leistungsschild wird einer der Normwerte 15, 25, 40 oder 60 % ED vermerkt.

Die Spieldauer setzt sich beim Aussetzbetrieb (AB) aus der Arbeitszeit und der stromlosen Pause zusammen und beim Durchlaufbetrieb mit Aussetzbelastung (DAB) aus der Belastungszeit und der Leerlaufpause, in welcher nur die Leerlaufverluste auftreten.

40 % ED heißt also bei 10 min Spieldauer und 6 Schaltspielen in der Stunde: 4 min Einschaltung unter Last und 6 min Pause oder Leerlauf. Meist liegt die Anzahl der stündlichen Spiele bei 40 % ED wesentlich höher, so daß z. B. 360 Schaltungen in der Stunde vorkommen mit durchschnittlich 4 s Betrieb und 6 s Pause.

Bei Antrieben mit veränderlicher Belastung, wechselnder Betriebsdrehzahl und häufigem Beschleunigen und Verzögern, also bei veränderlicher Stärke des Ankerstromes, muß die wechselnde Beanspruchung des Motors bei der Planung berücksichtigt werden.

Bei Dauerbetrieb wird dann der effektive Mittelwert des Drehmoments bestimmt. Als Annäherung genügt es, die Linie des sich aus dem Gegenmoment und aus dem Beschleunigungs- oder Verzögerungsmoment ergebenden Gesamtdrehmomentes über der Zeit aufzuzeichnen und ihren quadratischen Mittelwert zu bilden. Dieser ist gleich dem effektiven Drehmoment, das, vom Betrieb mit Feldschwächung abgesehen, zur Bestimmung der Motorleistung benutzt werden kann. Man nimmt an, daß die Verluste des Motors vom Quadrat der Stromstärke abhängen, die ihrerseits dem Drehmoment verhältnisgleich gesetzt wird.

Bei vielen Antrieben ist die Belastung des Motors während des Arbeitsspieles veränderlich. Man bildet zur Beurteilung der Erwärmung den quadratischen Mittelwert M_q der wechselnden Drehmomente M_1, M_2 usw.:

$$M_q = \sqrt{\frac{M_1^2 \cdot t_1 + M_2^2 \cdot t_2 + M_3^2 \cdot t_3 + \ldots}{t_1 + t_2 + t_3 \ldots}}$$

(t_1, t_2 ... ist die zeitliche Dauer der Drehmomente M_1, M_2 ...).

Dieses mittlere quadratische Drehmoment kann der angenäherten Berechnung der Motorleistung zugrunde gelegt werden.

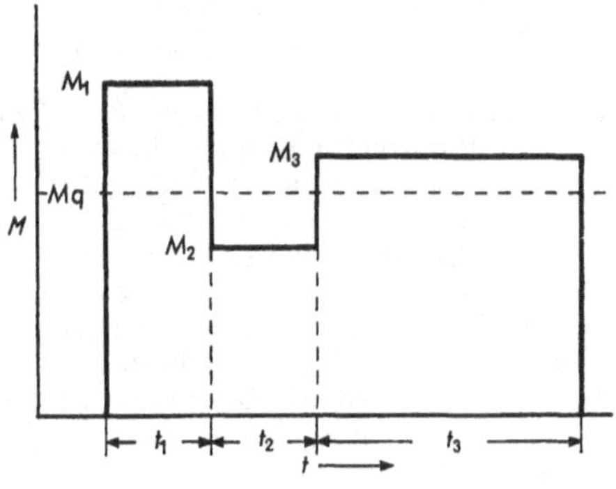

Bild 21. Mittleres quadratisches Drehmoment

Bei aussetzendem Betrieb wechseln Einschaltungen und stromlose Pausen ab, so daß hier unter Umständen kleinere Motoren als beim Dauerbetrieb gewählt werden können. Für die Planung dieser Motoren wird in den VDE-Bestimmungen die relative Einschaltdauer „ED" verwendet:

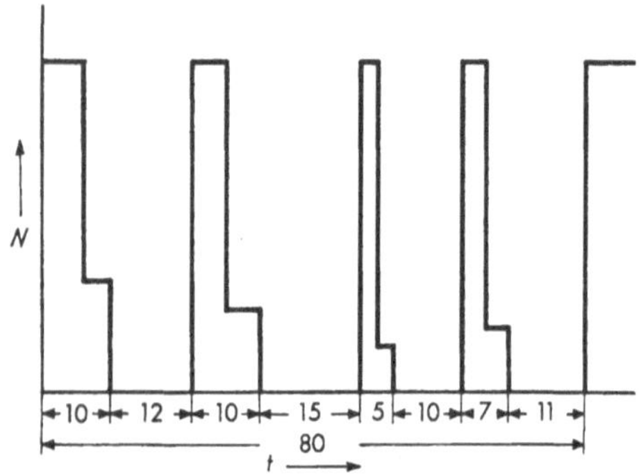

Bild 22. Relative Einschaltdauer

$$\mathrm{ED} = 100 \cdot \frac{\text{Summe der Arbeitszeiten}}{\text{Arbeitszeiten + stromlose Pausen}} \text{ in } \%$$

Die ED-Spielzeit, bestehend aus Arbeitszeit und Pause, soll zehn Minuten nicht überschreiten, die Motortemperatur kann in dieser kurzen Zeit nicht auf die des Kühlmittels sinken. ED 40 % heißt z. B. vier Minuten eingeschaltet, sechs Minuten Pause oder zwei Sekunden eingeschaltet, drei Sekunden Pause. Es handelt sich meist um Antriebe mit häufigem Beschleunigen und Bremsen, also Geschwindigkeitsänderungen, bei denen ein höheres Drehmoment als bei voller Drehzahl einzusetzen ist. Diese Beschleunigungs- und Bremsmomente sowie die Schalthäufigkeit müssen in der Berechnung berücksichtigt werden. Gilt für die einzelnen Arbeitsvorgänge des Motors praktisch immer dieselbe Drehzahl, so kann man mit den Leistungen rechnen.

$$P_q = \sqrt{\frac{P_1^2 \cdot t_1 + P_2^2 \cdot t_2 + 1/3\,(P_3^2 + P_3 \cdot P_4 + P_4^2) \cdot t_3}{T}}$$

Auf diese Weise kann angenähert die für die Erwärmung des Motors maßgebende Leistung bestimmt werden. Der temperaturempfindlichste Teil des Motors ist die Wicklung, deren Dauertemperatur einen bestimmten Wert nicht überschreiten darf. Der Motorvollschutz erlaubt die volle Ausnutzung der Motorleistung auch bei beliebiger Schalthäufigkeit.

Unter der Voraussetzung, daß die Belüftung der Maschine nicht unterbrochen, sondern unverändert beibehalten wird, kann man mit der effektiven Leistung P_{eff} rechnen, die sich aus der Aussetzleistung P, der lastfreien Zeit t_0 und der Lastzeit t_1 ergibt zu:

$$P_{eff} = P \sqrt{\frac{t_1}{t_0 + t_1}}$$

Diese effektive Leistung darf angenähert gleich der Dauerleistung des benötigten Motors gesetzt werden. Umgekehrt kann man mit Hilfe dieser Formel die zulässige Aussetzleistung P aus der effektiven Leistung bestimmen und findet:

$$P_{20} = P_{eff}/\sqrt{0{,}2} = 2{,}24\,P_{eff} \text{ bei } 20\%\text{ ED}$$

$$P_{40} = P_{eff}/\sqrt{0{,}4} = 1{,}58\,P_{eff} \text{ bei } 40\%\text{ ED}$$

$$P_{60} = P_{eff}/\sqrt{0{,}6} = 1{,}29\,P_{eff} \text{ bei } 60\%\text{ ED}$$

Da die Voraussetzung gleichbleibender Kühlung in der Praxis nicht immer zutrifft und auch der Wirkungsgrad von der Leistungshöhe nicht ganz unabhängig ist, ergeben sich in den Motorenlisten bei den verschiedenen

ED-Werten voneinander abweichende Beträge der Effektivleistung. Man rechnet hinreichend genau mit

$$P_{20} = 1{,}25\ P_{40} \text{ und } P_{40} = 1{,}25\ P_{60}$$

Die in den Listen angeführten Aussetzleistungen sind Gleichleistungen, die der Motor bei der zugehörigen relativen Einschaltdauer in dieser Höhe abzugeben vermag. In der Praxis tritt der Idealfall gleichbleibender Zeit und Last allerdings kaum auf.

Beim Beschleunigungsvorgang von Stillstand auf volle Drehzahl tritt im gesamten Hauptstromkreis des an einem Netz konstanter Spannung liegenden Motors eine Verlustwärme auf, die beim Leerlauf gleich der kinetischen Energie ist.

Bei belastetem Anlauf liegt diese Verlustwärme noch höher. Das Netz muß beim Hochlauf eine elektrische Arbeit liefern, die mindestens das Doppelte der kinetischen Energie des gesamten Antriebes beträgt.

Die augenblicklichen Verluste teilen sich auf Anlasser und Motor im gerade herrschenden Widerstandsverhältnis auf. Beim elektrischen Bremsen eines mechanisch entlasteten Motors bis zum Stillstand wird die kinetische Energie der bewegten Massen in den Brems- und Wicklungswiderständen des Ankerkreises in Wärme umgesetzt.

Bei der Gegenstrombremsung, die durch Umpolen der Netzspannung zustande kommt und bei der das Netz

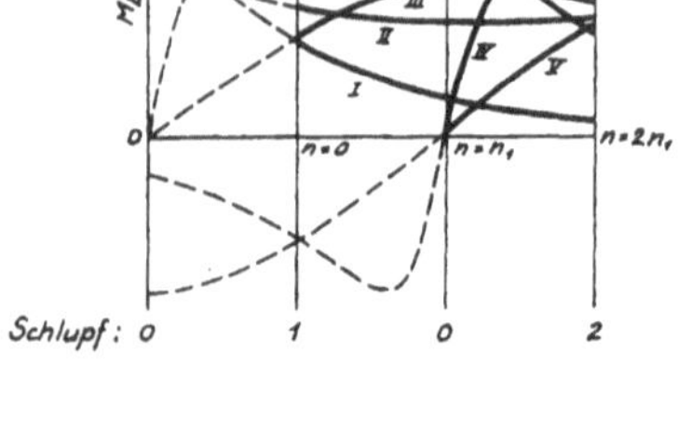

Bild 23. Bremsen mit Gegenstrom beim Asynchronmotor

elektrische Arbeit liefern muß, erreicht im gleichen Fall die Bremswärme sogar den dreifachen Betrag der kinetischen Energie. Kehrt man die Drehrichtung nach der Gegenstrombremsung um, läßt man also den Motor in der anderen Drehrichtung wieder hochlaufen, so setzen sich beide Vorgänge zusammen und es entsteht im Ankerstromkreis eine Wärme von der vierfachen Höhe der kinetischen Energie. Der Motoranker selbst wird mit dem effektiven Brems- bzw. Beschleunigungsstrom, und zwar während der Zeitdauer des gesamten Vorganges, belastet, sofern kein Gegenmoment einen zusätzlichen Arbeitsstrom verlangt und keine elektrische Entlastung beim Stillsetzen durch mechanisches Bremsen eintritt. Verlustarmes Beschleunigen und günstiges generatorisches Nutzbremsen können nur bei veränderlicher Ankerspannung und Anwendung der Feldschwächung vorgenommen werden, vorzüglich also bei fremderregten Motoren in Leonard- oder Stromrichterschaltung.

Soll die augenblickliche Drehzahl eines Motors verringert werden, so kann man durch Feldstärkung oder durch Verringern der Klemmenspannung die Maschine zum generatorischen Arbeiten bringen und abbremsen. Die Differenz der kinetischen Energie bei der Ausgangs- und der niedrigeren Endgeschwindigkeit wird mit hohem Wirkungsgrad in Form elektrischer Arbeit an das Netz abgegeben.

9. Planung des Motors

Voraussetzung für die Planung eines betriebssicher und wirtschaftlich arbeitenden Motors ist die genaue Kenntnis von Leistung, Drehzahl und Drehzahlbereich, Drehmoment an der Welle bei allen Belastungen, Wirkungsgrad des Triebwerkes, gesamtes Trägheitsmoment, Beschleunigungs- und Bremsarbeit, Schalthäufigkeit, Umgebungstemperatur u. a.

a) *Bestimmung der Vollastleistung:* Die vom Motor zu fordernde Leistung an seiner Welle bei voller Drehzahl ohne Beschleunigen, Verzögern und Drehzahländerungen besteht aus der Nutzleistung und den Verlusten der angetriebenen Arbeitsmaschine. Bei Werkzeugmaschinen sind z. B. Schnittkraft und Schnittgeschwindigkeit, Spindeldrehzahl, Übersetzung, Vorschubgeschwindigkeit, Wirkungsgrad und andere Einflüsse je nach der Technologie des Arbeitsvorganges zu ermitteln.

Sind ähnliche Antriebe bereits in Betrieb, so sollte man die Berechnung durch Messungen nachprüfen. Schätzungen sind bedenklich, zu große Motoren arbeiten mit schlechterem Wirkungsgrad und ungünstigem Leistungsfaktor, zu schwache Motoren werden überlastet.

b) *Bestimmung des Drehmomentes:* Für die Auslegung des Motors ist das Drehmoment beim Beschleunigen, während des Laufes und beim Bremsen zu berücksichtigen. Für das Moment von der Arbeitsmaschine her, das „Gegen- oder Widerstandsmoment“ zeigen die Diagramme einige kennzeichnende Arten. Zum Beschleunigen der sich drehenden und geradlinig bewegenden Massen von Motor und Arbeitsmaschine ist ein Drehmoment erforderlich, das größer als das Gegenmoment ist. Die Höhe des Motoranzugs- und Hochlaufmoments ist abhängig von der erforderlichen Beschleunigungszeit, den Massen und dem Gegenmoment.

Man ist bemüht, die Antriebe entlastet hochzufahren, um das Moment geringzuhalten, z. B. bei Werkzeug-

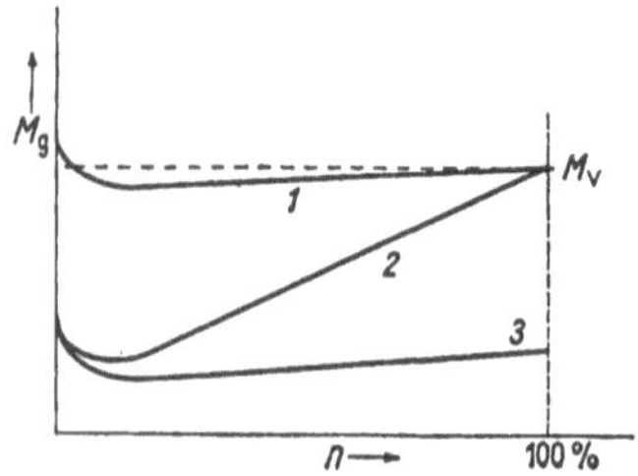

Bild 24. Gegenmoment beim Beschleunigen

1. Vollastanlauf (Heben)
2. Lastanlauf (Ventilator)
3. Leeranlauf (Drehbank

maschinen und Lüftern. Für Vollast- und Schweranlauf muß das Motormoment beim Beschleunigen wesentlich höher sein als das Vollastmoment, außerdem ist stets die Reibung der Ruhe zu überwinden, die größer als in der Bewegung ist.

c) *Erwärmung des Motors:* Die zulässigen Grenzerwärmungen sind durch die Wärmebeständigkeit der Isolierstoffe festgelegt. Die dem Motor je nach Belastung sowie beim Beschleunigen und Verzögern zugeführte Energie wird z. T. als Leistung an der Welle abgegeben und z. T. als Verlustwärme umgesetzt. Die Temperatur nimmt so lange zu, bis Gleichgewicht zwischen Wärmeabgabe und Verlustwärme besteht. Bei den verschiedenen Betriebsarten sind auch Schalthäufigkeit und Schwungmomente zu beachten, da sie erheblichen Einfluß auf die Verlustwärme haben können. Ein Motor, der nur handwarm wird, ist schlecht geplant.

d) Aus dem verfügbaren Motormoment beim Hochlaufen, den gesamten zu beschleunigenden Massen und dem Gegenmoment wird die Anfahrzeit angenähert bestimmt zu

$$t_a = \frac{GD^2 \cdot n}{375 \cdot M_a} \text{ in s}$$

GD^2 Schwungmoment in kpm^2
n Drehzahl in U/min
M_a zeitlicher Mittelwert des Beschleunigungsmoments des Motors in kpm

Für die Verzögerung gilt als Zeit angenähert:

$$t_v = \frac{GD^2 \cdot n}{375 \cdot M_v}$$

M_v zeitlicher Mittelwert des Verzögerungsmoments, bestehend aus dem bremsenden Gegenmoment der Arbeitsmaschine und dem Bremsmoment des Motors

Die Energie der bewegten Massen wird beim Bremsen entweder im freien Auslauf oder durch eine mechanische Bremsung aufgezehrt, wenn der Motor ausgeschaltet ist; wird sie durch eine elektrische Bremsschaltung aufgenommen, so muß ein mehr oder minder großer Teil in Wärme umgesetzt werden.

e) *Stabilität:* Zwischen dem Gegenmoment der Arbeitsmaschine und dem Antriebsmoment des Motors muß stabiles Gleichgewicht bestehen. Stabile Betriebspunkte liegen vor, wenn beim

Überschreiten der Betriebsdrehzahl das Gegenmoment gegenüber dem Motormoment überwiegt;

Unterschreiten der Betriebsdrehzahl das Motormoment gegenüber dem Gegenmoment überwiegt.

Der Charakter der Drehzahl-Drehmomentkennlinie der Arbeitsmaschine bestimmt

die Wahl des Motors und der Steuerung oder Regelung.

Aber stets muß im stationären Betrieb zwischen dem

Drehmoment der angetriebenen Arbeitsmaschine

und des antreibenden Motors

ein stabiles Gleichgewicht erreicht werden, ein fester Betriebspunkt! Stabiles Betriebsverhalten tritt ein, wenn

beim Überschreiten der Betriebsdrehzahl das Moment der Arbeitsmaschine gegenüber dem Motormoment überwiegt;

beim Unterschreiten der Betriebsdrehzahl das Motormoment gegenüber dem Moment der Arbeitsmaschine überwiegt, so daß der Antrieb wieder der ursprünglichen Drehzahl zustrebt.

Ob und bei welcher Drehzahl ein stabiler Zustand erreicht wird, hängt vom Verlauf der Drehmomentkennlinie der Arbeitsmaschine und des Motors ab!

Beispiele für die statische Stabilität

Kugelmühle mit Drehstrom-Asynchronmotor,

Lüfter oder Pumpe mit Reihenschlußmotor,

Asynchronmotor mit zwei stabilen Punkten bei nicht rechtzeitiger Umschaltung,

Mühle mit Synchronmotor.

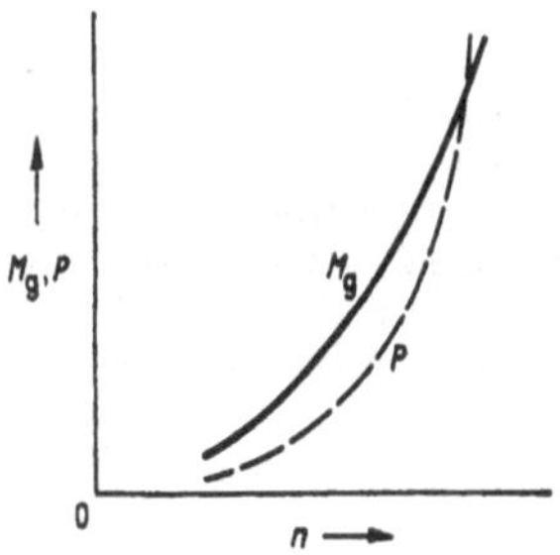

Bild 25. Lüfter

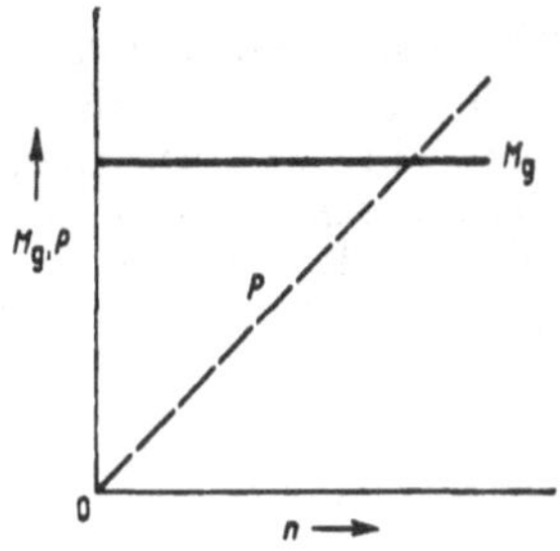

Bild 26. Hubwerk

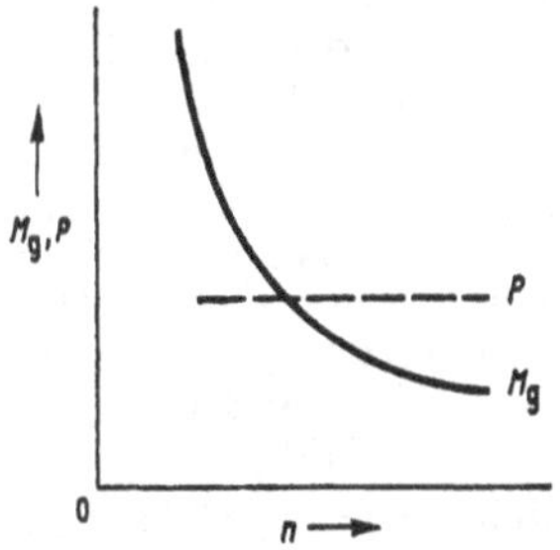

Bild 27. Gegenmoment eines Haspels

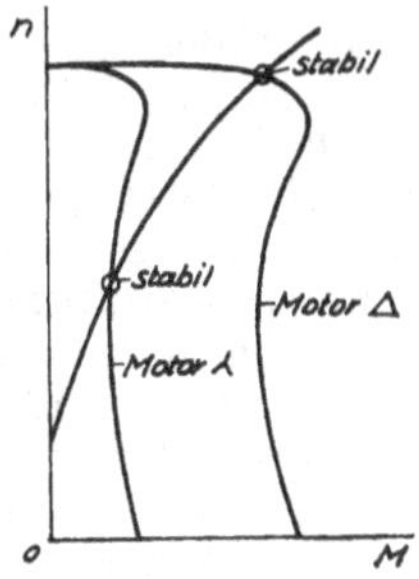

Bild 28. Asynchronmotor mit 2 stabilen Punkten

10. Anpassen der Motoren an die Antriebe

Jeder Motor muß den besonderen Bedingungen der Umgebung und des Antriebes angepaßt werden: dem dienen Bauform, Kühlung, Schutzart, Drehzahl-Drehmomentverhalten und Netzverhältnisse.

Beim Dauerbetrieb arbeitet der Motor meist mit konstanter Drehzahl und Leistung, seine Auslegung geschieht nach dem günstigsten Wirkungsgrad und Leistungsfaktor.

Thermische Bedingungen:

Der Betrieb fordert das Durchfahren des gesamten Drehzahl- und Drehmomentbereiches, ergänzt durch Beanspruchungen beim Beschleunigen und Verzögern. Wir erhalten besondere thermische Verhältnisse und Grenzbeanspruchungen. Die Verlustleistung im Motor muß an die Kühlluft abgegeben werden, die in den Motor oder über seine Oberfläche geblasen wird, falls sich die Verluste nicht durch Konvektion über die Oberfläche abführen lassen.

Der Elektromotor ist thermisch ein inhomogenes Gebilde: die Wärme entsteht zum größten Teil in den Wicklungen. Die Wärmeabgabe geschieht aber zum erheblichen Teil über die Oberfläche der Maschine.

Je größer die Wärmeerzeugung in der Wicklung ist — z. B. bei stoßweiser Belastung —, desto deutlicher machen sich die Ausgleichsvorgänge mit ihrem Zeitverhalten bemerkbar: es können sich örtlich begrenzte Bezirke mit starker Erwärmung bilden. Dieses inhomogene Temperaturverhalten führt bei längeren Stoßbelastungen zu starker örtlicher Erwärmung. Hier bieten Isolierstoffe mit hoher Grenztemperatur eine gewisse Sicherheit. Signale überwachen außerdem die Grenztemperatur, z. B. über Kaltleiterfühler.

Beim Gleichstrommotor besteht noch die Gefahr der Erwärmung des stillstehenden Ankers. Während die Lamellen bei laufendem Motor nur während der Kommutierung Strom führen, geht im Stillstand der Strom stets über dieselben Lamellen. Diese erwärmen sich schnell, so daß die Gefahr des Verziehens des Kollektors und Auslötens der Zwingen besteht. Motoren, bei denen betriebsmäßig der Stillstand unter Strom vorkommt, erhalten daher Sonderkollektoren.

Schwungmomente

Beim schnellen Beschleunigen und Verzögern ist ein niedriges Läuferschwungmoment von Vorteil, wenn nicht die Trägheitsmomente der Arbeitsmaschine und der zu bewegenden Masse wesentlich größer sind. Bei Zentrifugen beträgt z. B. das angekuppelte Schwungmoment das Vielfache des Läuferschwungmomentes. Bei anderen Antrieben sind das Fremdschwungmoment und das Lastmoment klein gegenüber dem Beschleunigungsmoment, so daß der Motor in der Hauptsache sein Ankerschwungmoment beschleunigen und verzögern muß. Beispiele dieser „Beschleunigungsantriebe" sind die Scheren.

Beschleunigungsantriebe verlangen eine sorgfältige Projektierung, denn die Wahl des Motors mit dem Ziel seiner Optimierung fordert eine genaue Kenntnis der Lastverhältnisse. Ein zu großer Motor kann auf Grund seines Schwungmomentes beim Beschleunigen härter belastet werden als ein kleinerer Motor. Diese Beanspruchung durch die Beschleunigung kann durch den Zweimotorenantrieb vermindert werden.

Die Motoren sind im Laufe ihrer Entwicklung auf geringeres Läuferschwungmoment gezüchtet worden. Das vom Motor abzugebende Drehmoment, bestimmt durch den Quotienten aus Leistung P und Drehzahl n, ist dem Quadrat des Ankerdurchmessers und der Ankerlänge proportional, ebenso dem Ankerstrombelag und der Luftspaltinduktion. Das Schwungmoment des Ankers ist aber der 4. Potenz des Ankerdurchmessers und der Ankerlänge proportional. Das bedeutet, zum Erreichen eines geringen Schwungmomentes muß der Ankerdurchmesser auf Kosten der Ankerlänge klein gehalten werden.

Grenzen ziehen Segment- und Reaktanzspannung, die dem Ankerdurchmesser umgekehrt proportional sind. Aber bei Motoren mit Kompensationswicklung können höhere Segmentspannungen zugelassen werden, deshalb werden auch kleinere Motoren kompensiert.

Bei Drehstrommotoren gibt es diese Grenzen nicht: das Schwungmoment kann herabgesetzt werden. Zu erwähnen ist aber, daß Asynchronmotoren bei gutem Leistungsfaktor einen sehr kleinen Luftspalt haben, so daß übertriebenes Längendurchmesser-Verhältnis dem Läufer unter dem Einfluß des magnetischen Zuges am Ständerblech zum Schleifen bringen kann. Die Verringerung des Schwungmomentes verlangt also eine Vergrößerung des Luftspaltes, das bedeutet einen erhöhten Blindleistungsbedarf.

11. Anpassen des Motordrehmoments

Forderungen:

1. Bei Betriebsdrehzahl ausreichend, auch bei störenden Einflüssen (Spannungsabfall, Laststöße);

2. Beim Anlauf aus dem Stillstand reichlich (Reibung der Ruhe, Beschleunigung mit Vollast, z. B. beim Brecher);

3. Verlauf der Beschleunigung beherrschen (stoßfrei, aber schnell).

Wenn die Antriebsbedingungen bekannt sind, können in Sonderfällen kleinere Kippmomente oder höheres stoßweises Überlasten vereinbart werden. Zu beachten sind *Spannungsschwankungen* des Netzes: bei Spannungsänderungen um $\pm 5\,\%$ muß der Motor noch das volle Nennmoment abgeben. Bei stärkerem Absinken der Spannung z. B.

auf 90 % geht das Kippmoment vom 2fachen auf den 1,6fachen Wert,

auf 80 % geht das Kippmoment vom 2fachen auf den 1,25fachen Wert,

beim Dauerbetrieb mit normal 1,6fachen Kippmoment sinkt es bei 80 % Spannung auf Nennmoment zurück, also quadratisches Absinken. Besonders sind Drehmomentspitzen vom Betrieb her zu erfassen, das gilt z. B. für Brecher, Transportschnecken, Mühlen u. a.

Der Anlauf aus dem Stillstand stellt meist höhere Anforderungen an das Motordrehmoment, weil

die Reibung der Ruhe bei vielen Triebwerken erheblich ist;

das Beschleunigungsmoment neben dem statischen Gegenmoment aufzubringen ist;

die höhere Netzbelastung meist ein Absinken der Spannung bewirkt.

Man muß daher Unterlagen über das erforderliche Losbrechmoment beschaffen, und zwar für den Normalfall und für höchste Belastungen (voller Brecher, Aufzugkübel mit Überladung, Anfahren auf größter Steigung). Unter Umständen kann es unwirtschaftlich sein, den Motor für diese Sonderfälle auszulegen, d. h. aber entleeren oder zurückfahren. Festzustellen ist auch, wie die Reibungswerte bei tiefen Temperaturen oder mehrtägigem Stillstand sind, da z. T. doppelte Werte erreicht werden.

Die Differenz zwischen dem statischen Widerstandsmoment und dem Motoranlaufmoment steht als Beschleunigungsmoment zur Verfügung. Die Größe und der Verlauf dieses Momentes bestimmen den Anfahrvorgang, der in vielen Fällen vom Verfahren vorgeschrieben wird:

er soll schnell durchgeführt werden (Hobelmaschinen), das Beschleunigen soll stoßfrei erfolgen (Aufzug, Hebewerk).

Häufig werden beide Forderungen gleichzeitig gestellt, das bedeutet hohes Überschußmoment und Beeinflussen dieses Momentes. Welche Möglichkeiten bietet der Drehstrommotor?

1. Schleifringläufer: Größe und Stufung der Läuferwiderstände bei positiven Widerstandsmomenten; Gegenstrom- und Gleichstrombremsung bei negativen Momenten;

2. Käfigläufer: Man versucht durch eine Fülle von Läuferbauarten (Stromdämpfungs-, Stromverdrängungs-, Wirbelstrom-, Hochstab-, Tiefnut-, Doppelstab-, Doppelnut-, Dreinutläufer usw.) eine Zuordnung zur Arbeitsmaschine zu erreichen. Im Prinzip kommt man meist mit 2 oder 3 Läuferarten entsprechend den am häufigsten vorkommenden Gegenmomenten aus; die Drehmomentkurven dieser Läuferarten sind so zu wählen, daß die Motoren bei direktem Einschalten hochlaufen, wenn das Lastmoment während des Anlaufes 70, 100 oder 160% des Nennmomentes nicht überschreitet.

Außerdem läßt sich durch die Läuferart eine angenäherte Anpassung an den Verlauf des Gegenmomentes der Arbeitsmaschine erreichen, so daß die Differenz zwischen beiden Momenten während des gesamten Hochlaufes nahezu konstant ist und eine gleichmäßige Beschleunigung gewährleistet.

Für stoßempfindliche Antriebe soll im ersten Augenblick das Anzugmoment gering sein (Textil-Spinnmaschinen: Flyer), deshalb verwendet man:

a) Umspanner in Sparschaltung,

b) Zusatzständerwicklung, die der Hauptwicklung zu- oder gegengeschaltet wird, also 3 Drehmomentlinien,

c) Sanftanlaufschaltung (Kusa), der Widerstand wird später kurzgeschlossen.

Diese Schaltung wird auch bei Antrieben mit wechselnden Anfahrmomenten verwendet, z. B. Wehranlagen. Diese arbeiten normal mit Vollastanlauf, verlangen aber bei Vereisung ein hohes Losbrechmoment. Der Antrieb wird für Schwerlastanlauf ausgelegt, arbeitet aber auf der ersten Stufe mit Kusawiderstand zur Einschränkung des Anzugsmomentes und wird erst beim Weiterschalten durch Kurzschließen auf höchstes Anzugsmoment verstärkt.

12. Massenwirkung

Bei jedem Geschwindigkeitswechsel (Beschleunigung, Verzögerung) ändert sich die in der bewegten Masse aufgespeicherte kinetische Energie oder es ist bei der Einleitung der Bewegung Energie zu speichern. Diese Energie wird vom Motor beim Beschleunigen zusätzlich neben der für das Widerstandsmoment erforderlichen Energie aufgebracht, umgekehrt wird sie beim Verzögern z. T. wieder verfügbar.

Wie groß ist die Leistung, die für diese Änderung der kinetischen Energie erforderlich ist?

In rotierenden Massen ist kinetische Energie aufgespeichert von der Größe

$$A_r = \frac{1}{2} \cdot J \cdot \omega^2$$

J Massenträgheitsmoment der Umlaufmasse (mkg s²)
ω Winkelgeschwindigkeit = Drehwinkel je s oder Umdrehungen in 2π s $\left(\frac{1}{\mathrm{s}}\right)^2$

z. B. bei einem Vollzylinder ist

$$J = 2\,\pi\, l\, \frac{\gamma}{g}\, \frac{1}{4} \cdot R^4$$

R Radius des Vollzylinders
l Länge
γ spez. Gewicht des Materials

Bei Läufern elektrischer Motoren mit ihren verschiedenen Materialien ist die Berechnung schwieriger, das gilt auch für Teile komplizierter Arbeitsmaschinen. Man kann das Trägheitsmoment durch Auslaufversuche ermitteln: den laufenden Antrieb abschalten und während des Auslaufens die Drehzahl abhängig von der Zeit messen, ergibt die Auslaufkurve. Bei einer bestimmten Drehzahl, bei der das Widerstandsmoment W vorher elektrisch gemessen wurde, ermittelt man graphisch aus der Auslaufkurve $\frac{\mathrm{d}u}{\mathrm{d}t}$ oder $\frac{\mathrm{d}w}{\mathrm{d}t}$ und geht damit in die Formel:

$$M - W - B = 0$$

denn Motormoment M, Widerstandsmoment W und dynamisches Moment B müssen in jedem Augenblick im Gleichgewicht sein. Da $M = 0$, gilt

$$W = -B = -\frac{\mathrm{d}\omega}{\mathrm{d}t} \cdot J, \text{ also } J = \frac{-W}{\frac{\mathrm{d}\omega}{\mathrm{d}t}}$$

Jede Änderung der Drehzahl ist mit einer Änderung der kinetischen Energie verbunden, d. h. für eine bestimmte Drehzahländerung je Zeiteinheit ist eine bestimmte Leistung erforderlich.

Also Leistung

$$N_B = \frac{\mathrm{d}A_\mathrm{r}}{\mathrm{d}t} = J \cdot W \cdot \frac{\mathrm{d}\omega}{\mathrm{d}t}$$

$$B = \frac{N_B}{w} = J \cdot \frac{\mathrm{d}\omega}{\mathrm{d}t}$$

daraus folgt als erforderliches Drehmoment für jede Beschleunigung das dynamische Moment B

Bei elektromotorischen Antrieben wird allgemein mit dem „Schwungmoment" GD^2 gerechnet, dabei ist D der Trägheitsdurchmesser, auf den das gesamte Gewicht G vereinigt zu denken ist, damit wird

$$J = \frac{GD^2}{4\,g} \quad GD^2 \text{ in kpm}^2$$

Außerdem wird die Drehzahl in U/min angegeben (nicht in Winkelgeschwindigkeit). Dann ergibt sich

$$B = \frac{GD^2}{4\,g} \cdot 2\pi \frac{\mathrm{d}n}{\mathrm{d}t} \quad \text{in kpm}$$

Die Drehzahl der Arbeitsmaschine entspricht häufig nicht der Motordrehzahl, deshalb müssen die Schwungmomente der hochlaufenden Massen m_1, m_2 usw. auf die Drehzahl der Motorwelle reduziert werden.

$$GD^2\,\text{red.} = GD^2\,m + G_1\,D_1^2 \left(\frac{n_1}{n\,m}\right)^2 + G_2\,D_2^2 \left(\frac{n_2}{n\,m}\right) 2 + \ldots$$

m = Motorwerte — Übersetzungsverhältnisse, n_1 z. B. Getriebe, n_2 z. B. Drehbankfutter.

Bei dieser Reduzierung müssen auch die Wirkungsgrade bis zur Motorwelle eingesetzt werden.

Den größten Anteil am Gesamt-GD^2 liefert meist der Motorläufer mit Kupplung als schnellaufender Teil. Untersuchungen über die Größe des Trägheitsmomentes bei verschiedenen Motorausführungen und über den Zusammenhang zwischen Leistung, Drehmoment und Trägheitsmoment zeigen: man kann das gleiche Motormoment mit einer langen Maschine bei kleinem Durchmesser oder mit einer kurzen bei entsprechend großem Durchmesser erreichen.

Als Erfahrungswert gilt:

Das Trägheitsmoment steigt mit der 1,2 ... 1,5ten Potenz des Motormomentes an, also stärker als das Motormoment. Bei Antrieben, bei denen geringes Trägheitsmoment wichtig ist (z. B. Hobelmaschinen), verwendet man gelegentlich statt eines Motors zwei Motoren halber Leistung und spart etwa 20 % an Trägheitsmoment.

Bei Asynchron- und Synchronmotoren gilt:

Die durch die Drehzahl gegebene Polpaarzahl ist wichtig, da nicht das Verhältnis Ankerlänge zu -durchmesser, sondern Ankerlänge zu Polzahl etwa konstant bleibt. Die Motoren werden also mit zunehmender Polzahl und abnehmender Drehzahl kürzer. Das Schwungmoment wird nicht abhängig vom Moment, sondern von Leistung und Drehzahl gerechnet.

In geradlinig bewegten Massen (Hebezeuge, Werkzeugmaschinen) ist ebenfalls kinetische Energie gespeichert, deren Einfluß nicht immer vernachlässigbar klein ist. Die Bewegungsenergie ist

$$A_g = \frac{m}{2} \cdot v^2 = \frac{G \cdot v^2}{2g}$$

Die Wirkung der geradlinig bewegten Masse wird durch Multiplikation der tatsächlichen Masse mit dem Quadrat eines gedachten Trägheitsdurchmessers auf die Drehbewegung übertragen.

Also:

$$GD^2 = G \cdot d^2$$

G Gewicht in kg

d $\frac{v \cdot 60}{n_m}$

Auch hier ist der Wirkungsgrad der Übertragung zu berücksichtigen.

Schwungmomente

Die Beschleunigungszeit des Motors beim Anlauf wird von den Schwungmomenten der Arbeitsmaschine einschließlich der Kupplungen, Bremsscheiben u. a. sowie des Motors bestimmt.

$$t = \frac{n \cdot GD^2}{375 \cdot M} \text{ in s}$$

n Nenndrehzahl des Motors U/min

GD^2 Gesamtschwungmoment kpm²

M Beschleunigungsmoment des Motors — Lastmomenten

Bei hohen dynamischen Forderungen während des Beschleunigens, Verzögerns und anderer Änderungen der Geschwindigkeit sind geringe Läuferschwungmomente der Motoren, der gekuppelten Massen der Arbeitsmaschine und des Prozesses von Vorteil. Die Zentrifuge mag als Beispiel gelten: das gekuppelte Schwungmoment erreicht etwa das Hundertfache des Motorschwungmomentes. In anderen Aufgaben hat der Motor nur ein geringes Fremdschwungmoment zu bewegen: das sind „Beschleunigungsantriebe", die eine sorgfältige Projektierung fordern, damit der Motor nicht zu reichlich gewählt wird. Das Hochlaufmoment ergibt sich als Summe von Beschleunigungs- und Reibungsmoment, die thermische Beanspruchung des Motors ist dem Quadrat des Hochlaufstromes proportional. Je größer der Motor, desto höher seine thermische Beanspruchung beim Hochlauf! Die Optimierung des Motors verlangt genaue Kenntnis der Lastverhältnisse: der zu groß gewählte Typ kann wegen seines Schwungmomentes im Beschleunigungsbetrieb härter beansprucht werden als der kleinere. Geht man bei derselben Leistung vom Einmotoren- auf den Zweimotorenantrieb über, so wird die Beschleunigungsbeanspruchung infolge des geringeren Gesamtschwungmomentes herabgesetzt.

Motorenhersteller haben deshalb ihre Gleichstromreihen für kleine Schwungmomente, d. h. kleine Ankerdurchmesser konstruiert. Allerdings führt das bei diesen Motoren wegen der guten Kommutierung bei Stoßüberlastungen zu einer hohen Ausnutzung des magnetischen Kreises, die höhere Erregerleistung fordert.

Bei Drehstrommotoren fehlt diese Einschränkung, aber der für einen guten Leistungsfaktor erforderliche kleine Luftspalt setzt Grenzen.

Verringerung des Schwungmomentes verlangt eine Vergrößerung des Luftspaltes, das bedeutet einen erhöhten Blindleistungsbedarf.

13. Wechselwirkung der Momente

Wir haben drei Momente in ihrer Wechselwirkung zu betrachten: das Motormoment M, dessen Verhalten wir kennen und beeinflussen können; das Widerstandsmoment W, das uns angegeben wird und auf das wir selten Einfluß haben; das dynamische Moment B (Beschleunigungsmoment), das wir von der Steuerung her in gewissen Grenzen beherrschen können.

Das Widerstandsmoment W ist von mannigfaltigen Einflüssen abhängig:

a) *Hubwerkmoment*

Hier kann das W-Moment als praktisch konstant und unabhängig von der Drehzahl betrachtet werden; das trifft angenähert bei folgenden Arbeitsvorgängen zu:

reine Hubarbeit, z. B. Krane, Fördermaschinen;

hauptsächlich Reibungsarbeit, z. B. Papiermaschinen, Kugelmühlen, Zentrifugen;

Formänderungsarbeit, z. B. Bohrmaschinen, Drehbänke.

Der Deutlichkeit wegen sind die Drehzahlabhängigkeit der Reibungsziffer und der anderen Verlustquellen vernachlässigt.

Nur so gilt das Diagramm.

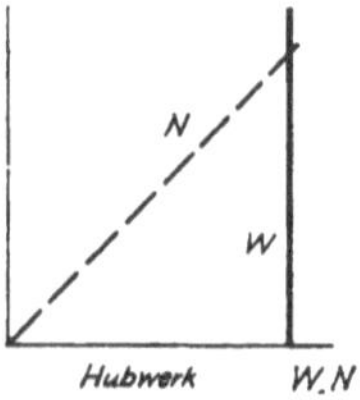

Bild 29.

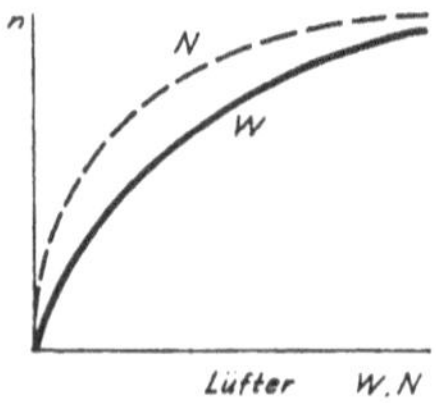

Bild 30.

b) *Lüfter-Moment*

Bei Antrieben, die einen Luft- oder Flüssigkeitswiderstand zu überwinden haben, tritt ein annähernd quadratisch mit der Drehzahl ansteigendes Widerstandsmoment auf, Reibungsmomente sind vernachlässigt.

Beispiele: Lüfter, Kreiselpumpen, Schiffsschrauben.

$W = W_1 (n/n_1)^2$ (W_1 ist das Widerstandsmoment bei einer bestimmten Drehzahl n_1).

Leistung $N = W$. Winkelgeschwindigkeit, steigt also in der 3. Potenz, denn in W ist u^2 und in der Winkelgeschwindigkeit u, deshalb steigt die Leistung mit der 3. Potenz der Drehzahl.

c) *Haspel-Moment*

Bemerkenswert ist, daß das Widerstandsmoment mit steigender Drehzahl abnimmt. Bei Aufwickelvorrichtungen (Papier) bleiben Materialgeschwindigkeit v und Zug P im Material konstant und unabhängig vom Aufwickeldurchmesser. Die Drehzahl muß also mit steigendem Durchmesser abnehmen, aber das Moment ansteigen. Daraus folgt:

$$W = W_1 \cdot \frac{n_1}{n}$$

$$N = W_1 \cdot 2\,\pi \cdot n_1 = \text{const}$$

Das Widerstandsmoment nimmt nach einer Hyperbel mit der Drehzahl ab, die Leistung bleibt konstant, unabhängig von der Drehzahl.

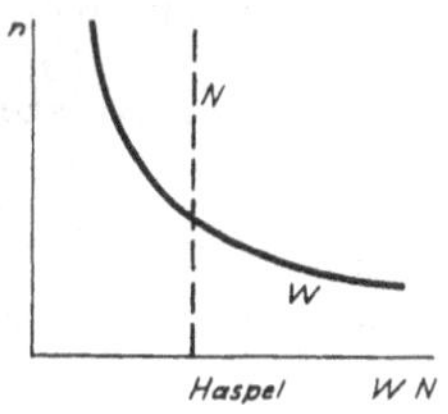

Bild 31.

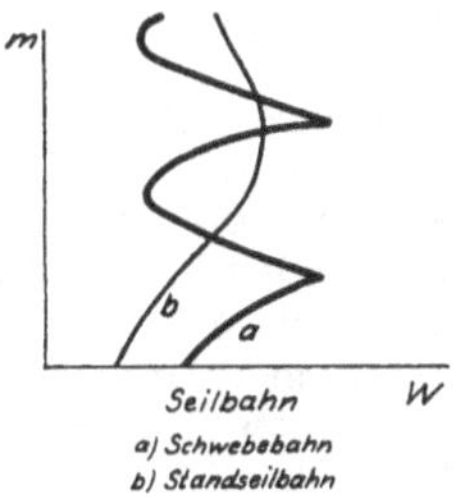

Bild 32.

Schließlich kann das Moment linear mit der Drehzahl wachsen, wie es in Annäherung bei Kalandern der Fall ist.

d) *Seilbahn-Moment*

Bei Schwebebahnen sind die Widerstandsmomente durch das Ansteigen der Kabine zur Stütze und das nachfolgende Sinken bestimmt. Bei Standseilbahnen ist die Anlage der Trasse für das Widerstandsmoment entscheidend.

e) *Fahrwerk-Moment*

Bei allen Antrieben ist das Reibungsmoment mehr oder minder stark zu berücksichtigen. Bei Fahrwerken ist es das für die Bemessung des Motors entscheidende Moment (Schienen-, Spurkranz-, Rollen-Reibung), dessen genaue Festlegung von vielen Faktoren abhängt; Lager, Schmiermittel, Zustand, Temperatur. Hier helfen meist nur Messungen. Auf jeden Fall besteht zwischen der Reibung der Ruhe und der Bewegung ein erheblicher Unterschied. Man spricht vom „Losbrechmoment", das ein Mehrfaches des Betriebsmomentes sein kann und das Anlaufmoment des Motors bestimmt.

Beispiele: Kranfahr- und Drehwerke, Förderbänder.

f) *Kolbenmaschinen-Moment*

Bei allen Kolbenmaschinen, wie Pumpen, Kolbenkompressoren und dergleichen, genügt zur Projektierung nicht die Angabe der erforderlichen Antriebsleistung, denn diese Maschinen haben periodisch stark veränderliche Drehmomente. Diese Drehmomentschwankungen führen auch zu Stromschwankungen im Netz, die durch entsprechende Bemessung des Motorschwungmomentes in zulässigen Grenzen gehalten werden müssen. Die Kenntnis des M-Diagramms ist daher unbedingt erforderlich. Das Diagramm zeigt als Beispiel das Widerstandsmoment eines einfachwirkenden Kolbenkompres sors abhängig vom Läuferwinkel der Kompressorwelle. Das W-Moment teilt man zweckmäßig in einen konstanten Wert und einen periodisch mit der Winkellage veränderlichen Anteil auf, der dann in Sinusschwingungen verschiedener Frequenz nach Fourier zerlegt werden kann.

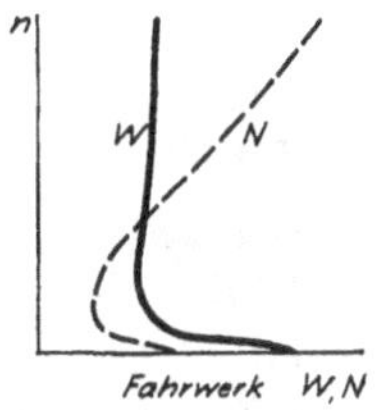

Bild 33.

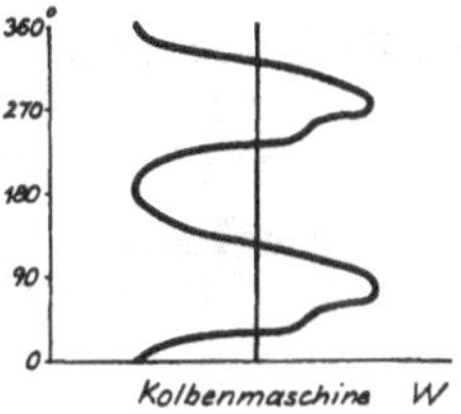

Bild 34.

g) *Moment beim Walzwerk-Programm*

Bei Walzenstraßen wird z. B. nach einem Stichplan gearbeitet, der das Walzmoment abhängig von der Zeit nach dem jeweiligen Walzprogramm vorschreibt. Blockstraße: beim ersten Durchgang durch die Walzen wird der noch kurze Block sehr stark gedrückt und entsprechend stark gestreckt. Der zweite Stich dauert entsprechend länger, dafür wird aber nicht so stark gedrückt; das Programm wird etwa so gefahren, daß bei jedem Durchgang des Blockes durch die Walzen die Walz*arbeit* die gleiche bleibt.

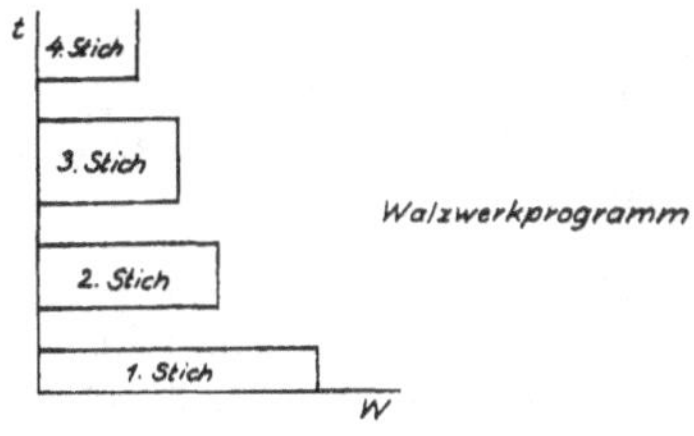

Bild 35.

Keine dieser Gruppen kommt in dieser idealisierten Form vor; die wirklichen W-Kennlinien sind meist Mischungen mehrerer Arten. Es treten Verzerrungen durch die Reibungsverhältnisse und die Übertragungsmittel auf.

14. Bestimmen der Motorgröße

Das Zusammenwirken zwischen Motor und Arbeitsmaschine lassen die Betriebsdiagramme erkennen. Sie geben über Weg oder Zeit den Verlauf an:

der Geschwindigkeit oder Drehzahl,
der Drehmomente und Leistungen.

Sie werden von der Maschinenfabrik zur Verfügung gestellt oder sie müssen auf Grund der Unterlagen über Lastmomente, Beschleunigung, Verzögerung, Massenwirkungen und anderer Forderungen von seiten der Arbeitsmaschine und des Verfahrens unter Beachtung der Verluste berechnet werden. An Hand dieser Unterlagen kann die Motor*leistung* berechnet werden. Maßgebend für die Motor*größe* ist vor allem die Erwärmung im Betrieb, die abhängt von

1. Betriebsarten (Dauer-, Kurzzeit-, Aussetzbetrieb u. a.)
2. Schaltbetrieb (Anlauf-, Brems-, Umschaltungen)
3. Schalthäufigkeit
4. Schwungmomentfaktor.

Selbstverständlich sind für die Bestimmung der Motorgröße bei den mannigfaltigen Anforderungen noch weitere Faktoren in Sonderfällen zu beachten: Umgebungstemperatur, Losbrechmoment, Überlastungsfähigkeit u. a.

Dauerbetrieb liegt vor, wenn der stationäre Betrieb mindestens so lange anhält, daß die Beharrungstemperatur des Motors erreicht wird (etwa 45 min bei kleinen und etwa 3 Stunden bei großen Motoren). Im Dauerbetrieb nimmt die Motortemperatur nach einer Exponentialkurve zu. Anfangs überwiegt die Wärmespeicherung, die Temperatur steigt schnell. Im letzten Teil des Laufes ist die Wärmeabgabe vorherrschend, bis die Endtemperatur erreicht ist, bei der die gesamte nun entstehende Wärme abgeführt wird. Wichtig ist, daß die Nennleistung des Motors möglichst genau der tatsächlich benötigten Leistung angepaßt wird.

Bei größeren Abweichungen nimmt jedoch der zu groß bemessene Motor bei kleinen Leistungen infolge des bei Teillasten wesentlich schlechteren Leistungsfaktors einen höheren Strom auf als der richtig bemessene kleinere, d. h. höhere Verluste im Motor und in den Zuleitungen, Verschlechterung der Wirtschaftlichkeit. Andererseits dürfen Motoren im Dauerbetrieb grundsätzlich nicht überlastet werden. Nach VDE 0530 ist nur eine einmalige Überlast von 150 % des Nennstromes 2 min lang zulässig. Bei höheren Überlastungen, z. B. während des Anlaufes, muß die Zeit entsprechend kürzer sein. Eine Ausnahme bilden die Motoren mit hochwertiger Isolation (Silicon), die höhere Überlastungen ohne Schaden vertragen.

Die Grenze für die Drehmoment-Überlastbarkeit bildet das Kippmoment, das bei Drehstrommotoren mindestens 160 % des Nennmomentes betragen muß.

Wichtig ist, daß die Betriebsspannung nicht wesentlich von der Nennspannung des Motors abweicht. Beim Drehstrom-Asynchronmotor ändern sich Nenn-, Anzug-, Kippmoment quadratisch mit der Spannung. Beträgt also die Netzspannung nur 80 % der Nennspannung, so ist die zulässige Leistung ebenfalls nur 80 % der Nennleistung, während Anzug- und Kippmoment auf 64 % zurückgehen. Nur bei Abweichungen bis 5 % kann bei Nennfrequenz die Nennleistung abgegeben werden.

Beim Dauerbetrieb mit veränderlicher Belastung, also regel- oder unregelmäßigen Schwankungen, muß der

Mittelwert für die Bestimmung der Motorgröße gebildet werden. Hierfür zwei Wege:

Die thermische Belastung des Motors ist gegeben durch die Verlustwärme. Wir nehmen einen Motor, der vermutlich ausreichend ist, und tragen seine Verluste in Abhängigkeit von der Leistung auf. Daraus läßt sich an Hand der tatsächlichen Belastung durch die Arbeitsmaschine der Verlauf der Verlustlinie konstruieren. Aus

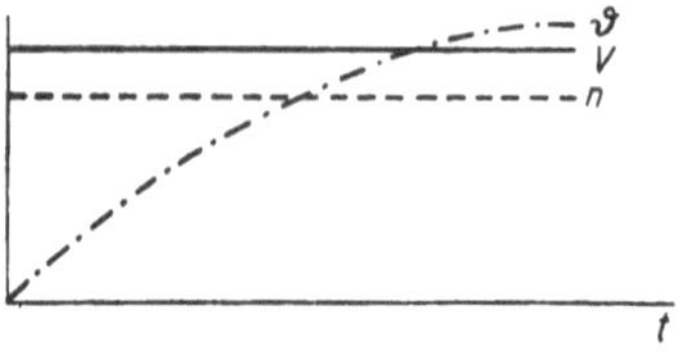

Bild 36. Dauerbetrieb

V Verlustleistung
u Drehzahl
ϑ Maschinenerwärmung
t Zeit

diesen wechselnden Verlusten wird durch Ausplanimetrieren der Verlustfläche das Mittel gebildet. Dieser Mittelwert schneidet auf der Verlustlinie des Motors einen Leistungswert ab. Deckt er sich nicht mit dem vermuteten Motormodell, so muß eine größere oder kleinere Type untersucht werden. Ein weiterer Annäherungsweg ist, die Drehmomentenlinie zu zeichnen und den quadratischen Mittelwert des Drehmomentes zu bilden. Annahme ist, daß die Verluste des Motors dem Quadrate des Stromes, also des Drehmomentes, proportional sind.

Der gesuchte Mittelwert ist

$$M = \frac{M_1^2 \cdot t_1 + 1/3\,(M_2^2 + M_3^2 + M_2 \cdot M_3) \cdot t_2 \ldots}{t_1 + t_2 + \ldots},$$

nach ihm wird der Motor aus der Liste ausgewählt. Natürlich muß geprüft werden, ob das Höchstmoment des Motors auch für die Spitzenleistung des Antriebes ausreicht.

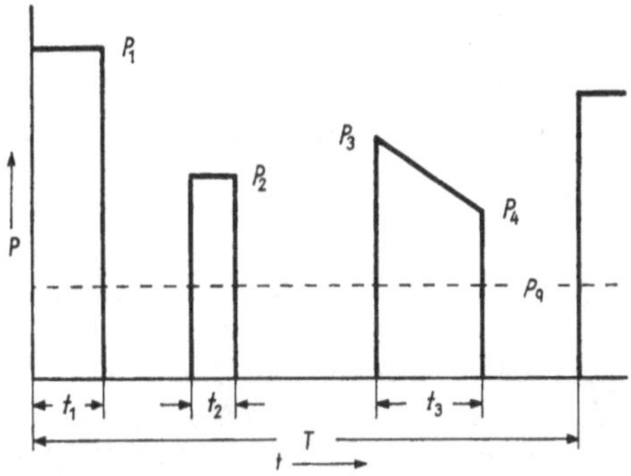

Bild 37. Mittleres quadratisches Drehmoment

Schaltbetrieb

Während beim gleichmäßigen Dauerbetrieb und beim Kurzzeitbetrieb die thermische Belastung des Motors durch Anlauf-, Brems- und Umschaltungen meist vernachlässigt werden kann, überwiegen im Aussetzbetrieb und im Dauerbetrieb mit aussetzender Belastung häufig die Schaltvorgänge.

Außerdem entstehen zwei Nachteile durch die Massen:

der Mehrverbrauch an elektrischer Arbeit, der nur in wenigen Fällen durch Nutzbremsung z. T. zurückgewonnen wird,

die erhöhte Motorleistung, also ein größerer Motor.

Bei hoher Schaltzahl muß die Beschleunigungsarbeit niedrig gehalten werden. Da der Motoranker meist den größten Teil ausmacht, werden folgende Mittel angewendet:

Ankerdurchmesser klein halten, dafür Länge erhöhen;

Motorleistung auf zwei Motoren halber Größe verteilen;

stärkere Belüftung, um die Läuferabmessungen kleiner halten zu können.

Bei schwierigen Anlaufbedingungen ist zu prüfen, ob der einfachere Motor mit Käfigläufer überhaupt verwendbar ist, sonst bleibt nur der Schleifringläufer.

Die Anlaufwärme läßt sich auch durch Polumschaltung herabsetzen:

beim Polzahlverhältnis 1 : 2 auf 50 %,

bei vierfacher Polumschaltung auf 39 %.

wenn die Motoren über die kleinere Drehzahl angefahren werden.

Bestimmung der Vollastleistung (Beispiele):

Die erforderliche Leistung des Motors an seiner Welle setzt sich zusammen aus der Nutzleistung und den mechanischen Verlusten.

Beim Kranhubwerk besteht die Nutzleistung aus dem Heben der Last am Haken. Die Verluste entstehen durch Reibung im Triebwerk, an den Rollen, in den Lagern, durch Seilsteifigkeit u. dgl.; sie werden im mechanischen Wirkungsgrad erfaßt.

Die erforderliche Motorleistung P ist:

für geradlinige Bewegung

$$P = \frac{F \cdot v}{75 \cdot \eta} \text{ in PS}$$

oder

$$P = \frac{F \cdot v}{102 \cdot \eta} \text{ in kW}$$

F Nutzlast in kp
v Geschwindigkeit in m/s
η mech. Wirkungsgrad

für Drehbewegung

$$P = \frac{M \cdot \omega_{\mathrm{n}}}{75 \cdot \eta} = \frac{M \cdot n}{716 \cdot \eta} \text{ in PS}$$

oder

$$P = \frac{M \cdot n}{975 \cdot \eta} \text{ in kW}$$

n Drehzahl in U/min

Bei Pumpen wird ie Motorleistung bestimmt, indem man statt $F \cdot v$ das Produkt aus sekundlicher Fördermenge und der manometrischen Förderhöhe einsetzt, also

$$P = \frac{1000 \cdot V \cdot \gamma \cdot h}{102 \cdot \eta} \text{ in kW}$$

V Flüssigkeitsdurchsatz in m^3/s
γ Wichte der Flüssigkeit in kp/dm^3
h Förderhöhe plus Widerstandshöhe in m WS

Bei Aufzügen sind meist die Last des Korbes und die halbe Nutzlast durch Gegengewichte ausgeglichen, also

$$P = \frac{F \cdot v}{2 \cdot 102 \cdot \eta} \text{ in kW}$$

F Nutzlast in kp
v Geschwindigkeit in m/s

Bei Ventilatoren gilt

$$P = \frac{V \cdot p}{102 \cdot \eta} \text{ in kW}$$

V Luftdurchsatz in m^3/s
p Winddruck in kp/m^2 (mm WS) an der Ausblaseöffnung

Formeln für die Planung

Benennung	Zeichen	Einheit	Formel
Weg, Länge, Höhe	s, l, h	m	
Zeit	t	s	
Durchmesser	d	m	
Radius	r	m	
Fläche, Querschnitt	A, Q	m^2	
Gewichtskraft	G	kp	1 kp $9{,}81 \text{ kg m/s}^2 = 9{,}81 \text{ N}$
Geschwindigkeit	v	m/s	$v = \mathrm{d}s/\mathrm{d}t$; bei gleichförmiger Bewegung $v = s/t$
Drehzahl	n	U/min	
Winkelgeschwindigkeit	ω_n	1/s	$\omega_n = 2\pi n/60$
Umfangsgeschwindigkeit	u	m/s	$u = r \cdot \omega_n = r \cdot 2\pi n/60 = d\pi n/60$

Benennung	Zeichen	Einheit	Formel
Beschleunigung (Verzögerung) ...	a	m/s²	$a = \mathrm{d}v/\mathrm{d}t$; bei gleichförmiger Beschleunigung $a = v/t$
Winkelbeschleunigung ..	β_n	1/s²	$\beta = \mathrm{d}\omega/\mathrm{d}t$; bei gleichförmiger Beschleunigung $\beta_\mathrm{n} = 2\,\pi\,n/60\,t$
Fallbeschleunigung	g	m/s²	$g \approx 9{,}81$ m/s²
Ruck	R	m/s³	$R = \mathrm{d}a/\mathrm{d}t$; bei gleichförmiger Änderung der Beschleunigung $R = a/t$
Masse	m	kg	$F = m \cdot a$ in N
Kraft	F	kp	$= \frac{1}{9{,}81} \cdot m \cdot a$ in kp
Gewichtskraft	G	kp	Sonderfall der Kraft $G = \frac{1}{9{,}81} \cdot m \cdot g$ in kp, mit $g = 9{,}81$ m/s² Fallbeschleunigung
Wucht .... Bewegungsenergie ..	L	kp m	$L = \frac{1}{9{,}81} \cdot \frac{m \cdot v^2}{2}$ (geradlinig bewegte Masse) $L = \frac{1}{9{,}81} \cdot \frac{J \cdot \omega_\mathrm{n}^2}{2}$ (umlaufende Masse)

Benennung	Zeichen	Einheit	Formel
Trägheitsdurchmesser	D	m	
Drehmoment	M	kp m	$M = F \cdot d/2$
Massenträgheitsmoment	J	kg m²	$J = m \cdot D^2/4$ in kg m² $= \frac{1}{9{,}81} \cdot m \cdot D^2/4$ in kp m s² $9{,}81 \frac{\text{kg m}}{\text{s}^2\ \text{kp}} = 1$
Arbeit	W	kp m	$W = P \cdot t$
Leistung	P	kp m/s	$P = F \cdot v = M \cdot \omega_n$

15. Schutz der Motoren

Für den thermischen Schutz von Motoren werden neben Bi-Metall-Auslösern oder Schutzrelais, die außerhalb der Maschine ein Abbild der Wärmevorgänge in der Maschine liefern, Vollschutzeinrichtungen eingesetzt, bei denen Wärmefühler unmittelbar in die thermisch gefährdeten Stellen eingebaut sind. Diese Lösung ist von Vorteil bei Maschinen mit wechselnder Belastung, da für Kurzzeit-, Aussetz- und Schaltbetrieb die äußeren Schutzmittel nicht ausreichend sind.

Elektrische Motoren zeigen ein stark inhomogenes Temperaturverhalten und können nicht durch ein einfaches Wärmemodell nachgebildet werden, wie es in den äußeren Schutzeinrichtungen geschieht.

Der Hauptteil der Wärme entsteht in den Wicklungen, und an der Wärmeabgabe ist die Oberfläche der Maschine beteiligt, deshalb entstehen im Motor Wärmeströmungen als Ausgleichvorgänge mit Zeitverhalten. Je größer die Wärmeerzeugung in der Wicklung ist — z. B. bei hoher Stoßbelastung — um so mehr können sich örtlich begrenzte Zonen hoher Erwärmung ausbilden. Werden wärmekritische Punkte festgestellt, so kann der Motor mit Wärmefühlern an diesen Stellen thermisch voll geschützt werden. In der Antriebstechnik wird man sich beim Erreichen der Grenztemperatur mit einer Signalgabe begnügen, die Wärmefühler in den Wickelköpfen bei hohen örtlichen Erwärmungen voraussetzt.

Kaltleiter erhöhen bei bestimmter Temperatur fast schlagartig ihren Widerstand um mehrere Zehnerpotenzen, so daß man ständerkritische Maschinen leicht schützen kann. Für läuferkritische Verhältnisse, wie bei Asynchronmotoren mit hohen Stromverdrängungseffekten im Anlauf oder mit Widerstandskäfig, aber auch bei Gleichstrommaschinen, bei denen wegen der Stromdichteverhältnisse der Anker meist schneller als der Ständer die Grenztemperatur erreicht, können in den wärmekritischen Stellen des Läufers PTC-Widerstände

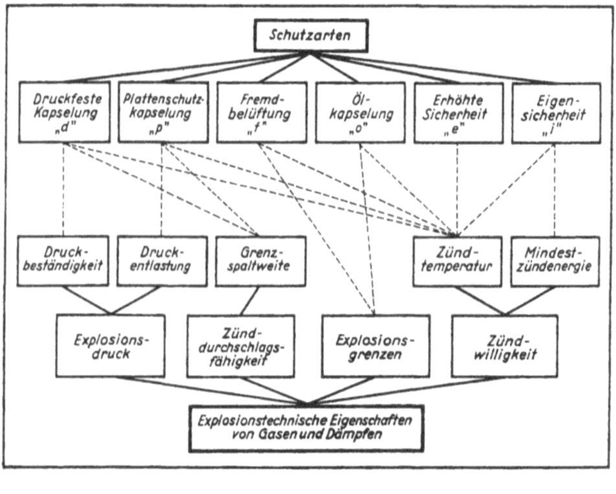

eingebaut werden, deren Widerstandswerte kontaktlos und induktiv zum Ständer übertragen werden. Die Auslösung des Signals erfolgt beim Erreichen der Endtemperatur durch eine schaltartige Widerstandsänderung.

16. Beschleunigen und Verzögern der Antriebe

Bei den technischen Ausrüstungen vieler Verfahren stellen wir eine von Jahr zu Jahr steigende Geschwindigkeit mit höherer Dynamik fest. Der Arbeitsgang fordert häufiges Anfahren oder sogar Richtungsumkehren. Während der Beschleunigung liegt der Geschwindigkeitswert unterhalb der Beharrungsgeschwindigkeit und drückt die im Mittel mögliche Geschwindigkeit in dem Maße herunter, wie sich Anfahr- und Bremsgeschwindigkeit am Vorgang beteiligen.

Wäre ein bestimmter Weg mit einer noch zu wählenden Geschwindigkeit zurückzulegen, so stehen nach Bild 38 unter der Voraussetzung übereinstimmender Beschleunigungs- und Verzögerungswerte zwei Vorschläge zur Wahl:

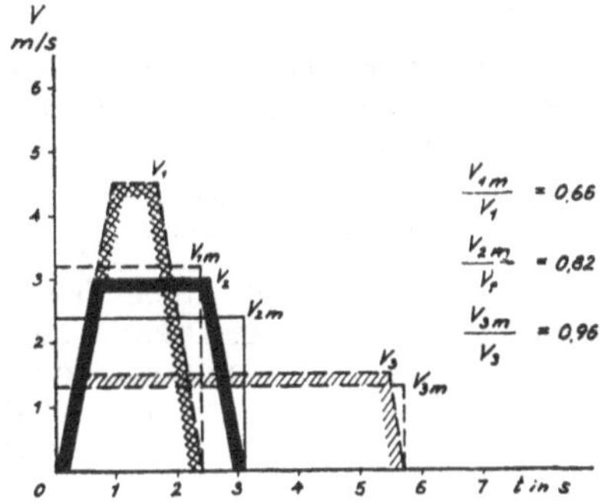

Bild 38

entweder wir beschleunigen so lange, bis die verfügbare Strecke zur Bremsung zwingt, die Beharrungsgeschwindigkeit V_1 wird also nur im Umkehrpunkt als Spitzenwert erreicht; wir erhalten so die kürzeste Fahrzeit,

oder wir können während längerer Zeit auf einer niedrigeren Beharrungsgeschwindigkeit V_2 oder V_3 verweilen, sparen an Beschleunigungsaufwand und nehmen eine längere Gesamtfahrzeit in Kauf.

Tragen wir diese Beziehung zwischen Fahrzeit und Geschwindigkeit bei verschiedenen Wegen auf, so erhalten wir die für einige Beispiele mit übereinstimmender Beschleunigung und Verzögerung dargestellten Kurven. Es ist anschaulich, daß schon vor dem Erreichen der Geschwindigkeitsspitze V_1 ein für die Praxis lohnender Zeitgewinn nicht zu erreichen ist. Es muß deshalb für jedes Verfahren geprüft werden, wo die wirtschaftliche Grenze der Geschwindigkeit liegt. Entscheidend für die Überlegung ist, daß die höhere Geschwindigkeit neben längerer Beschleunigungszeit einen Motor stärkerer Leistung, größeren Aufwand für die elektrische Ausrüstung und höheren Energieverbrauch verlangt.

Beschleunigung

Bekannt seien

M = Motormoment und Verlauf je nach Auslegung

W = Widerstandsmoment, gegeben durch Verfahren und Arbeitsmaschinen

B = dynamisches Moment, abgeleitet als kinetische Energie aus den bewegten Massen.

Zur Beschleunigung der sich drehenden und geradlinig bewegenden Massen ist ein Drehmoment erforderlich, das größer als das Widerstandsmoment ist. Sind Gesamtschwungmoment, Widerstands- und das Motoranlaufmoment konstant, dann steht für die Beschleunigung das ebenfalls konstante Differenzmoment $M - W$ zur Verfügung.

Um der Masse m die Beschleunigung b zu erteilen, ist nötig $P = m \cdot b$. P = Leistung des Motors.

Gehen wir von dem auf die Motorwelle reduzierten Gesamtschwundmoment GD^2 aus und denken wir uns die Masse $m = G/g$ an einem Radius $D/2$ wirkend.

Damit diese die Beschleunigung b erhält, benötigen wir eine Kraft von:

$$P = \frac{G}{g} \cdot b = \frac{B}{D/2} = \frac{2\,B}{D}, \quad \text{wobei} \quad B = M - W$$

daraus folgt die Beschleunigung mit

$$b = \frac{2\,g \cdot B}{GD^2} \text{ und erweitert mit } \frac{D}{D} : b = \frac{2\,g\,B \cdot D}{GD^2}$$

Führt man die Winkelbeschleunigung ε = Beschleunigung am Radius 1 ein, so ist $\varepsilon = \frac{D/2}{B}$. Setzt man den obigen Wert für b ein, so wird

$$\varepsilon = \frac{\frac{2\,g \cdot B \cdot D}{GD^2}}{D/2} = \frac{4\,g \cdot B}{GD^2}$$

Die Winkelgeschwindigkeit ist andererseits:

$$\omega = \varepsilon \cdot t_a = 2\,\frac{\pi \cdot n}{30}$$

Setzt man dies in die Gleichung ein, so wird:

$$\frac{\pi \cdot n}{30} = \frac{4\,g\,B}{GD^2} \cdot t_a$$

Daraus folgt die Anlaufzeit:

$$t_a = \frac{GD^2 \cdot \pi \cdot n}{4\,g \cdot 30 \cdot B}$$

$$t_a = \frac{GD^2 \cdot n}{375 \cdot B}$$

B mittleres Beschleunigungsmoment

Anlauf bei Arbeitsmaschinen

Art des Anlaufes	Gegenmoment	Beispiele	Kurve
Leeranlauf	Praktisch kein Gegenmoment, da Belastung erst nach Hochlauf	Drehbänke, Kolbenverdichter bei entlastetem Anlauf, Pressen, Stanzen	3
Lastanlauf mit steigendem Drehmoment	Gegenmoment steigt mit der Drehzahl	Lüfter, Kreiselpumpen und -verdichter	2
Vollastanlauf	Gegenmoment praktisch so groß wie Volllastmoment	Hebezeuge, Kolbenpumpen bei belastetem Anlauf, Förderbänder	1
Schweranlauf	Gegenmoment wesentlich größer als Volllastmoment	Walzwerke, Kugelmühlen, Kalander, Zentrifugen	—

Beispiele verschiedener Anlaufarten mit Gegenmomenten sind im Bild 24 erwähnt.

Die Tabelle gibt als Beispiel die Berechnung der umlaufenden und geradlinig bewegten Massen eines Aufzuges. Mit Rücksicht auf die in den Firmenlisten angegebene und noch auf das Technische Maßsystem (m—kp—s) bezogene Rechengröße GD^2 (in der Praxis mit „Schwungmoment" bezeichnet), werden in den folgenden Formeln die Größe G in kp und das Massenträgheitsmoment J in kp m s^2 angegeben. Die Masse wird dabei berechnet aus G/g in kp s^2/m.

Sind das Gesamtschwungmoment GD^2 und das Beschleunigungsmoment M_a bekannt, so ist die Anlaufzeit angenähert:

$$t_a = \frac{J \cdot \omega_n}{M_a} = \frac{GD^2}{4\,g} \cdot \frac{2\,\pi \cdot n}{60 \cdot M_a} = \frac{GD^2 \cdot n}{375 \cdot M_a} \text{ in s}$$

J Massenträgheitsmoment in kp m s²
M_a Beschleunigungsmoment in kp m
ω_n Winkelgeschwindigkeit in 1/s
n Drehzahl in U/min

Zu beschleunigende Massen, bezogen auf den Motoranker eines Aufzugs

Umlaufende Massen m_u	Schwungmomente kp m²	Übersetzung Drehzahl bis zum Motoranker U/min	Drehzahlverhältnis	Auf den Anker bezogenes Schwungmoment kp m²
Zusätzliche Schwungmomente	GD_1^2	n_1	$\frac{n_1}{n_1} = 1$	GD_1^2
Motoranker	GD_2^2	n_1	$\frac{n_1}{n_1} = 1$	GD_2^2
Kupplung und Bremsscheibe	GD_3^2	n_1	$\frac{n_1}{n_1} = 1$	GD_3^2
Getriebe	GD_4^2	n_2	$\frac{n_2}{n_1}$	$GD_4^2 \cdot (n_2/n_1)^2$
Seiltrommel (Treibscheibe)	GD_5^2	n_2	$\frac{n_2}{n_1}$	$GD_5^2 \cdot (n_2/n_1)^2$
Umlenkrollen	GD_6^2	n_3	$\frac{n_3}{n_1}$	$GD_6^2 \cdot (n_3/n_1)^2$

Summe der Schwungmomente GD^2_u

Geradlinig bewegte m_g	Last kp	Geschwin-digkeit m/s	Gedachter Trägheits-durchmesser D m	Auf den Anker bezogenes Schwungmoment kp m²
Gegengewicht	G_7	v	$\frac{v \cdot 60}{\pi \cdot n_1}$	$G_7 \cdot D^2 \cdot (n_2/n_1)^2$
Kabine und Last	G_8	v	$\frac{v \cdot 60}{\pi \cdot n_1}$	$G_8 \cdot D^2 \cdot (n_2/n_1)^2$

Summe der Schwungmomente GD^2
Gesamtschwungmoment $GD^2 = GD^2_u + GD^2_g$

Im m-kg-s-(kp)-System würde statt G die Masse mit der Einheit kg stehen und demgemäß J die Einheit kg m² erhalten müssen. Die Zahlenwerte für das Schwungmoment mit der Einheit kp m² oder mit kg m² sind gleich, dagegen beträgt der Zahlenwert von J in kg m² das 9,81fache des Zahlenwertes von J in kp m s².

Als Beispiel soll die Formel für die Anlaufzeit dienen:

$$t_a \approx \frac{J \cdot \omega_n}{M_a}$$

Im technischen Maßsystem (m-kp-s)	Im m-kg-s-(kp)-System
J in kp m s²	J in kg m²
M_a in kp m	M_a in kp m 1 kp = 9,81 kg ms⁻²
$J = \frac{GD^2}{4g}$	$J = \frac{mD^2}{4}$
GD^2 in kp m²	mD^2 in kg m²
g in ms⁻²	
$t_a = \frac{\text{kp m s}^2 \cdot \text{s}^{-1}}{\text{kp m}} = \text{s}$	$t_a = \frac{\text{kg m}^2 \cdot \text{s}^{-1}}{\text{kg m s}^{-2}\text{m}} = \text{s}$
$J = \frac{\text{kp m}^2}{\text{ms}^{-2}} = \text{kp m s}^2$	$J = \text{kg m}^2$

Dabei wird vorausgesetzt, daß M_a während des Hochlaufes praktisch konstant ist. Es gibt Erfahrungswerte für häufig vorkommende Fälle, z.B. ist bei Kranhubwerken mindestens das zweifache Anzugmoment erforderlich, um die Last am Haken sicher aus der Schwebe heraus in angemessener Zeit zu beschleunigen. Handelt es sich um hochbeanspruchte Hubwerke größerer Geschwindigkeit, so wird das Anlaufmoment noch höher gewählt.

Auf dem Gebiet der Hebezeuge hat Schiebeler für das Verhältnis $V_{\mathrm{m}} : V$ den kennzeichnenden Begriff „Wirkungsgrad der Geschwindigkeit" geprägt. Gerade beim Schalt- und Aussetzbetrieb hoher Beschleunigungshäufigkeit wird besonders deutlich, wie dieser Wirkungsgrad mit steigender Beharrungsgeschwindigkeit sinkt. Deshalb das Mühen, für diese Betriebsarten bei höheren Geschwindigkeiten mit kürzeren Beschleunigungszeiten arbeiten zu können. In dieser Richtung sind bei den elektromotorischen Antrieben erhebliche Fortschritte gemacht worden.

Der Motor muß für die höhere Beschleunigung ein stärkeres Drehmoment M_{b} zur Verfügung stellen. Dieses Moment ist nach der Bewegungsgleichung:

$$M_{\mathrm{b}} = \frac{GD^2}{4g} \cdot \frac{\mathrm{d}\omega}{\mathrm{d}t} \qquad \omega \text{ Winkelgeschwindigkeit}$$

Seine Größe wird demnach durch die zu beschleunigenden Massen und die zeitliche Änderung der Geschwindigkeit bestimmt. Der Mittelwert bei gleichmäßiger Beschleunigung ist:

$$M_{\mathrm{b}} = \frac{GD^2}{4g} \cdot \frac{\pi \cdot n}{30 \cdot t_{\mathrm{b}}} \qquad t_{\mathrm{b}} \text{ Beschleunigungszeit}$$

Das Schwungmoment GD^2 bezieht sich auf sämtliche bewegten Massen, also die umlaufenden und die geradlinig bewegten Teile der Arbeitsmaschine, des Werkstoffes und des Motors, dessen Läufer meist einen erheblichen Anteil darstellt.

Ein Weg zu höherer Beschleunigung ist das Beschränken der Schwungmomente, wie es bei modernen Arbeitsmaschinen geübt wird. Bei Elektromotoren kann in Sonderfällen, z. B. bei Walzwerken, eine Minderung durch Aufteilen der Gesamtleistung auf zwei Motoren erreicht werden, der Gewinn beträgt rd. 15 %.

Die Herabsetzung der Motordrehzahl n, die als weiterer Faktor in der Gleichung vorkommt, würde einer Vergrößerung des Motors gleichkommen, da bei gegebener Leistung das die Motorgröße bestimmende Drehmoment im umgekehrten Verhältnis zur Drehzahl zu erhöhen wäre.

Ein anderer Weg ist durch die Erhöhung des Beschleunigungsmomentes gegeben. Die Grundgleichung für jeden elektromotorischen Antrieb ist:

$$M_{\mathrm{m}} - W - M_{\mathrm{b}} = 0$$

d. h. in jedem Augenblick der Beschleunigung besteht zwischen dem Anlaufmoment M_{m} des Motors, dem Widerstandsmoment W der Arbeitsmaschine und des Verfahrens sowie dem Beschleunigungsmoment M_{b} Gleichgewicht. Nun sind weder die Größe noch der Verlauf des Motor-Anlaufmomentes konstante oder beliebig veränderliche Größen. Das Drehzahl-Drehmoment-Verhalten der Drehstrommotoren wird gekennzeichnet durch die Begriffe Anzug-, Sattel- und Kippmoment. Bei dem Widerstandsmoment beobachten wir ebenfalls ein sehr unterschiedliches Verhalten:

der Lüfter bringt während des Anlaufs annähernd quadratisches Ansteigen von W;

beim Fahrwerk ist anfangs die beträchtliche Reibung der Ruhe zu überwinden.

In der Praxis werden diese Kennlinien noch durch nicht genau erfaßbare Einflüsse verzerrt, z. B. durch Reibung und Winddruck. Allerdings geben die Anpassungs- und Überlastungsfähigkeit des Motors sowie die Mittel der Steuerung die Möglichkeit, hohe Beschleunigungsmomente einzusetzen. Wir stellen aber im praktischen Betrieb fest, daß unerwünschte dynamische Wirkungen, wie Stöße, Erschütterungen, Schwingungen und andere Folgen, eine Grenze ziehen. Wir müssen also die Anlaufverhältnisse jedes Verfahrens untersuchen und den elektromotorischen Antrieb in Einklang mit diesen Forderungen bringen. Damit entsteht die Aufgabe, das Drehmoment während des Hochfahrens so zu beherrschen, daß zwar schnell, aber ohne Gefährdung der Maschine und des Arbeitsgutes beschleunigt wird. Hierfür steht eine große Zahl von Schaltungen und Geräten zur Verfügung, deren Einsatz sich nach der Schwere der Anlaufbedingungen, der Empfindlichkeit des Werkstoffes oder Verfahrens und dem wirtschaftlich vertretbaren Aufwand richtet.

Das Beschleunigungsmoment steht als Unterschied zwischen dem Widerstandsmoment des Arbeitsvorganges und dem Anlaufmoment des Motors zur Verfügung. Das Widerstandsmoment ist vom Verfahren her festgelegt, wenn es auch nicht immer als unveränderlicher Wert in die Rechnung eingesetzt werden kann. Der elektromotorische Antrieb muß also das Beschleunigungsmoment so abstimmen, daß

beim Einschalten und bei Geschwindigkeitsänderungen kein unzulässiger Stoß entsteht;

die Beschleunigung mit geringem Zeitverlust durchgeführt wird.

Den einfachsten Antrieb stellt der Drehstrommotor mit Käfigläufer dar. Bei ihm wird das Anlaufdrehmoment mittels einer großen Zahl von Läuferbauarten abgewandelt, um Drehmomentstöße zu vermeiden und den z. B. bei Antrieben für die Textilindustrie, Fördereinrichtungen, Personenaufzügen u. a. erforderlichen sanften Anlauf zu erreichen. Genügt bei schwierigen

Bedingungen der Sonderläufer mit dem Vorteil der unmittelbaren Einschaltung nicht, so stehen an „äußeren Mitteln“ zur Verfügung:

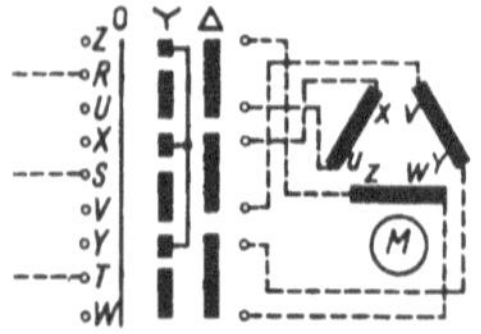

Bild 39. Sterndreieckschaltung

die Sterndreieck-Schaltung mit einem Drittel des Anzugmoments bei direkter Einschaltung,

der ein- oder mehrstufige Ständervorschaltwiderstand zum Abstimmen des Momentes,

der Kusa-Widerstand (Kurzschlußläufer-Sanftanlauf), ein einphasiger Ständervorschaltwiderstand, der im Motor ein elliptisches Drehfeld hervorruft und so die Einstellung des Momentes bringt,

Umschaltungen in der Ständerwicklung, die je Phase in zwei oder mehr Gruppen unterteilt wird oder das Einbringen von mehreren Wicklungen in den Ständernuten.

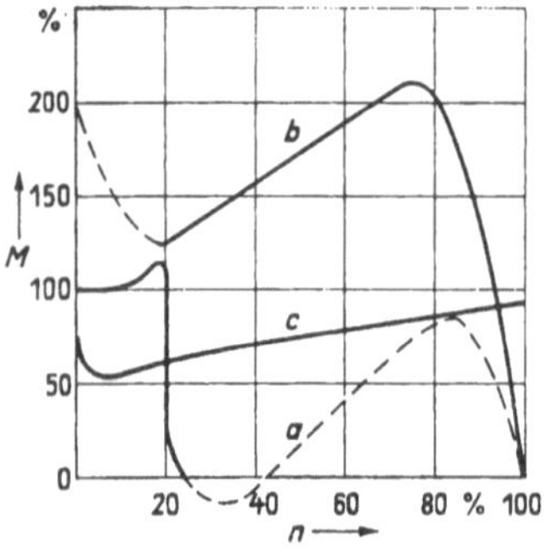

Bild 40. Doppelsternmotor

Als Beispiel kann der Doppelstern-Motor für Flyer dienen, bei dem durch die Wicklung *a* ein sanfter Anlauf erreicht und das Widerstandsmoment der Maschine sicher überwunden wird. Die weitere Beschleunigung erfolgt dann nach der Momentenlinie *b* mit beiden Sternwicklungen gemeinsam. Dieser Übergang verläuft elastisch, weil der Anschluß im Sattel der Kurve *b* erfolgt.

Neben dem Bestreben, den Motor mit Käfigläufer durch Sonderbauarten und einen gewissen Aufwand an Schaltgeräten in seinem Verhalten anzupassen, hat sich außerhalb des Motors die schaltbare Kupplung bewährt. Zu den bekannten, nach dem Prinzip der Fliehkraft arbeitenden Anlaßkupplungen, bei denen der Motor bis zu einer einstellbaren Drehzahl leer anläuft und dann mit einem abstimmbaren mechanischen Kupplungsmoment die Beschleunigung der Arbeitsmaschine übernimmt, treten als Lösungen mehrere über den Magnetfluß steuerbare Kupplungen:

Bei der Magnetpulverkupplung wird im Luftspalt zwischen den beiden Kupplungsteilen durch eine vom Gleichstrom gespeiste Erregerspule ein magnetischer Fluß erzeugt, der im Spalt eingeschlossenes, magnetisierbares Pulver zu kettenförmigen Gebilden zusammenfügt. Je nach Stärke des Magnetfeldes verändert dieses Pulver seine Schein-Viskosität und kann so veränderliche Schubkräfte übertragen. Durch die Abstimmung der Gleichstrom-Erregung wird eine sanfte, stufenlos einstellbare Beschleunigung der Arbeitsmaschine erreicht.

Während beim Motor mit Käfigläufer die Anlaufeigenschaften durch die Auslegung der Ständer- und Läuferwerte festliegen und sich in der Hauptsache nur beim Einschalten in gewissen Grenzen anpassen lassen, ist der Motor mit Schleifringläufer für den gesamten Beschleunigungsverlauf durch die schaltbaren Widerstände im Läuferkreis in seiner Abstimmung beweglicher. Deshalb die Frage, wie denn das Moment während des Beschleunigungsvorganges zu formen ist, um ohne harte Erschütterungen und doch in möglichst kurzer Zeit die volle Geschwindigkeit der Arbeitsmaschine zu erreichen.

Für jede Änderung des Bewegungszustandes gilt die dynamische Grundgleichung „Kraft = Masse × Beschleunigung“ oder für rotierende Teile „Drehmoment = Trägheitsmoment × Winkelbeschleunigung“. Demnach ist die Beschleunigung dem Drehmoment bei gegebener Trägheit direkt proportional, es wäre zum schnellen Hochfahren ein möglichst starkes Drehmoment einzusetzen. Wir beschleunigen aber nicht starre Körper, sondern Konstruktionsteile, die auf den Angriff größerer Kräfte durch Verformungen und Änderungen ihres Spannungszustandes reagieren; bei Lose im Getriebe treten harte Stöße auf, in Seilen und federnden Gliedern kann es zu gefährlichen Schwingungen kommen. Es ist mit Rücksicht auf diese Beanspruchungen, die sich auf Lebensdauer und Betriebssicherheit nachteilig auswirken können, wichtig, die Bewegung mit niedrigem Moment einzuleiten, dieses zügig bis zum höchsten Wert zu steigern, um dann in stetiger Abnahme auf das Beharrungsmoment überzuleiten.

Dieser Verlauf läßt sich beim Motor mit Schleifringläufer erreichen, allerdings handelt es sich der Einfachheit wegen meist um ein stufenweises Schalten der Widerstände über Kontakte von Anlassern oder Schützen. Dabei entspricht jeder Stufe eine mehr oder minder ausgeprägte Drehmomentspitze, so daß des gleichmäßigen Verlaufs wegen diese Schaltvorgänge gern automatisch mit überwachenden Zeit- oder Stromwächtern abgewickelt werden. Das Beispiel im Bild 13 zeigt den Anlauf eines Antriebes, dessen Widerstandsmoment quadratisch mit der Drehzahl zunimmt und bei dem das Schwungmoment den 30fachen Wert des Motorläufers erreicht. Unter diesen Umständen wurde ein starkes Beschleunigungsmoment erforderlich, dessen Verlauf geformt wurde. Natürlich kann der Beschleunigungsvorgang mit dieser einfachen Schaltung nur bei positiven Lastmomenten beherrscht werden. Lastschwankungen oder gar durchziehende Momente verlangen besondere Maßnahmen, wie Bremsung mit Gegenstrom oder Gleichstrom und unsymmetrische Schaltungen.

Das Beispiel zeigt, wie eine mit der Geschwindigkeit steigende höhere mittlere Beschleunigung erreicht werden kann. Dieser kinematische Vorgang hat zu Untersuchungen über die Beförderung von Personen, z. B. in Aufzügen und zu dem Begriff „Ruck“ geführt, der Ableitung der Beschleunigung nach der Zeit. Es wurden auf diesem Gebiet physiologisch bedingte Schwellenwerte des Ruckes ermittelt, die für Personen nicht überschritten werden dürfen und es kann unter der Voraussetzung konstanten Ruckes der Verlauf einer idealen Beschleunigungskurve berechnet werden.

Bild 41

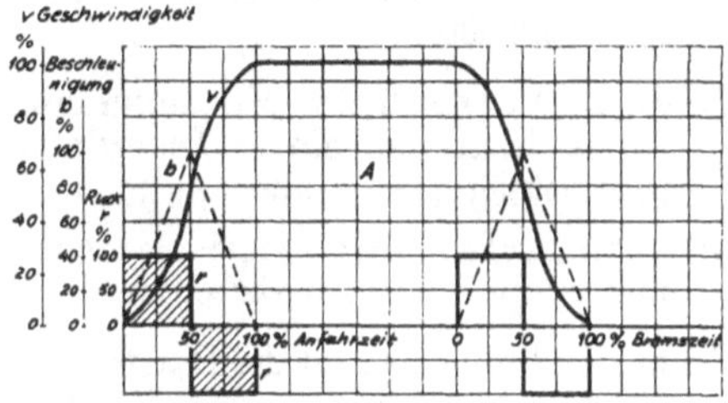

Beim Käfigläufer wird die zeitliche Änderung der Beschleunigung durch die nur wenig beeinflußbare Differenz zwischen Motor- und Lastmoment bestimmt. Deshalb fehlt jede Möglichkeit einer Abstimmung im Sinne des idealen Verlaufs der Anlaufgeschwindigkeit, ide Beschleunigung klingt nach einer anfänglichen Ruckspitze langsam ab.

Kurze Anfahrzeiten werden erreicht, wenn der günstigste Beschleunigungsverlauf als Führungsgröße vorgegeben und der zulässige Ruckwert als Grenze eingehalten wird. Allerdings muß das erforderliche Drehmoment verfügbar sein. Diese Form der Beschleunigungskurve verlangt die Beherrschung der Motordrehzahl über den ganzen Geschwindigkeitsbereich, unabhängig von wechselnden Momenten. Hier wird der Gleichstrommotor in Leonard- oder Stromrichterschaltung eingesetzt, denn bei diesen Ausrüstungen läßt sich die Drehzahl nach einem vorgegebenen Sollwert führen.

Die Mittel der modernen Steuerungs- und Regelungstechnik geben die Möglichkeit, für jede Aufgabe den günstigen Verlauf der Beschleunigung einzuhalten, dabei können zusätzlich Strom- und Drehmomentgrenzen oder andere für die Ausrüstung und den Betrieb wichtige Beschränkungen berücksichtigt werden.

Das mittlere Beschleunigungsmoment wird als konstant über den gesamten Hochlaufbereich angenommen und ist festzustellen:

a) durch Vergleich der Momentenlinien (Bild 42), d. h. Aufzeichnung in einem Diagramm und Schätzung (überschlägig, aber ungenau),
b) durch Aufzeichnen beider Momentenlinien auf Millimeterpapier und Auszählen.

In beiden Fällen genügt die Darstellung in Abhängigkeit von der Drehzahl, genau wäre die Darstellung abhängig von der Zeit, die aber vorher nicht bekannt ist.

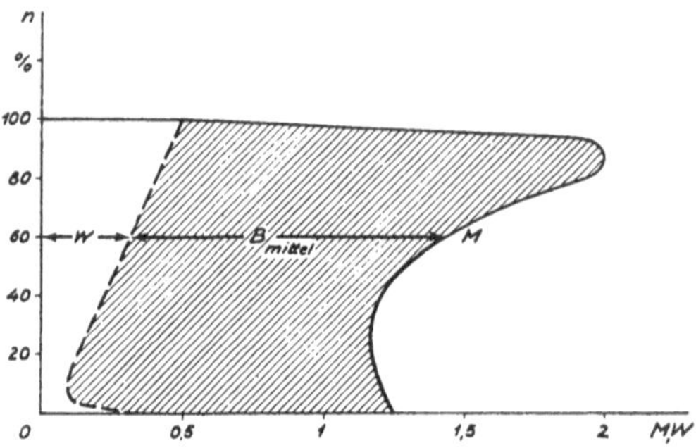

Bild 42. Bestimmung der Anlaufzeit
M Motormoment
W Widerstandsmoment

c) Noch genauere Werte erhält man, wenn der Drehzahlbereich in mehrere Teile zerlegt wird und die Anlaufzeiten für jeden Bereich unter Zugrundelegen der mittleren Momente errechnet werden.

Das gilt besonders für stark schwankende Momente.

Allgemein gilt:

1. Motormoment muß während des Hochlaufvorganges stets größer als das Gegenmoment sein.
2. Beharrungszustand tritt ein, wenn Motormoment und Gegenmoment gleich sind.
3. Große Schwungmomente bedingen lange Anlaufzeiten.
4. Großes Beschleunigungsmoment bewirkt kurze Anlaufzeit.

Die Annahme eines mittleren Beschleunigungsmomentes ist eine nicht immer zulässige Vereinfachung, denn Motor- und Widerstandsmoment ändern sich meist erheblich während der Anlaufperiode. Die Berechnung ist aber schwierig und man bedient sich gern der graphischen Methode, um die Gleichung

$$t_a = \frac{GD^2}{375} \int_{n_1}^{n_2} \frac{\mathrm{d}n}{\mathrm{d}B}$$

zu integrieren.

Man trägt M und ω über n auf, wobei OA = synchrone Drehzahl und $OB = M_n$ = Motornennmoment ist, bildet aus der Differenz $M - W$ die Kurve für B, die man durch eine Treppenkurve ersetzt. Durch die Stufen der Treppe werden für kleine Bereiche der Kurve B mittlere Beschleunigungsmomente B_1, B_2 usw. gefunden.

Zur Ermittlung der Anlaufzeit t_a wird die Drehzahlkurve n über t konstruiert, die sich auf der Gleichung aufbaut:

$$M - W = B \cdot J \frac{\mathrm{d}n}{\mathrm{d}t} = \frac{GD^2}{375} \cdot \frac{\mathrm{d}n}{\mathrm{d}t}$$

J Massenträgheitsmoment der Umlaufmasse

also

$$\frac{dn}{dt} = \frac{B}{GD^2/375}$$

Die Drehzahlkurve wird konstruiert, indem man auf der Abzisse aufträgt:

$$00' = \frac{GD^2}{375} \cdot \frac{n_s}{0\,A} \cdot \frac{0\,B}{M_n} \cdot \mu\,t$$

auf der Senkrechten durch O'

$0'\,P_1 = B_1$

$\mu\,t$ zu wählender Zeitmaßstab in mm/s
GD^2 in kgm²
n_s in U/min
$0\,A$ und $0\,B$ in mm
M_n in mkg

Dann verbindet man O mit P_1 und zieht durch O' die Parallele zu OP_1 bis n_1, d. h. auf gleicher Höhe mit der 1. Treppenstufe.

Ebenso bei den weiteren Treppenstufen. Dabei ist die Parallele zu OP_2, OP_3 usw. jeweils durch $n_1, n_2 \ldots$ zu ziehen.

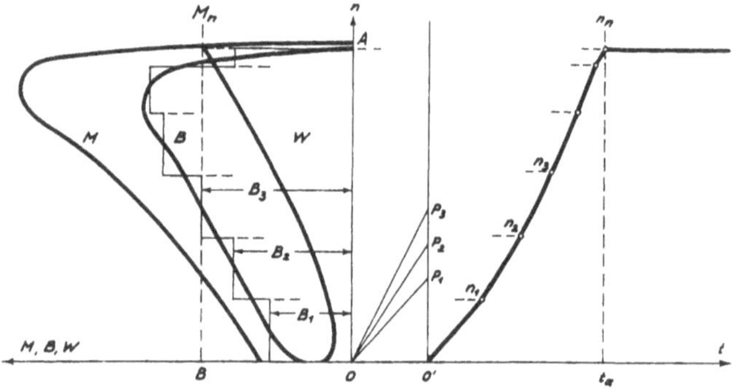

Bild 43. Bestimmung der Anlaufzeit

Man hat auch den Begriff der Anlaufzeitkonstante (nicht genormt!) eingeführt. Das ist die Zeit, die der Motor braucht, um den unbelasteten Läufer mit Nenndrehmoment auf Nenndrehzahl zu beschleunigen. Damit läßt sich die Anlaufzeit des gesamten Systems errechnen: im gleichen Verhältnis wie das auf die Motorwelle bezogene GD^2 größer ist als des Motors, ist auch die Anlaufzeit länger als die Zeitkonstante. Ist das verfügbare Motordrehmoment größer oder kleiner als Nennmoment, so ändert sich die Anlaufzeit im umgekehrten Verhältnis.

Den Verlauf des Beschleunigungsmomentes muß man durch entsprechende Auslegung so beherrschen, daß die vom Verfahren oder von der Arbeitsmaschine her geforderten Zeiten und Momente eingehalten werden. Das geschieht:

1. durch Auslegung der Läuferbauart bei Drehstrommotoren mit Käfigläufer (Stromdämpfung, Stromverdrängung-, Wirbelstrom-, Hochstab-, Keilstab-, Doppelstab-, Dreinutläufer),
2. durch Wahl des Gs-Motors: Reihenschluß-, Nebenschlußmaschine,
3. durch Abstimmung mittels der Anlaßwiderstände,
4. durch Anlaßschaltungen.

Beim Drehstrommotor mit Käfigläufer bewirkt das kräftige Aufabmoment in kurzer Zeit die Steigerung der

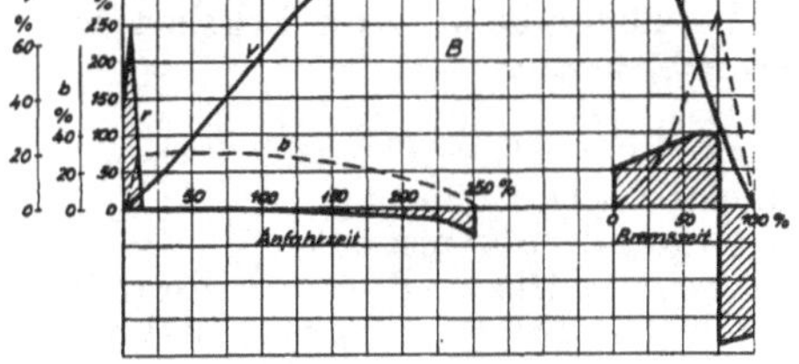

Bild 44

Beschleunigung auf den Höchstwert. Es entsteht eine Ruckspitze, die nach Erreichen der durch das Motoranlaufmoment gegebenen Beschleunigung auf einen niedrigen Wert abklingt. Es ist nicht möglich, den Drehstromkäfigläufermotor mit einfachen Mitteln der erforderlichen Beschleunigungskurve anzupassen (Bild 44).

Verzögerung

Man kann die kinetische Energie der bewegten Massen bei der Verzögerung im freien Auslauf durch das Widerstandsmoment aufzehren lassen, so daß diese gespeicherte Energie in der Zeit t_v die Arbeit zum Bewegen der Maschine hergibt. Geschwindigkeit ist im Mittel $v/2$ oder Drehzahl $n/2$. Die beim Auslauf geleistete Arbeit ist

$$A_v = \frac{N \cdot t_v \cdot 75}{2} \qquad N \text{ Leistung im Betrieb}$$

Andererseits ist die aufzuzehrende kinetische Energie

$$A = \frac{m}{2} \cdot v^2 \quad \text{oder} \quad \frac{J}{2}\,\omega^2$$

Aus der Gleichsetzung ergibt sich:

$$t_v = \frac{G \cdot v^2}{g \cdot N \cdot 75}$$

Im übrigen gelten dieselben Überlegungen wie bei der Beschleunigung.

Verkürzen kann durch Erhöhen des Bremsmomentes erreicht werden:

1. mechanische Bremse,
2. elektrische Bremsung
   Gegenstrombremsung
   unsymmetrische Bremsschaltungen
   Gleichstrombremsung von Ds-Motoren.

Die Verzögerung kann im freien Auslauf bei ausgeschaltetem Motor erfolgen, oder es wird mechanisch mit Backen-, Scheiben-, Konus- und anderen Bremsen stillgesetzt. Es müssen aber immer häufiger Antriebe elektrisch gebremst werden, so daß die zusätzlichen Belastungen der Motoren zu berücksichtigen sind. Allgemein gilt für die Verzögerungszeit bei einem mittleren Bremsmoment:

$$t_v = \frac{GD^2 \cdot n}{375 \cdot M_v} \text{ (s)}$$

dabei besteht M_v aus dem bremsenden Gegenmoment der Arbeitsmaschine und dem vom Motor zusätzlich zu liefernden Moment M_m:

$$M_v = M_g + M_m$$

I. für Drehstrom-Asynchronmotoren

1. Gegenstrombremsung; diese einfache Schaltung arbeitet mit Umkehren des Ständer-Drehfeldes durch das Vertauschen zweier Phasen der Ständerwicklung. Das Drehfeld ändert seine Richtung und erzeugt ein der ursprünglichen Drehrichtung entgegenwirkendes Moment, das den Motor bis zum Stillstand abbremst. Im Augenblick des Umschaltens erreicht die Läuferspannung den doppelten Wert der Stillstandsspannung, durch Widerstände im Läuferkreis sind die Bremsmomente einstellbar. Die Bremsung bringt hohe Verluste; der Strom muß durch die Läufervorschaltwiderstände begrenzt werden. Bei dem Bremsen von Käfigläufermotoren ist zu prüfen, ob die Bremsverluste ohne unzulässige Erwärmung zugelassen werden können. Die Kenntnis der zu verzögernden Schwungmassen, der Drehmomente der Arbeitsmaschine und der Schalthäufigkeit ist wegen der Bremserwärmung erforderlich. Die Gefahr des Hochlaufens des Läufers in Gegendrehrichtung läßt sich durch Drehzahlwächter verhindern (s. Bild 23).

Die Läuferwärme ist

$$Q_2 = \frac{J}{2} \cdot \omega^2 (s_a^2 - s_e^2)$$

In Praxis:

$$Q_2 = \frac{1}{2} \left(\frac{\pi}{60}\right)^2 \cdot n^2 \cdot GD^2 (s_a^2 - s_e^2) \text{ Wattsekunden}$$

s_a Anfangsschlupf
s_e Endschlupf

Beim Bremsen mit Gegenstrom ist $s_a = 2$ und $s_e = 1$, also

$$Q_2 = 3 \cdot \frac{J}{2} \omega^2.$$

Die Bremswärme ist also etwa dreimal größer als beim Anlauf. Beim Umkehren ist

$$s_a = 2 \text{ und } s_e = 0, \text{ also } Q_2 = 4 \cdot \frac{J}{2} \omega^2$$

Die Brems- und Umkehrwärme ist also vom GD^2 der abzubremsenden Massen und den Enddrehzahlen abhängig, nicht aber vom Motormoment und Läuferwiderstand.

Beim *Käfigläufermotor* ist das Bremsmoment nicht so hoch. Die Stromverdrängungsmotoren geben meist ein konstantes Bremsmoment infolge der Vergrößerung des Wirkwiderstandes mit zunehmender Läuferfrequenz. Der Bremsstrom ist größer als der Anlaufstrom. Ist beim Bremsen außer der kinetischen Energie der umlaufenden Teile noch ein Widerstandsmoment zu über-

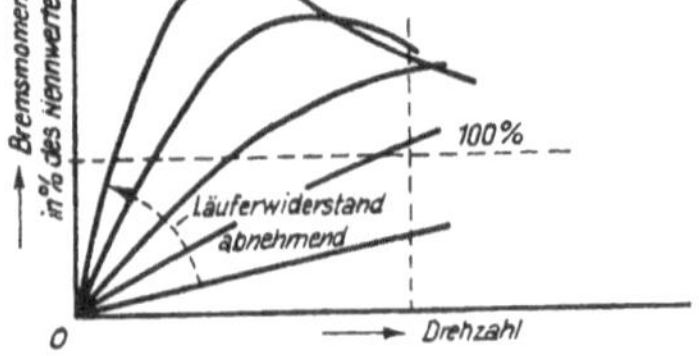

Bild 45.
Bremskurven bei konstantem Läuferwiderstand und verschiedenen Erregungen

winden, z. B. beim Senken der Last, so muß auf Stabilität des Betriebes und der Geschwindigkeit geachtet werden. Der Käfigläufer gibt bei konstantem Widerstandsmoment z. T. keinen stabilen Betrieb.

2. Gleichstrombremsung bei durchziehenden Momenten; die vom Netz getrennte Drehstromständerwicklung wird mit Gleichstrom erregt, im Läuferkreis werden Widerstände für das Einstellen des Bremsmomentes eingeschaltet. Das Bremsmoment ist drehzahlabhängig. Die Verzögerung kann durch Ändern der Erregung und der Lastwiderstände weitgehend beeinflußt und verstärkt werden.

Um mit hoher Erregerspannung arbeiten zu können, ist die Schaltung mit zwei Phasen in Serie vorzuziehen; man wird auch die bei Ds-Betrieb in Dreieck geschaltete Ständerwicklung für die Gs-Erregung auf Stern umschalten. Da der Motor vom Netz abgetrennt ist, wird ihm, abgesehen von der Erregerleistung, keine elektrische Energie zugeführt. Die Verluste im unerregten Teil müssen daher mechanisch gedeckt werden. Die hierfür erforderliche Energie wird den Schwungmassen entzogen. Diese Umwandlung von mechanischer in elektrische Energie kann nur stattfinden, wenn die Drehzahl abfällt. Die im Läufer dabei entwickelte Wärme entspricht dem Energieinhalt der Schwungmassen, sie ist gleich der kinetischen Energie $J/2 \cdot \omega^2$. Die Läuferwärme beim Bremsen ist $Q_2 = \frac{GD^2}{730}(n_1^2 - n_2^2)$ in Ws. Sie ist unabhängig von den Läuferwiderständen, der Schaltung der Erregerwicklung und der Läuferart. Die Bremswärme ist dreimal geringer als beim Gegenstrombremsen.

Den Drehmomentverlauf für verschiedene Läufervorschaltwiderstände zeigen Bilder 23, 45, 46. Das Bremsmoment fällt zum Ende des Bremsvorganges bei kleinen Drehzahlen stark ab. Es kann also nicht bis zum Still-

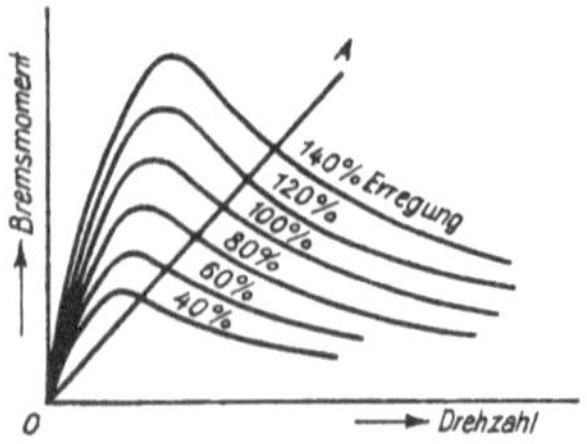

Bild 46. Bremskurven bei drehzahlabhängiger Steuerung der Erregung

stand abgebremst werden, am Ende muß die mechanische Bremse eingreifen. Je nach den abzubremsenden Momenten arbeitet man mit dem 1- bis 2fachen Nennstrom des Ds-Betriebes.

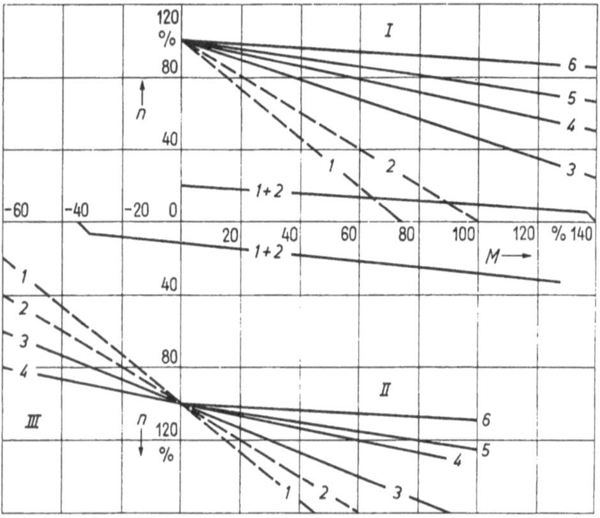

Bild 47. Drehzahlverhalten des Asynchronmotors mit Widerständen im Läuferkreis beim Kranhubwerk
Heben I mit den Stufen 1...6; Senken II mit den Stufen 1...6 für übersynchrones Bremsen; Senken mit Kraft III Stufen 1...4; Heben und Senken mit Eldrobremse auf Stufen 1 + 2

Die Bremswirkung kann durch Änderung der Erregung und der Belastungswiderstände in weiten Grenzen eingestellt und während des Bremsvorganges auch geändert werden. Außerdem kann der Motor nicht in Gegenrichtung hochlaufen wie bei Gegenstrom.

Die Läuferwärme beim Bremsen entspricht dem Abnehmen der kinetischen Energie, nämlich:

$$Q_2 = \frac{GD^2}{730}(n_1^2 - n_2^2) \text{ in Ws}$$

Die Erregerspannungen sind bei dieser Bremsung gering. Das Bremsmoment sinkt zum Ende des Bremsvorganges stark ab, so daß für den Stillstand die mechanische Bremse erforderlich wird. Vorteil gegenüber der Gegenstrombremsung ist, daß im Läufer die Bremswärme nur ein Drittel der Bremsverluste beim Gegenstrombremsen ist. Außerdem kann der Motor nicht in Gegenrichtung hochlaufen.

3. Übersynchrones Bremsen; das Verzögern tritt bei durchziehendem Lastmoment selbsttätig beim Überschreiten der synchronen Drehzahl ein. Energie wird ins Netz zurückgeliefert und durch Einschalten von Läuferwiderständen sind übersynchrone stabile Drehzahlbereiche zu gewinnen.

Auch polumschaltbare Motoren arbeiten beim Zurückschalten auf höhere Polpaarzahlen mit dieser Nutzbremsung.

4. Verzögern mit Lastmomenten durch zusätzliches Einschalten von Widerständen im Läuferkreis, die allerdings starke Geschwindigkeitsunterschiede abhängig von der Belastung bedingen.

5. Untersynchrones Bremsen bei durchziehendem Lastmoment, indem der Motor mit großem Läuferwiderstand im Hubsinne eingeschaltet oder eine Ständerphase in der Schaltung umgekehrt wird.

6. Verzögern mit der Wirbelstrombremse in einem Ständer als Erregerteil mit Einzelpolen wechselnder Polarität bewegt sich der Läufer, so daß im Lauf Wirbelströme induziert werden. Das so entstehende Bremsmoment wird durch Ändern der Erregung einstellbar.

7. Eldroregelbremse als elektromechanische Bremsschaltung, bei der eine mechanische Bremse mit stetiger Änderung des Bremsdruckes verwendet wird; elektrohydraulisches Gerät, der Eldrolüfter, vereinigt eine Ölpumpe mit Flügelrad im ölgefüllten Zylinder und aufgebautem Kleinstmotor.

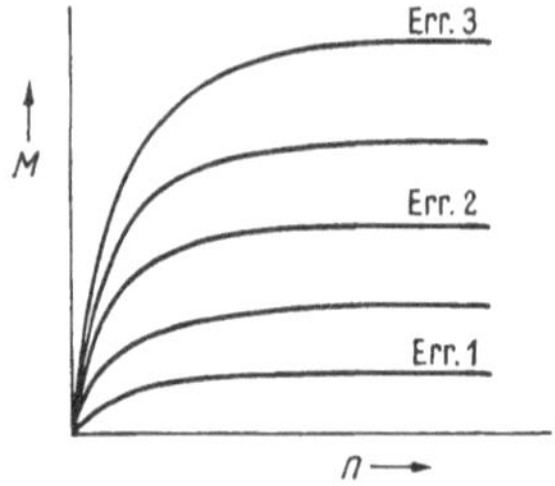

Bild 48. Kennlinien einer Wirbelstrombremse abhängig von der Erregung

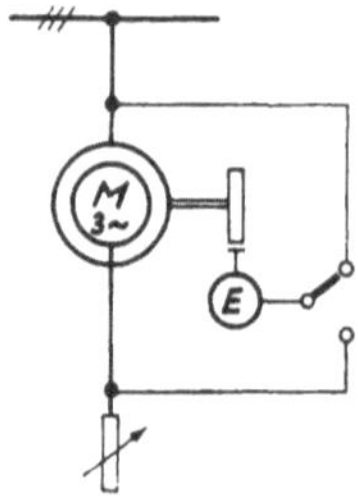

Bild 49

Beim Einschalten wird das dem Flügelrad aus dem oberen Zylinderraum zuströmende Öl unter dem Kolben gepreßt, der sich durch den Öldruck schnell nach oben bewegt. Nach dem Ausschalten sinkt der Kolben schnell in die Ausgangsstellung zurück. Wird das Eldro kombiniert mit einer Bremse, an den Schleifringläufer eines Drehstrom-Asynchronmotors bei hoher Drehzahl geschaltet, so wird das Eldro durch die niedrige Frequenz gespeist und schließt die Bremse. Bei niedriger Drehzahl ist aber die Motorläuferfrequenz 40 Hz und darüber (im Stillstand 50 Hz), also beginnt das Eldro durch seine steigende Hubkraft den Bremsdruck soweit zu mindern, daß bei schleifender Bremse etwa 20 % der Geschwindigkeit selbsttätig eingehalten werden: ein Regelvorgang, der mit geringem Aufwand eine niedrige Motordrehzahl bei allen positiven oder negativen Lastmomenten für Feineinstellungen, Schleichvorgänge u. a. schafft.

8. Verzögern durch Ändern der Speisefrequenz

Der Käfigläufermotor läßt sich mittels veränderlicher Frequenz in seiner Drehzahl bremsen und die Thyristor-Elektronik bietet durch den zwangskommutierten Wechselrichter zwei Möglichkeiten: Speisen durch eine vollausgesteuerte Antiparallelschaltung Gleichrichter-Wechselrichter oder einen ungesteuerten Gleichrichter mit Aufnahme der Bremsenergie durch einen sich selbsttätig zu- und abschaltenden Bremswiderstand.

9. Unsymmetrische Bremsschaltungen: einphasige und Umkehrphase.

10. Bei der Gleichstrombremsung des Drehstrommotors wird der Ständer über ein Schütz einphasig mit Gleichstrom gespeist nach vorherigem Abtrennen vom Drehstromnetz durch Ausschalten der Ständerschütze. Der

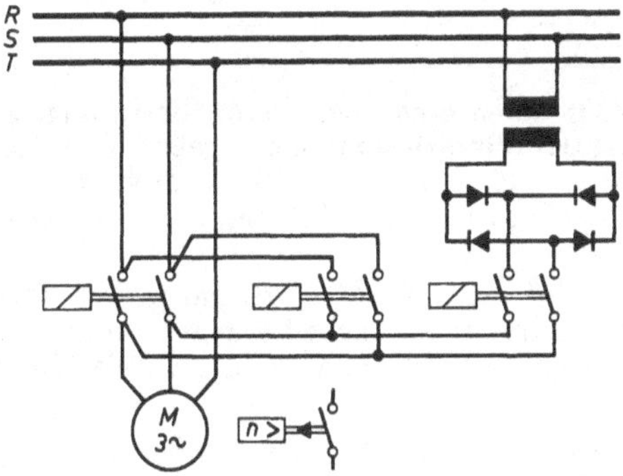

Bild 50. Gleichstrom-Bremsschaltung mit Halbleitergleichrichter (Abschaltung durch Bremswächter)

Gleichstrom wird einem Halbleitersystem entnommen. Es entsteht ein hoher Bremsstrom, der ein stellbares Bremsmoment erzeugt, ohne daß Rücklauf in Gegenrichtung auftreten kann. Beim Erreichen der niedrigen Drehzahl kann durch den Bremswächter abgeschaltet werden.

II. für Gleichstrommotoren

1. Widerstandsbremsungen: bei positiven Lastmomenten durch Zurückschalten auf besondere Bremswiderstände; Beispiel der Nachlaufbremsschaltung beim Heben, bei der die Richtung des Erregerstromes beibehalten wird und das Verzögerungsmoment durch Widerstände einstellbar ist. Beispiel der Senkbremsschaltung bei negativen Momenten, bei der der Ankerstrom die umgekehrte Richtung hat, aber der Feldstrom seine Richtung beibehält, so daß die Selbsterregung gesichert ist.

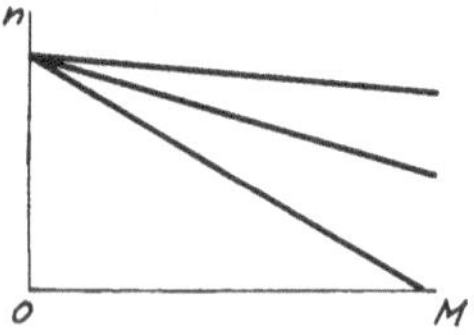

Bild 51. Drehzahlverhalten bei Widerstandsänderungen (Gs-Ns-Motor)

2. Gegenstrombremsung: bei dieser Bremsung wird die Richtung des Motordrehmoments geändert, meist durch Umschalten des Ankers, selten durch Feldumkehr; Bremsen erfolgt bis zum Stillstand, nachteilig sind die großen Bremsverluste.

3. Kurzschluß- oder Nachlaufbremsung: der Motor wird vom Netz getrennt und arbeitet generatorisch auf einen Belastungswiderstand, von dessen Größe die Bremswirkung abhängt.

4. Nutzbremsung: beim Nebenschlußmotor einfach, weil beim Richtungswechsel des Ankerstromes der Motor zum Generator wird, also beim Erhöhen der Drehzahl oder Vergrößern der Erregung. Der Reihenschlußmotor kann sich nur über Widerstände belasten und als Bremse wirken, wenn Feld oder Anker umgeschaltet werden.

5. *Verzögerung durch schnelle Drehmomentumkehr* mittels Kreuz- und Gegenparallelschaltung über Thyristoren in Zweistromrichterschaltungen.

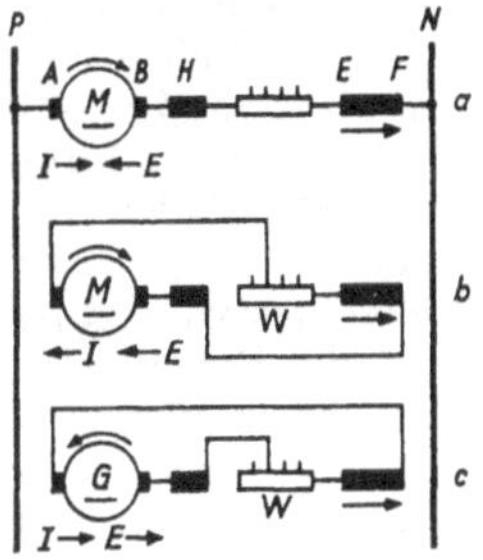

Bild 52. Motorschaltungen

a) Heben

b) Nachlaufbremsen

c) Senkbremsschaltung

Die Nachlaufbremsung der sich selbst erregenden Reihenschlußmaschine wird häufig bei Hebezeugen und Bahnen angewendet. Die Selbsterregung der vom Netz getrennten Maschine setzt nur ein, wenn man den Anker umpolt, also die betriebsmäßige Schaltung für einen in umgekehrter Drehrichtung laufenden Motor herstellt; der Stromkreis wird über den Bremswiderstand geschlossen. Die Stärke des bremsenden Momentes hängt von der Einstellung des Bremswiderstandes ab. Verzögern mit konstantem Moment verlangt auch in diesem Fall konstanten Strom.

Aus der Schaltung *a* für Heben entsteht beim Zurückschalten der Steuerwalze in die Nullstellung die vom Netz getrennte, geänderte Bremsschaltung *b*, in der der selbsterregte Strom die Erregerwicklung in der alten Richtung durchfließt. Das Verzögerungsmoment begrenzt den Nachlauf beim Heben; es kann durch den Widerstand W eingestellt werden. Beim Senken mit Bremsung gilt — für die umgekehrte Drehrichtung — die Schaltung c. Der Strom im Anker hat hier die umgekehrte Richtung; in der Erregerwicklung behält er sie bei, so daß in beiden Fällen die Selbsterregung gesichert ist. Die Senkbremsschaltung c gilt für durchziehende Lasten, also für negative Momente. Sollen leichte Lasten gesenkt werden, die den am Netz liegenden Motor nicht durchziehen, dann werden die Senkkraftstellungen der Steuerwalze benutzt; sie können unter Umständen außer der einfachen Reihenschaltung a für positive Momente noch eine Teilspannungsschaltung b für schwere, durchziehende Lasten enthalten. Dabei sind der Anker und die Erregerwicklung über einen Teil des Anlaßwiderstandes parallelgeschaltet und über den Restwiderstand ans Netz gelegt. Auf diese Weise wird die Erregerwicklung unter Vorschalten des ganzen Ankerwiderstandes erregt und der Anker für die Drehzahlsteigerung an immer größere Teilspannungen angeschlossen; die Verringerung des dem Anker vorgeschalteten Teils des Widerstandes bedingt gleichzeitig eine Vergrößerung des parallelen Teils. Je nach Größe der Last unterscheidet man also drei verschiedene Betriebsarten:

Beim Senken leichter, nicht durchziehender Lasten arbeitet die Maschine als Motor in Schaltung a.

Beim Senken schwerer, durchziehender Lasten arbeitet die Maschine nach dem Einschalten zunächst in Schaltung a als Motor, doch wird die Senkgeschwindigkeit schnell größer. Der Motor wird auf Schaltung b umgeschaltet. Der Ankerstrom kehrt seine Richtung um, und die Maschine wird zum Generator (Bremse). Infolge des sich nun entwickelnden, kräftigen Bremsmomentes tritt schnell der Beharrungszustand ein. Mit diesen Schaltungen gelingt es, die vier Drehzahl-Drehmoment-Quadranten für den Betrieb des Hubwerkes durch die Kennlinien, die den einzelnen Stellungen der Steuerwalze entsprechen, günstig auszufüllen.

Die Nutzbremsung mit Rücklieferung von Energie ins Netz setzt beim Nebenschlußmotor selbsttätig und ohne Ändern der Schaltung ein, sobald ein antreibendes äußeres Drehmoment die Drehzahl über die Leerlauf-Drehzahl ansteigen läßt oder das Feld verstärkt wird; der Ankerstrom ändert seine Richtung, weil die EMK des Motors in beiden Fällen größer als die Netz- oder Klemmenspannung wird.

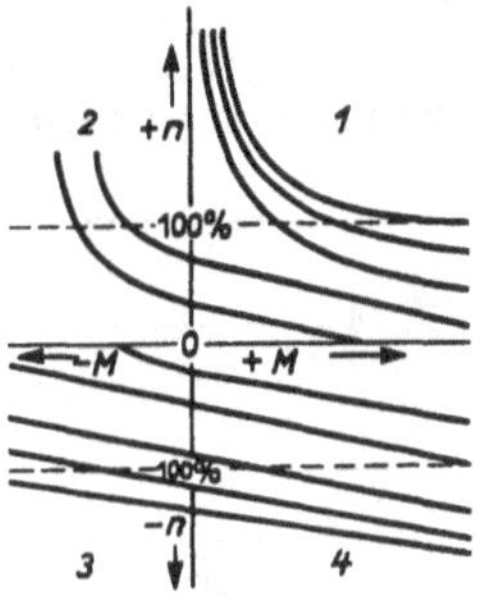

Bild 53. Reihenschlußmotor bei Hub-, Senk- und Bremsschaltung

1 Heben
2 Nachlaufbremsen
3 Senken mit Kraft
4 Senken mit Bremsen

Die Gleichung für den Strom des Motors mit Vorwiderstand R_V:

$$I_{Mot} = \frac{U - c_1 n \Phi}{R_A + R_V}$$

zeigt, daß der Strom verschwindet, wenn die elektromotorische Kraft $E = c_1 n \Phi$ die Größe der Klemmenspannung U erreicht und daß er seine Richtung ändert, wenn E größer als U wird; sei es, daß die Drehzahl oder der Fluß entsprechend erhöht wird und zur Vergrößerung des Produktes $c_1 n \Phi$ über U führen.

Der Widerstand der Ankerzuleitungen ist dem Vorwiderstand R_V in der Formel zuzurechnen. Der drehzahlsteigernde Einfluß von R_V im Falle eines Richtungswechsels des Drehmomentes ist verständlich.

Das Verzögern der Drehzahl durch Anwenden der Feldverstärkung erfolgt meist bei Betrieb im Feldschwächbereich.

Schnelles Erhöhen des Erregerstromes führt zum Ansteigen der EMK über die Klemmenspannung hinaus, da die anfangs bestehende höhere Drehzahl nicht im gleichen Maße sinkt. Es fließt also so lange Bremsstrom ins Netz zurück, bis die dem höheren Erregerstrom entsprechende niedrige Drehzahl erreicht ist. Das Verstärken der Erregung sollte vorsichtig erfolgen, damit zu hohe Bremsstromstöße und Schwierigkeiten in der Stromwendung vermieden werden.

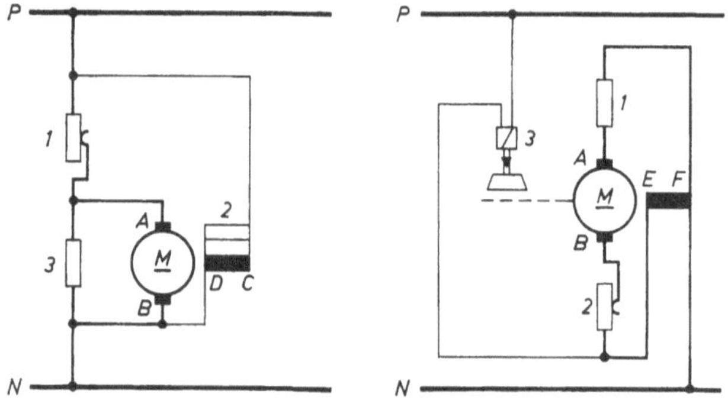

Bild 54. Gleichstrom-Bremsschaltungen
a) Bremsung mit Vorwiderstand
b) Senkbremsschaltung mit Generatorbremsung beim Reihenschlußmotor und negativen Momenten. Der Motor wird vom Netz getrennt und als Generator auf Bremswiderstände geschaltet

Bei der Leonardschaltung wird im Anschluß an die Feldverstärkung des Motors mit weiterem Verzögern seiner Drehzahl die Erregung des Generators herabgesetzt; als Folge sinkt die Ankerspannung unter die Motor-EMK, so daß Bremsstrom vom Motor an den Leonardgenerator abgegeben wird. Die Rücklieferung der Energie, die in den bewegten Massen des Motors und der mit ihm gekuppelten Teile gespeichert ist, geschieht bei diesem Bremsvorgang ohne Ändern der Schaltung. Der Leonardgenerator wird zum Motor, und der Umformer liefert Leistung ins Netz zurück oder lädt sein Schwungrad auf (Ilgner-Anlage).

Bei Versorgung aus einem Drehstromnetz kann der Gleichstrommotor gespeist werden über

Maschinenumforner in Leonardschaltung,
Halbleiterzellen,
gittergesteuerte Quecksilberdampf-Stromrichter,
Thyristoren (steuerbare Siliziumzellen).

Diese Maschinen und elektronischen Geräte dienen nicht nur der Gleichrichtung, sondern bieten z. T. die Möglichkeit, durch Verändern der Höhe der von ihnen gelieferten Ankerspannung und der Erregung des Motors seine Drehzahl in weitem Bereich feinstufig zu steuern oder zu regeln, die Beschleunigungs- oder Verzögerungsvorgänge anzupassen und das Drehzahl-Drehmoment-Verhalten zu beeinflussen. Auch bei Motoren großer Leistung kommt man mit geringer Steuerenergie aus.

Bei der Leonardschaltung (Bild 55) wird der drehzahlveränderliche Gleichstrommotor *m4* von einem Gene-

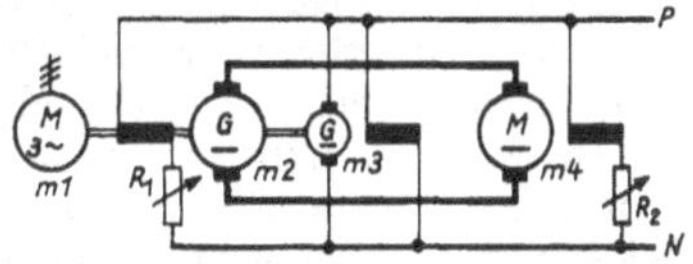

Bild 55. Leonardschaltung

rator *m2* gespeist, den ein Drehstrommotor *m1* mit gleichbleibender Geschwindigkeit antreibt. Außerdem gehört zu diesem Maschinensatz noch eine Erregermaschine *m3*, die eine feste Gleichspannung im wesentlichen für die Erregerwicklungen der Gleichstrommaschinen und außerdem für die Steuerung, die Bremslüfter und andere Zusatzgeräte liefert. Diese Aufgaben der Erregermaschine kann auch ein Gleichrichter übernehmen.

Die dem Anker des Gleichstrommotors unmittelbar zugeführte Spannung wird durch Einstellen des Widerstandes R_1 vor der Erregerwicklung des Generators geändert. Es ergeben sich Drehzahl-Drehmoment-Kennlinien, wie sie Bild 56 zeigt, deren schwach fallende

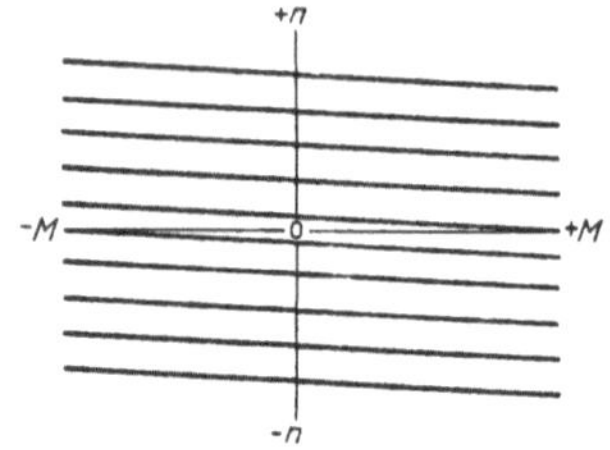

Bild 56. Drehzahl u. Drehmoment bei der Leonardschaltung ohne Schwächen des Motorfeldes

Neigung durch den ohmschen Widerstand des Ankerkreises bedingt ist. In diesem Stromkreis liegen die Anker und die Wendepole von Motor und Generator sowie ihre Verbindungsleitungen, deren ohmscher Widerstand zu berücksichtigen ist. Durch den ohmschen Spannungsverlust des Ankerstromkreises wird die Drehzahl vom Drehmoment beeinflußt, so daß der Drehzahlbereich des voll belasteten Motors auf etwa 1 : 10 bis 1 : 15 begrenzt wird, wenn nicht eine besondere Schaltung, z. B. eine zusätzliche schwache Reihenschlußwicklung am Generator verwendet wird. Es entsteht aber die Gefahr seiner Übererregung bei niedrigen Motordrehzahlen, so daß die Stabilität der Anlage gefährdet ist. Besser arbeitet eine Zusatzerregung über eine getrennte kleine Maschine, deren Anker im Erregerkreis des Generators liegt und deren Erregung vom gemeinsamen Ankerstrom des Generators und des Motors abhängt. Durch Umkehren der Richtung des Erregerstromes dieser kleinen Maschine lassen sich zwei Wirkungen erzielen. In der einen Richtung zeigt sich Nebenschluß- und in der Gegenrichtung Reihenschlußverhalten.

Bei vielen Antrieben ist stoßfreies Anfahren und Verzögern besonders wichtig. Hier hilft die Dämpfungsmaschine: zum Feld $J-K$ des Leonardgenerators G liegt der Anker der kleinen frei laufenden Dämpfungsamschine M parallel, deren Feld konstant erregt ist. Beim Einschalten fließt zunächst der größte Teil des Stromes durch den Anker der noch stillstehenden Dämpfungsmaschine, dessen Widerstand im Vergleich zum Feld sehr gering ist. Die Dämpfungsmaschine läuft hoch und durch ihre steigende Gegen-EMK wird ein immer größerer Anteil des Gesamtstromes zum Generatorfeld gedrängt: entsprechend stufenlos steigt auch die Drehzahl des zu steuernden Motors. Beim Ausschalten arbeitet die Dämpfungsmaschine als Generator auf das parallel liegende Feld und bewirkt stufenfreies Abklingen dieses Feldes und stetige Verminderung der Drehzahl.

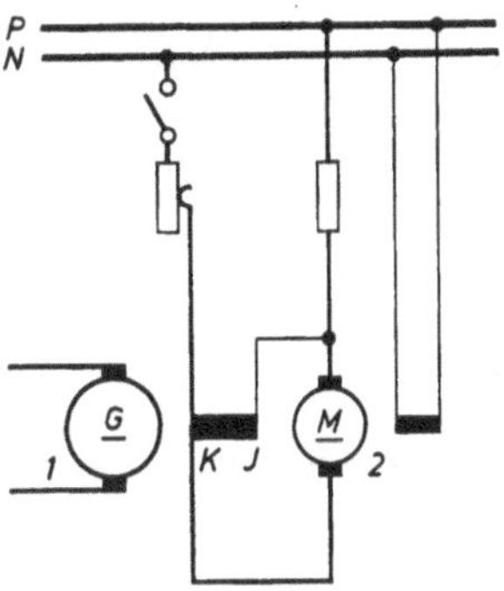

Bild 57

Verwendet man eine Amplidyne als Erregermaschine des Generators (Bild 57), so wird die Drehzahlkennlinie bei Last noch weiter geformt. Da die Drehzahl von der Größe $E = U - I \cdot R$ abhängt, wird die Erregung der Amplidyne von den beiden Größen U und I in geeignetem Maße über getrennte Wicklungen beeinflußt.

Der vom Strom I_{st} gespeisten Steuerwicklung $i - k$, die den Sollwert der Drehzahl bestimmt, ist der Istwert der Spannung U über die Erregerwicklung $i_2 - k_2$ so abgestimmt entgegengeschaltet, daß bei Leerlauf die Solldrehzahl vorhanden ist. Setzt die Belastung ein, steigt also der Ankerstrom I an, wird die Steuerwicklung durch ihn über die Erregerwicklung $i_1 - k$ unterstützt; in dieser Schaltung wird also die Ursache des Drehzahlabfalls erfaßt.

An Stelle der Amplidyne können auch magnetische oder andere Verstärker vorgesehen werden.

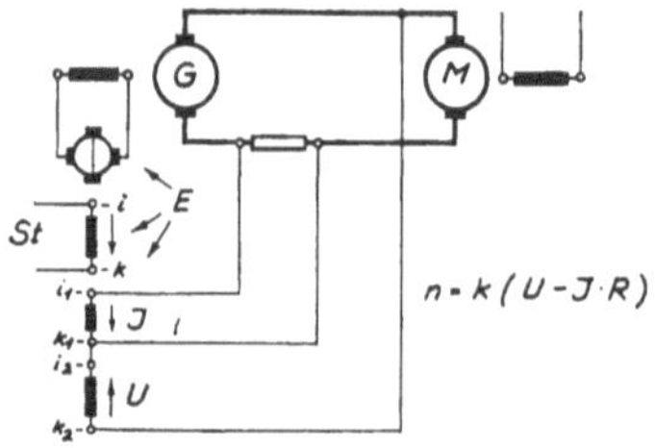

Bild 58. Leonardschaltung mit Dämpfungsmaschine

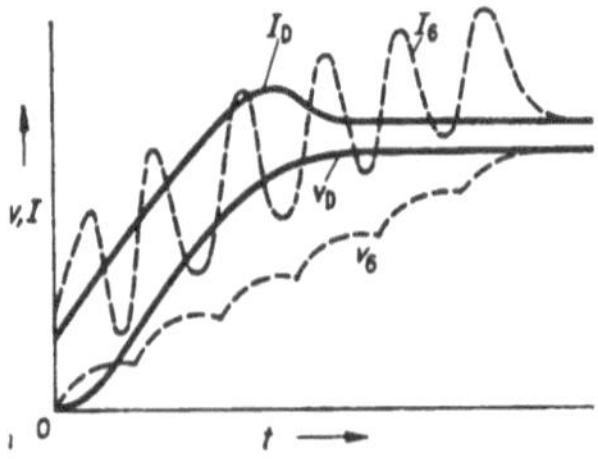

Bild 59. Beschleunigen mit einer Dämpfungsmaschine und einer sechsstufigen Steuerwalze

V_D Geschwindigkeit mit Dämpfungsmaschine
I_D Strombelastung des Drehstromnetzes
V_6 Geschwindigkeitsverlauf mit Steuerwalze
I_6 Stromverlauf beim Schalten der Steuerwalze

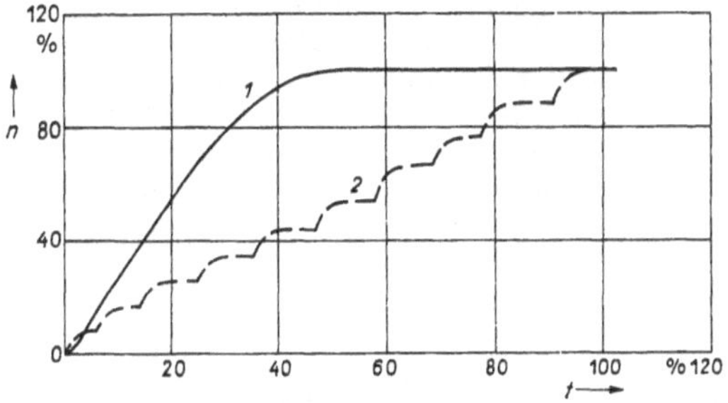

Bild 60. Beschleunigen mit und ohne Dämpfungsmaschine
1 bei stufenloser Leonardsteuerung
2 bei normaler Leonardsteuerung mit zehnstufiger Steuerwalze

Bei Antrieben großer Leistung mit hohen betrieblichen Drehmomentspitzen wird zum Schutz des Netzes vor starken Stößen der Ilgner-Umformer verwendet, der mit einem großen Schwungrad ausgerüstet ist. Der den Umformer antreibende Drehstrom-Asynchronmotor muß während der Drehmomentstöße, um die Bewegungsenergie des Schwungrades ausnutzen zu können, einen höheren Schlupf annehmen, der zum elastischen Nachgeben der Drehzahl führt; deshalb Einschalten von Widerständen in den Läuferkreisen.

Kennzeichnend für die Leonardschaltung sind

die verhältnismäßig geringen Verluste bei großem Drehzahlstellbereich (im Vergleich zu den Drehstromschaltungen);

die feinstufige oder stufenlose Drehzahlsteuerung oder -regelung, auch bei großen Motorleistungen; der durch Sonderschaltungen noch erweiterte große Drehzahlbereich;

das Beherrschen der Drehzahl, die nahezu unabhängig von veränderlichen oder sogar die Richtung wechselnden Drehmomenten gehalten werden kann.

Diese Unabhängigkeit der Drehzahl ist ein besonderer Vorteil der Leonardschaltung. Treten negative Momente auf, z. B. von der Arbeitsmaschine her oder beim Verzögern, so wird automatisch aus dem Leonardgenerator ein Motor, und die freiwerdende Energie wird ins Netz oder unter Drehzahlsteigerung an das Ilgner-Schwungrad zurückgeliefert.

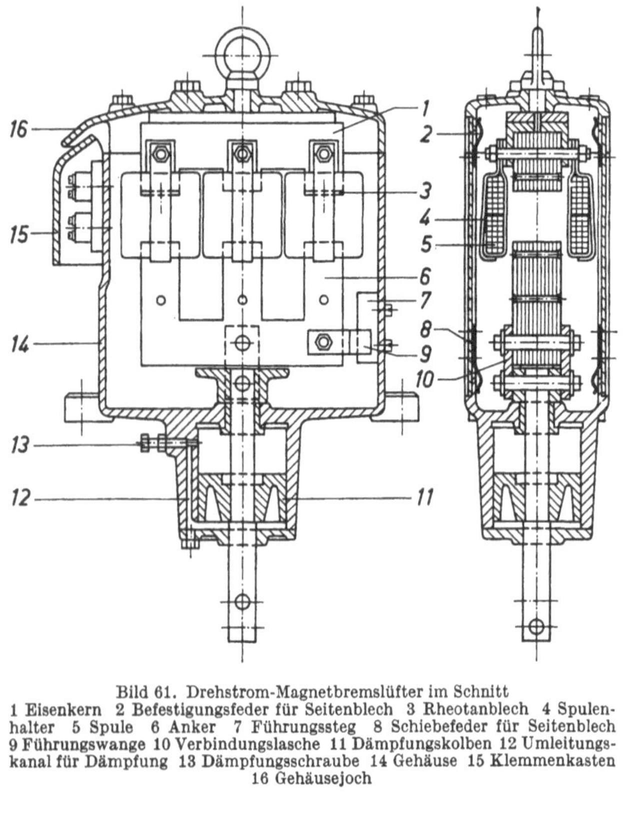

Bild 61. Drehstrom-Magnetbremslüfter im Schnitt
1 Eisenkern 2 Befestigungsfeder für Seitenblech 3 Rheotanblech 4 Spulenhalter 5 Spule 6 Anker 7 Führungssteg 8 Schiebefeder für Seitenblech 9 Führungswange 10 Verbindungslasche 11 Dämpfungskolben 12 Umleitungskanal für Dämpfung 13 Dämpfungsschraube 14 Gehäuse 15 Klemmenkasten 16 Gehäusejoch

Bremslüfter mit Bremsen und Bremsschaltungen sollen den Antrieb schneller verzögern, als dies im freien Auslauf geschieht, um die zeitraubenden Nebenzeiten zu verkürzen; sie müssen bei durchziehenden Lastdrehmomenten das Stillsetzen des Antriebes in jeder Stellung (Hubwerke) und das kurzfristige Einstellen der Drehzahl des Motors auf niedrige Werte ermöglichen.

Außerdem ist es z. T. mit ihrer Hilfe möglich, bei großer Bremshäufigkeit den Motor von der bei elektrischen Bremsschaltungen entstehenden Verlustwärme zu entlasten.

Bremslüfter für Gleich- und Drehstrom bedienen die mechanische Bremse.

Der eingeschaltete Drehstrom-Magnetbremslüfter (Bild 61) zieht — verzögert durch eine einstellbare Luftdämpfung — seinen Anker an. Unmagnetische Rheotanbleche verhindern das Kleben durch Remanenz. Bei dem hohen Einschaltstrom muß der Anker stets voll anziehen, da sonst der Reststrom die Wicklung unzulässig erwärmt. Zugelassene Einschaltdauer und Schalthäufigkeit dürfen nicht überschritten werden. Silikonisolation mit hoher Wärmebeständigkeit ist möglich.

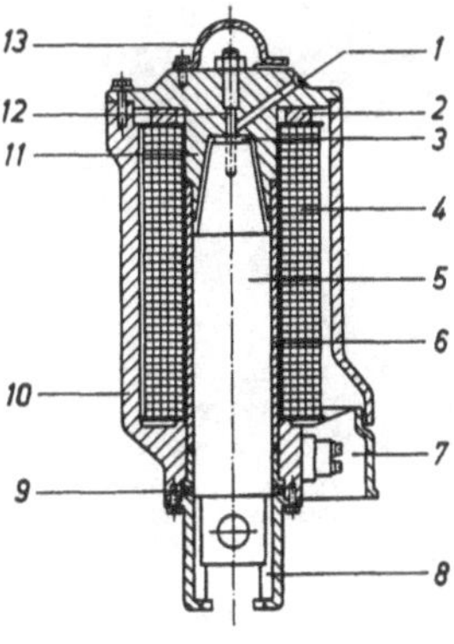

Bild 62. Gleichstrom-Magnetbremslüfter
1 Schmierrohr 2 Preßring
3 Remanenzscheibe
4 Spule 5 Anker 6 Führungsrohr
7 Klemmenkasten
8 Auffang-Topf 9 Dichtungsring
10 Gehäuse 11 Eisenkern (verbunden mit Deckel)
12 Dämpfungsschraube
13 Schutzhaube

Der Einphasen-Magnetbremslüfter wird für kleine Hubarbeiten bei ziehender und stoßender Kraftwirkung verwendet.

Beim Gleichstrom-Magnetbremslüfter (Bild 62) ist das Magnetsystem in einem Gußzylinder, der Zuganker gleitet mit einstellbarer Luftdämpfung in einem Führungsrohr. Eine Messingscheibe auf dem Anker verhütet Kleben durch Remanenz. Die Spule erhält für kurze Anzug- und Abfallzeiten eine Wicklung für niedrige Spannung und neben dem Vorschalt- einen Schutzwiderstand zum Herabsetzen des Einflusses der Selbstinduktion. Die Einschaltdauer ist einzuhalten, die Schalthäufigkeit nicht begrenzt.

Bild 63

Durch Übererregung wird die Anzugkraft erheblich gesteigert, am Ende des Hubes wird ein Sparwiderstand vorgeschaltet. Bei Sparschaltung ist die Schalthäufigkeit begrenzt.

Das ELDRO stellt als Bremsgerät eine Kombination von Elektromotor, hydrodynamisch arbeitender Zentrifugalpumpe und Kraftkolben dar. Es leistet Hubarbeit auf ölhydraulischem Wege bei sehr geringen Strömungsverlusten. Die Baureihe umfaßt Geräte mit Hubkräften von 15 bis 300 kp bei Hubarbeiten von 75 bis 3600 kp cm. Vorteilhafte Eigenschaften sind: hohe Schalthäufigkeit bei geringer Leistungsaufnahme; Unempfindlichkeit gegen Spannungsminderung und Überlastung;

zuverlässiges, stoßfreies und sanftes Arbeiten bei kurzen Zeiten; hohe Lebensdauer bei geringer Wartung unter schwersten Betriebsbedingungen. Bremsen und das Eldro können mit der Motorkonstruktion vereinigt werden (Bild 63).

Wirbelstrombremsen werden meist direkt mit dem Motor gekuppelt, haben im Ständer ein gleichstromerregtes, aus Einzelpolen bestehendes Magnetsystem und einen als Volltrommel ausgebildeten Läufer. Abhängig von der Erregung ergeben sich Bremsmomente über der Drehzahl. Das Verzögerungsmoment kann den Bedingungen des Antriebes angepaßt und stufenlos geändert werden. Die Drehzahl läßt sich durch diese Belastungsbremse kurzzeitig steuern.

17. Das Steuern

„Das Steuern ist der Vorgang in einem abgegrenzten System, bei dem eine oder mehrere Größen als Eingangsgrößen andere Größen als Ausgangsgrößen auf Grund der dem abgegrenzten System eigentümlichen Gesetzmäßigkeit beeinflussen. Kennzeichen für den Vorgang des Steuerns in seiner elementaren Form ist der offene Wirkungsablauf im einzelnen Übertragungsglied oder in der Steuerkette“ (DIN 19 226).

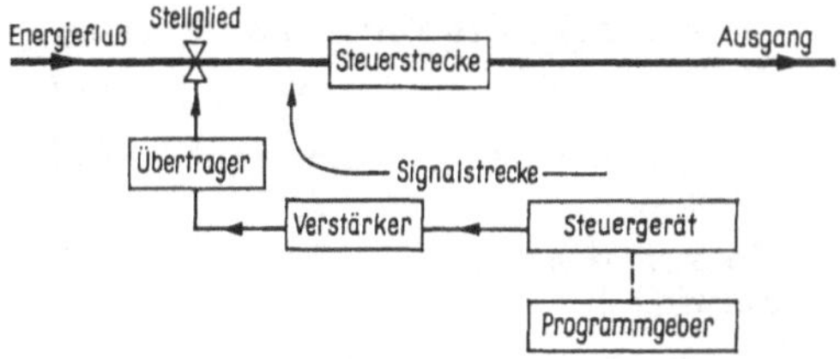

Bild 64

Steuern bedeutet nach VDE 0660 Beeinflussen oder Ändern von Betriebsgrößen in einem Stromkreis unter Einschluß seines Ein- und Ausschaltens. Die Technik des Steuerns ist gekennzeichnet durch die offene Wirkungskette: die Signale werden unmittelbar oder in Reihenschaltung an das Stellglied gegeben, das in den Energiefluß „steuernd" eingreift. Eine Rückwirkung der durch das Signal verursachten Änderung im Energiefluß auf die Signale fehlt.

Für den elektromotorischen Antrieb heißt Steuern: Einschalten, Beschleunigen, Verzögern, Ändern der Drehzahl, des Drehmomentes und anderer Faktoren, um sich den Forderungen der Arbeitsmaschine und des Prozesses anzupassen.

Viele Industriemotoren arbeiten mit gesteuerter Drehzahl:

Stabile Betriebspunkte bestehen, wenn

beim Überschreiten der Betriebsdrehzahl das Moment der Arbeitsmaschine,

beim Unterschreiten der Betriebsdrehzahl das Moment des Motors überwiegt.

Ferner gilt:

1. die Einfachheit der Drehzahlbeeinflussung ist von Vorteil;
2. der Wirkungsgrad der Drehzahländerung ist zu beachten;
3. die Belüftung des Motors ist zu prüfen;
4. die Kosten der Ausrüstung sind zu überlegen.

Für das Drehzahl-Drehmoment-Verhalten der Motoren gelten:

Moment des Synchronmotors ist abhängig vom Polradwinkel,

Momenten- und Stromverlauf des Asynchronmotors über der Drehzahl (Bild 11),

Drehzahlkennlinien des Gleichstrom-Nebenschlußmotors (Bild 5),

Reihenschlußverhalten des Gleichstrommotors (Bild 53),

Verbundmotor mit Nebenschluß- und Reihenschluß-Erregung.

Alle Motoren, die in Leonard-, Stromrichter- oder Zu- und Gegenschaltung durch Spannungsänderung in der Drehzahl gesteuert werden, weisen, sofern der Strom begrenzt wird, nur geringe Verluste auf; sei es, daß es sich um einen Beschleunigungs- oder Verzögerungsvorgang mit etwa anschließender Drehrichtungsumkehr handelt.

Die Erhöhung der Drehzahl durch Schwächen des Motorfeldes ist ebenfalls mit geringen Verlusten verbunden; allerdings ist zu beachten, daß bei gleichem Arbeitsdrehmoment die Lastverluste im Quadrat des Drehzahlverhältnisses zunehmen müssen.

Ändern der Betriebsdrehzahl

Der Gleichstrommotor zeichnet sich gegenüber dem Drehstrommotor durch seine elastisch einstellbare Drehzahl und sein anpassungsfähiges Lastverhalten aus. Er findet daher nicht nur am Gleichstromnetz Anwendung, sondern auch bei Drehstromversorgung dann, wenn schwierige Betriebsbedingungen zu erfüllen sind. Die Tabelle zeigt eine Zusammenstellung der verschiedenen Gleichstromantriebe mit einstellbarer Drehzahl; sie enthält Hinweise auf Leistungshöhe und relativen Drehzahlbereich, auf Beschleunigungs- und Verzögerungsmöglichkeiten sowie auf das Drehzahlverhalten bei veränderlichem Drehmoment.

Es stehen der Reihenschluß- und der Nebenschlußmotor zur Verfügung, deren typische Drehzahl-Drehmoment-Kennlinien in den Bildern 5 und 53 wiedergegeben sind. Der Doppelschlußmotor nähert sich in seinem Verhalten je nach dem Grad der Aufteilung der Erregung auf die beiden Erregerwicklungen mehr der Reihen- oder der Nebenschlußmaschine.

Steuerungen mit Gleichstrommotoren

Steuerung	Leistungs-bereich	Drehzahl-bereich	Beschleu-nigung
Leonardschaltung (Dämpfungsmaschine, Verstärkermaschine), Ankerseite	unbegrenzt	vielstufig 1 : 10 bis 1 : 20 und mehr (Fremd-belüftung)	stufenlos, ruckfrei
Gleichstrom-Neben-schlußmotor, Feldseite	unbegrenzt	vielstufig 1 : 3 und mehr	stufenlos
Stelltransformator mit Trockengleichrichter (Ankerseite)	bis 10 kW und mehr	vielstufig 1 : 10 und mehr (kurzzeitig)	vielstufig
Transduktorschaltung	bis 500 kW und mehr	stufenlos 1 : 20 und mehr	stufenlos
Semiduktorschaltung	bis 500 kW und mehr	stufenlos 1 : 20 und mehr	stufenlos
Quecksilberdampf-Stromrichter	unbegrenzt	stufenlos 1 : 50 und mehr	stufenlos, mit Strom-begrenzung

Bremsung	Drehzahlverhalten	Belastbarkeit
elektrisch mit Rückgewinnung		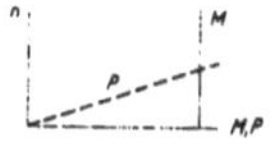
elektrisch mit Rückgewinnung	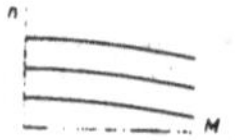	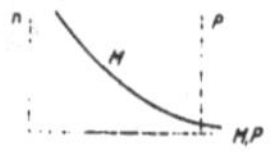
zum Teil Bremswiderstand, keine Rückgewinnung	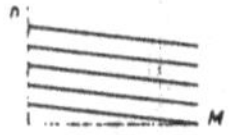	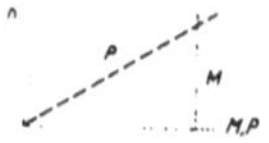
zum Teil Bremswiderstand, keine Rückgewinnung		
elektrisch mit Rückgewinnung	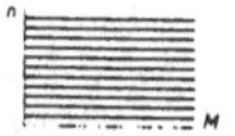	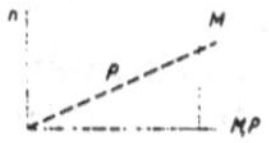
Wechselrichter mit Rückgewinnung		

I. Drehzahlsteuerung mit Gleichstrommotoren

Für das Drehzahlverhalten gilt

$$n = \frac{U - I_A \cdot R_A}{c_1 \cdot \Phi}$$

also Ändern des Feldes, der Ankerspannung oder der Widerstände im Ankerkreis.

Feldänderung: Der Motor versucht beim Ändern des Feldes, die Gegen-EMK auf den gleichen Wert zu halten. Beim Schwächen des Feldes steigt die Drehzahl, beim Verstärken fällt sie. Beim Nebenschlußmotor wird der Erregerstrom unmittelbar geändert. Die Erregerleistung ist gering, der Feldwiderstand kann vielstufig oder stufenlos geschaltet werden. Das Drehzahlverhalten wird wegen der Eisensättigung nicht als einfache Formel festgelegt, das Moment nimmt mit dem Fluß ab, die Leistung bleibt konstant, die Größe des Motors richtet sich nach der niedrigsten Drehzahl. Der Drehzahlstellenbereich ist etwa 1 : 3 und mehr, wenn besondere Mittel für stabiles Verhalten, z. B. Kompensationswicklungen, angewendet werden. Die Drehzahländerung, abhängig vom Drehmoment, ist nur gering. Beim Reihenschlußmotor wird meist ein stellbarer Widerstand parallel zur Erregerwicklung geschaltet, der eine stark lastabhängige Drehzahländerung bringt. Es muß der gesamte Ankerstrom geschaltet werden.

Gleichstrommotoren kleiner Leistungen kann man durch Einlegen des Schalters unmittelbar einschalten. Bei Leistungen bis zu einigen Kilowatt ist ein Vorschaltwiderstand im Ankerkreis erforderlich. Ist diese einfache Schaltung nicht möglich, so muß der Widerstand nach dem Anlauf kurzgeschlossen werden. Bei größeren Motoren mit Drehzahlsteuerung sind immer ein Anlaß- und Einstellwiderstand notwendig.

Gleichstrommotoren werden als Nebenschlußmotoren durch Vertauschen der beiden Ankeranschlüsse in der

Drehrichtung umgekehrt, während die Feldrichtung beibehalten wird. Beim Nebenschlußfeld wirkt die hohe Induktivität einem schnellen Verschwinden beim Ausschalten und einem unverzögerten Aufbau in umgekehrter Richtung entgegen; außerdem verursacht die Selbstinduktionsspannung einen beträchtlichen Lichtbogen beim Schalten. Beim Reihenschlußmotor können Anker- oder Feldanschlüsse vertauscht werden, da hier die Induktivität gering ist.

Gleichstrommotoren erhalten Anlaßwiderstände im Ankerkreis, die grob oder feinstufig durch Anlasser, Steuerwalzen, Steuerschalter oder Schützensteuerungen von Hand oder selbsttätig in Abhängigkeit von Zeit, Strom, Drehzahl und anderen Einflüssen nacheinander kurzgeschlossen werden. Bei Nebenschlußmotoren kann nach Erreichen der vollen Ankerspannung eine weitere Beschleunigung — meist bis zur dreifachen Drehzahl — durch Schwächung des Feldes über Feldschwächwiderstände erreicht werden; allerdings nimmt dabei das Drehmoment ab.

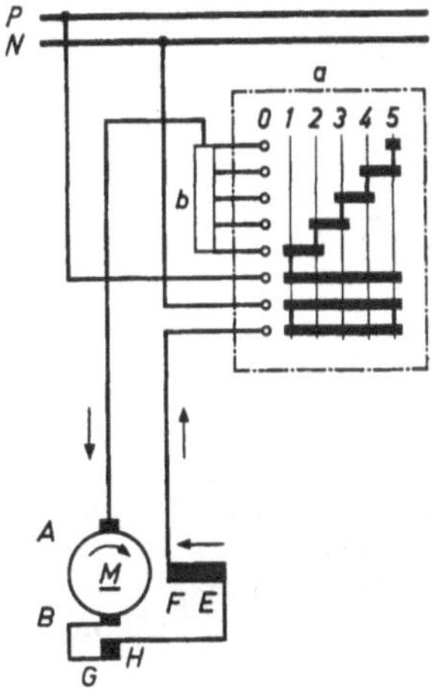

Bild 65

Reihenwiderstand im Ankerkreis: Dieser Widerstand verursacht einen zusätzlichen Spannungsabfall im Ankerstromkreis, die Motordrehzahl sinkt mit steigendem Lastdrehmoment. Beim Reihenschlußmotor ergibt jede Widerstandsänderung eine neue Reihenschlußkennlinie mit stark lastabhängigem Verhalten. Über Schaltgeräte, wie Steuerwalzen oder Schützen, mit schaltbaren Widerständen ist die Drehzahl einstellbar. Negative Momente führen zu erheblichen Drehzahlsteigerungen, der Motor liefert nun als Generator Leistung ins Netz zurück. Die dem Spannungs- und Drehzahlabfall proportionalen Verluste im Reihenwiderstand sind zu beachten. Bei Lastmomenten, die unabhängig von der Drehzahl sind, entstehen mit wachsendem Drehzahlbereich ohne Verluste. Das Bewerten dieser sehr einfachen Schaltung nach den Verlusten gibt bei kurzzeitigem Herabsetzen oder bei engem Stellbereich der Drehzahl nicht den Ausschlag für die Anwendung. Bei quadratisch mit der Drehzahl sinkendem Moment sind die Verluste niedrig.

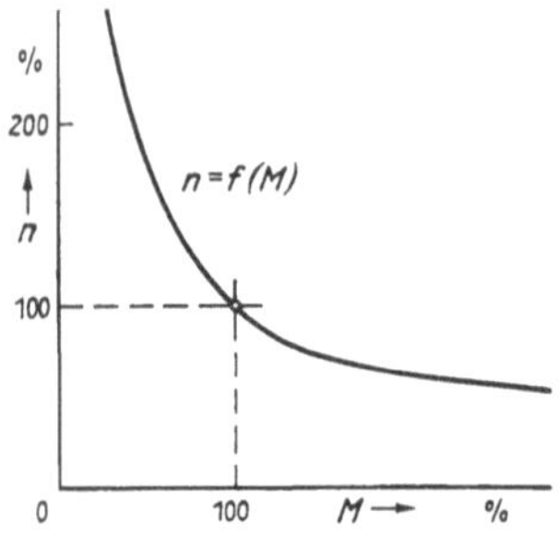

Bild 66. Reihenschlußmotor

Parallelwiderstand im Ankerkreis: Die Drehzahl ist bei dieser Spannungsteiler-Schaltung vom Verhältnis der beiden Widerstände 1 und 3 abhängig. Der Wirkungsgrad ist infolge der Verluste in den Widerständen niedrig, die Schaltung wird nur bei kleinen Leistungen oder kurzzeitig für Nebenschluß- und Reihenschlußmotoren verwendet. Die Drehzahl kann bei Entlastung oder negativen Momenten keine gefährlichen Werte annehmen.

Bei der Zu- und Gegenschaltung (Bild 68) ist ein Gleichstromnetz vorhanden, das den Motor speist. Dem zu steuernden Gleichstrommotor wird durch den Generator des Steuersatzes eine veränderliche Ankerspannung in der einen oder anderen Richtung zugeführt. Im Ankerkreis dieses Motors liegt der Generator G, der mit gleichbleibender Drehzahl vom Motor des Steuersatzes angetrieben wird. Bei nicht erregtem Generator erhält der Antriebsmotor die volle Netzspannung (Drehzahl des Antriebsmotors 50 %).

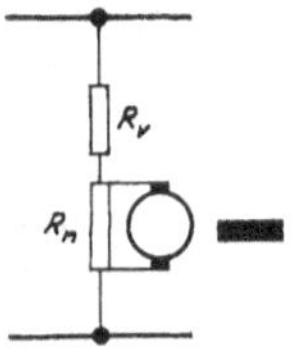

Bild 67

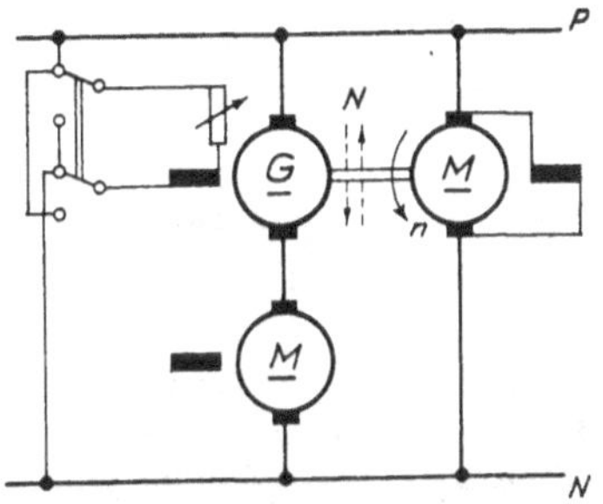

Bild 68

Wird der Generator über den Steuerwiderstand in der einen oder anderen Richtung erregt, so liefert er in der einen Richtung bei voller Erregung eine die Netzspannung am Motor aufhebende Gegenspannung (Drehzahl des Antriebsmotors Null), in der anderen Richtung eine Zusatzspannung, wodurch die Spannung am Motor doppelt so hoch wie die Netzspannung wird (Drehzahl des Antriebsmotors 100 %). Beliebige Drehzahlzwischenwerte lassen sich einstellen. Diese Schaltung stimmt im Drehzahlverhalten mit der Leonardsteuerung überein, die Maschinen des Steuersatzes sind aber nur halb so groß.

Bei vielen Antrieben ist schnelles oder stoßfreies Anfahren und Verzögern wichtig, das gilt z. B. für Schnell-Aufzüge, große Krane, Bagger u. a. Hierfür wird die Dämpfungsmaschine verwendet. Zum Feld $J - K$ des Leonardgenerators G liegt der Anker der kleinen frei laufenden Dämpfungsmaschine M parallel (Bild 69), deren Feld konstant erregt ist. Beim Einschalten fließt zunächst der größte Teil des Stromes durch den Anker der noch stillstehenden Dämpfungsmaschine, dessen

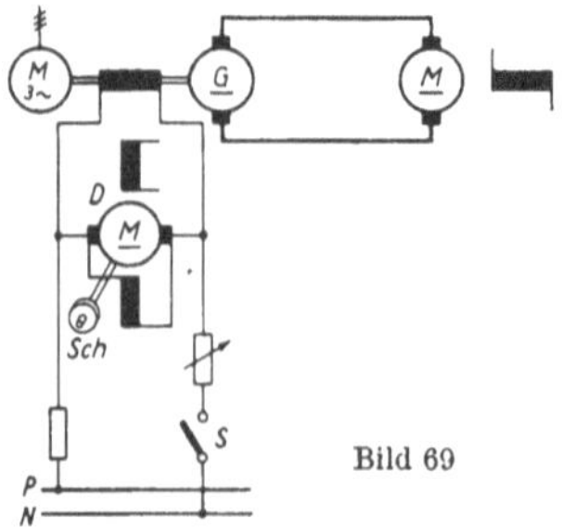

Bild 69

Widerstand im Vergleich zum Feld sehr gering ist. Die Dämpfungsmaschine läuft hoch, und durch ihre steigende Gegen-EMK wird ein immer größerer Anteil des Gesamtstromes zum Generatorfeld abgedrängt: entsprechend stufenlos steigt auch die Drehzahl des zu steuernden Motors. Beim Ausschalten arbeitet die Dämpfungsmaschine als Generator auf das parallel liegende Feld und bewirkt ein stufenfreies Abklingen dieses Feldes und stetige Verminderung der Drehzahl. Eine kleine Schwungscheibe auf der Welle der Dämpfungsmaschine bestimmt die Beschleunigungs- und Bremszeit.

Meist steht Drehstrom zur Verfügung, so daß der Gleichstrom durch Umformen geschaffen wird. Das geschieht in der Leonardsteuerung durch den Maschinenumformer, in den Stromrichtersteuerungen durch den Quecksilberdampf-Gleichrichter und die Halbleiter.

Bei der Leonardschaltung (Bild 70) wird der von der Erregermaschine fremderregte Nebenschlußmotor vom Generator des Umformers gespeist. Durch Ändern der Erregung des Generatorfeldes wird die Ankerspannung des Generators in der einen oder anderen Richtung von Null bis zum Höchstwert gesteigert. Dieser Änderung

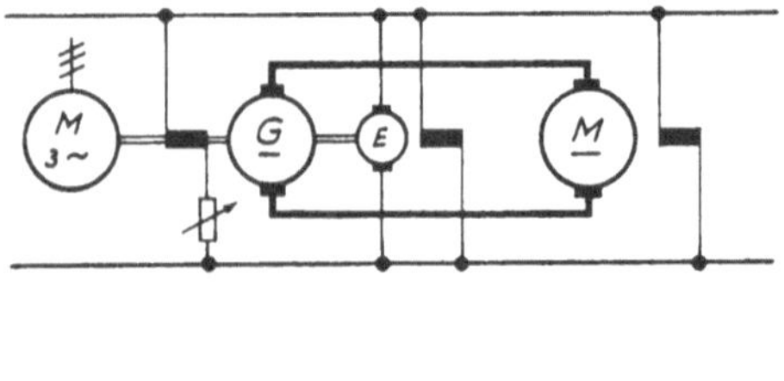

Bild 70. Leonardschaltung

folgt die Drehzahl des zu steuernden Motors. Die im Bild 56 dargestellten Drehzahlkennlinien zeigen die Vorteile dieser feinstufigen, einen weiten Drehzahlbereich beherrschenden und nur wenig lastabhängigen Drehzahlsteuerung, die den Vierquadrantenbetrieb beherrscht. Die untere Grenze des Drehzahlbereiches liegt für normale Leonardsteuerung bei ungefähr 5 bis 7 % der Nenndrehzahl, bei tieferen Drehzahlen muß der Spannungsfall in den Zuleitungen und im Anker ausgeglichen werden und die Remanenz weitgehend vermindert werden. Schließlich gibt es Sonderschaltungen, die Drehzahlverhältnisbereiche von 1 : 100 und mehr erlauben. Außerdem sind die als mechanische Speicher wirkenden Schwungmassen des Umformers von Vorteil.

Beim Transduktorantrieb wird der Anker einer Gleichstrommaschine über eine Transduktorschaltung aus dem Netz gespeist:

Transduktoren — das sind magnetflußgesteuerte Drosselspulen in Verbindung mit Halbleiterdioden — gestatten, den Wechselstromwiderstand einer Drossel im Eisenkern durch Vormagnetisieren mittels Gleichstrom zu ändern. Der Transduktor wirkt wie ein steuerbarer Schalter, dessen Einschaltdauer innerhalb einer Halbperiode der Wechselspannung einstellbar ist. So entsteht eine steuerbare Spannungsquelle, die Teilausschnitte der Wechselspannung für die Speisung des Motors freigibt. Der Motor wird über den Magnetverstärker MV mit veränderlicher Spannung aus dem Wechselstromnetz gespeist, indem der induktive Widerstand der Drossel abhängig von der Gleichstromvormagnetisierung geändert wird.

Im Beispiel Bild 71 wird der Einfachheit halber die Einphasenschaltung für kleine Leistungen gezeigt. Für größere Leistungen werden die Halbleiter als Dreiphasenbrücke geschaltet, und der Transduktor besteht aus Mehrschenkelkernen oder 6 Einzelkernen. Nutzbremsung mit Rücklieferung ins Netz ist mit der Transduktorschaltung nicht möglich. Die Verzögerung muß über Widerstände im Ankerkreis erfolgen und die Umkehr der Drehrichtung geschieht im Stillstand des Motors durch Anker- oder Feldumschaltung.

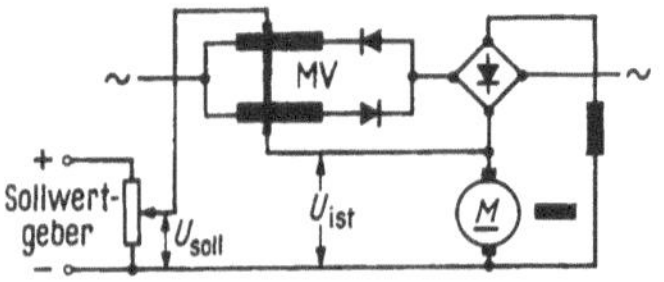

Bild 71

In Brückenschaltung mit den Gleichrichtern 2 ist jeder Kern für eine Halbwelle des Wechselstromes wirksam. Als Halbwellenstrom fließt der Gleichstrom des Motors durch diese Wechselstromwicklungen und bewirkt eine lastabhängige Vormagnetisierung, die so den lastabhängigen Spannungsfall am Motor z. T. ausgleicht. Es bleibt noch der innere Spannungsfall im Anker und Gleichrichter, der durch die Wicklungen W_2 und K beseitigt wird: der Ankerstrom durch K gleicht den Spannungsverlust $J \cdot R$ im Ankerkreis aus, der Strom in der Steuerwicklung W_2 ist vom Unterschied zwischen der Ist- und Solldrehzahl abhängig, dargestellt durch die Spannungswerte U und U_s. Der Drehzahlstellenbereich dieser Schaltung mit ruhenden Bausteinen und selbsttätiger Regelung ist etwa 1 : 20 und mehr. Wird an Stelle der mittelbaren Drehzahlmessung durch die Ankerspannung U eine Drehzahlmeßmaschine eingesetzt, so ist der Drehzahlstellbereich wesentlich größer, etwa 1 : 100.

Schaltungen mit Quecksilberdampf-Stromrichtern werden für Motoren größerer Leistung angewendet. Der Gleichstrom fließt infolge der Ventilwirkung stets in derselben Richtung, die Umkehr der Energierichtung beim Verzögern und beim Wechseln der Drehrichtung erfolgt durch Umkehr der Spannungsrichtung: der Stromrichter nimmt Gleichstromenergie auf und gibt sie als Drehstromenergie ans Netz, er arbeitet als Wechselrichter. Es werden weite Drehzahlbereiche bei hoher Stellgeschwindigkeit erreicht. Für das Umkehren der Drehrichtung mit Nutzbremsung sind mehrere Schaltungen verfügbar:

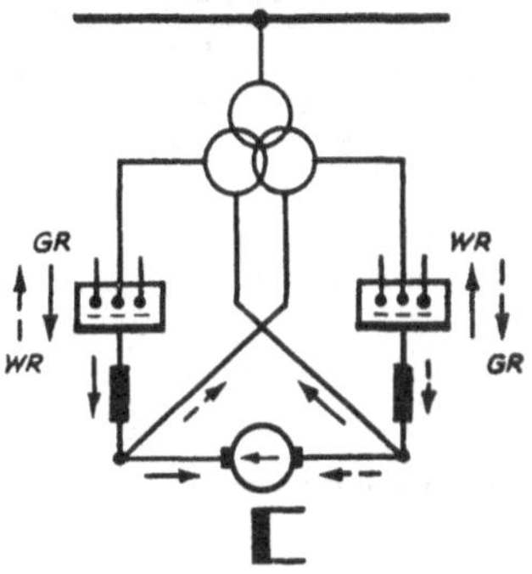

Bild 72. Kreuzschaltung

Kreuzschaltung als Parallelschaltung von zwei Stromrichtergefäßen oder -Gruppen mit gegensinniger Ventilwirkung. Bei motorischem Betrieb arbeitet eine Gruppe als Gleichrichter, die zweite ist bereit, um als Wechselrichter Energie ans Netz zu liefern. Der gesamte Bereich der positiven und negativen Gleichspannung wird unter ständiger Gleich- und Wechselrichterbereitschaft gefahren.

Antiparallelschaltung mit Stromrichtertransformator nur einer Sekundärwicklung arbeitet mit Einanodengefäßen, die für jede Stromrichtung über Drosseln gegensinnig parallel geschaltet sind.

Eingefäßschaltungen arbeiten im Ankerkreis mit nur einer Stromrichteranlage und die Umkehr der Energierichtung geschieht durch Umschalten im Anker oder Feld.

Die Ankerumschaltung verwendet einen zweipoligen Schalter, der beim Ankerstrom Null die Stromrichtung selbsttätig umkehrt, abhängig von einem Meßglied und mit kurzer stromloser, also drehmomentloser Pause.

Die Feldumschaltung arbeitet meist mit zwei Gefäßen, und beim Umkehren wird zuerst das Drehmoment abgebaut bis zum Nulldurchgang des Flusses, um jenseits des Nullwertes zugleich mit dem Aufbau des Feldes zu steigen.

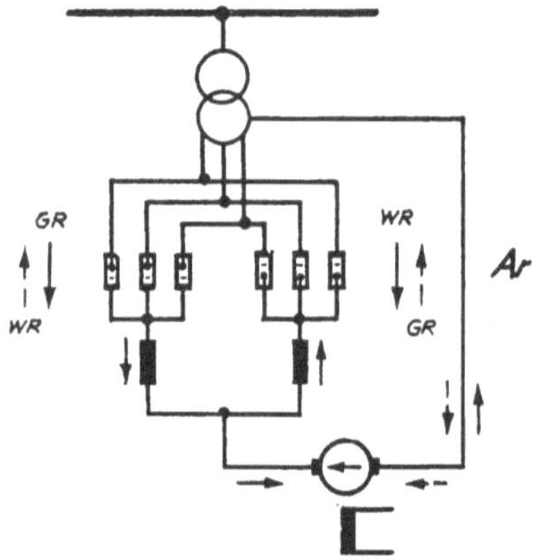

Bild 73. Umkehrstromrichter u. Gegenparallelschaltung

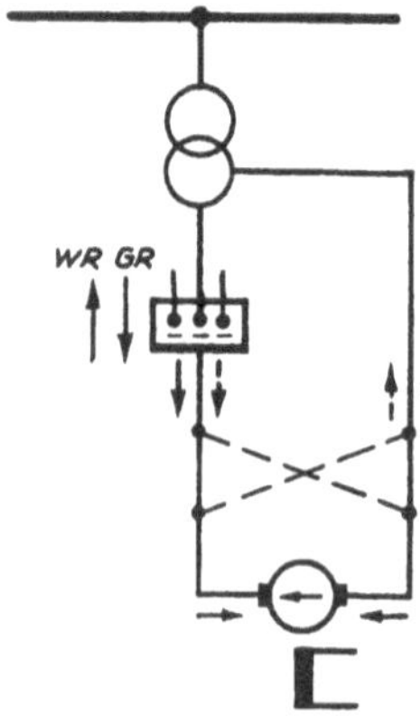

Bild 74. Umkehrstromrichter im Eingefäßschaltung

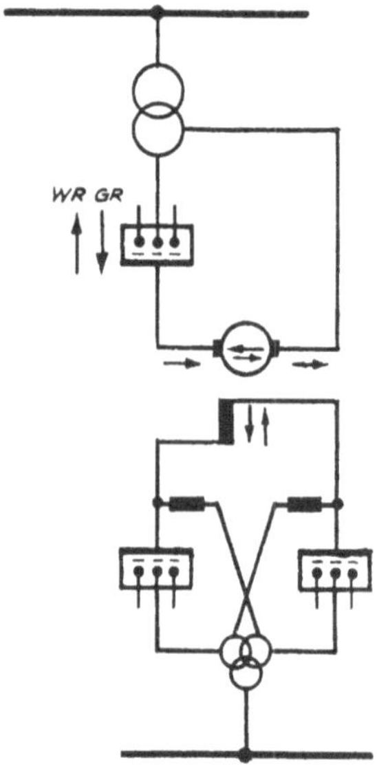

Bild 75. Einstromrichterschaltung mit Umschalter

Gleichstrom-Thyristorantriebe

Wegen der Automatisierung gewinnen diejenigen elektromotorischen Antriebe an Bedeutung, deren Drehzahlen in weiten Grenzen verlustlos, stetig und schnell sich verstellen lassen. In Zukunft wird immer dringlicher die Forderung erhoben werden, daß der elektromotorische Antrieb weitgehend wartungsfrei und ohne verschleißende Teile aufgebaut sein sollte.

Drei Stromrichtungen werden z. Z. angewendet:

a) *die Gefäßtechnik*, seit Jahren in der Praxis bewährt und in steter Weiterentwicklung zu beachtlichen Erfolgen durch die Einanoden- und Mehranodenschaltungen geführt, die heute noch in Anwendung sind. Aber sobald neue Lösungen in Sicht sind, setzt verständlicher Weise die Kritik am Vorhandenen ein:

die Gefäßtechnik ist beim Kaltstart träge, braucht mehr Raum, ist für kleine Leistungen nicht einsetzbar;

sie erfordert Hilfsanlagen für Erregung und Kühlung und hat wichtige Vorteile: hohe Überlastbarkeit, Unempfindlichkeit gegen Überbeanspruchungen und Stoßbelastbarkeit.

b) *die steuerbare Siliziumzelle*, der Thyristor hat die Vorteile der größeren Einfachheit, ist in größeren Stückzahlen fertigbar, und bei höheren Ankerspannungen ist man auf Reihenschaltung der Ventile angewiesen; Thyristoranlagen müssen sorgfältig in bezug auf Schutzeinrichtungen projektiert und erprobt werden. Die Stoßbelastbarkeit ist bei der geringeren Wärmekapazität des Siliziumkristalls im Sekundenbereich über den Nennstrom hinaus unbedeutend. Thyristoren haben eine sehr geringe Freiwerdezeit, die ein Ventil nach Beendigung der Stromführung braucht, um wieder voll sperrfähig zu werden: einem fließenden Strom kann ein kurzer größerer Gegenstrom zum Löschen des Ventils überlagert werden. Diesen Gegenstrom liefert ein Kondensator, der durch ein steuerbares Ventil gesteuert wird. Also kann man aus gegebenen Spannungen beliebige Zeitabschnitte wählen, das führt zu Anwendungen für Wechsel- und Umrichter. Beispiel mag die Löschschaltung des Gleichstrommotors mit periodischem Öffnen und Sperren des Hauptthyristors sein: vom Verhältnis der Öffnungs- und Schließzeiten ist der Gleichspannungsmittelwert abhängig, der die Drehzahl bestimmt.

c) die Kombinationen der Kontakte schaltenden Technik mit Halbleitern.

Mit „Elektronik“ wird der Zweig der Technik benannt, der sich mit den Vorgängen und Anwendungen der Elektrizitätsleitung im Vakuum, in Gasen oder Halbleitern befaßt.

Die Elektronik befaßt sich hierbei mit den Erscheinungen der frei beeinflußbaren Elementarbauteile der Materie, den Elektronen, Ionen und mit den daraus ableitbaren technischen Anwendungen.

Die *besondere Bedeutung dieser Art* der Elektrizitätsleitung liegt in der bei ihr möglichen leichten Steuerbarkeit sowohl der kleinsten als auch der größten Ströme. Dies gelingt z. B. in Dioden und durch Kombinationen mit einer Einwirkung von außen, z. B. durch *Steuerelektroden*.

Deshalb folgende Definition:

Bauelemente der Elektronik sind elektrische und elektromagnetische Elemente, die in den Schaltungen der elektronischen Betriebsmittel angewendet werden. Man unterscheidet aktive und passive Bauelemente.

Aktive Bauelemente der Elektronik sind solche, in denen die Elektrizität*sleitung* im Vakuum, in einem Gas oder in einem Halbleiter vor sich geht.

Zahlreiche elektrische Betriebsmittel, die sich herkömmlicher elektrischer oder elektromechanischer Mittel bedienten, konnten durch die Verwendung aktiver elektronischer Bauelemente in ihrer Wirkungsweise, ihrem Aufbau und ihrer Zuverlässigkeit ganz erheblich verbessert werden, beispielsweise *Meßgeräte*, *Steuer- und Regelanlagen*. Insbesondere haben die nur geringe Verlustwärme erzeugenden Schaltungen mit Halbleitern, die wenig Raum beanspruchen, die beachtlichen Fortschritte in der Elektrotechnik in den letzten beiden Jahrzehnten erst ermöglicht.

Der Thyristor ist ein Vierschichthalbleiter mit 2 *p*- und 2 *n*-dotierten Siliziumschichten *p-n-p-n*.

Anode ist die obere *p*-Schicht,
Kathode ist die untere *n*-Schicht,
Steuerelektrode die untere *p*-Schicht,
Durchlaßrichtung ist von der Anode zur Kathode.

Der Steuerstrom fließt zur Kathode, der Thyristor sperrt in beiden Richtungen . Drei Sperrschichten:

2 beim Übergang von *p* nach *n* oben,
1 von *n* nach *p* in der Mitte.

Die positive Spannung wird von dem *n-p*-Übergang aufgenommen, die negative von den beiden *p-n*-Übergängen.

Thyristoren haben die Eigenschaft, nach einer Zündung den Strom in Durchlaßrichtung fließen zu lassen, bis er von selbst erlischt. Schaltet man Thyristoren antiparallel vor einen Wechselstrom-Verbraucher, so fließt dieser Strom nur, wenn die Zellen in jeder Halbschwingung neu gezündet werden.

Beim Unterbrechen des Zündstromes halten die Thyristoren den Strom bis zum natürlichen Nulldurchgang aufrecht. Danach liegt die treibende Wechselspannung als Sperrspannung wechselnder Polarität an den Ventilen. Die Steuerelektrode dient zum Einschalten. Die Brennspannung bei Thyristoren ist nur 1 bis 2 Volt; sie können bereits durch Gitterimpulse von 100 mA gezündet werden. Sehr hohe Schalthäufigkeit ist möglich.

Weitere Vorteile sind:

geringer Platzbedarf;
kleine Freiwerdezeit, so daß höhere Frequenzen als 50 Hz möglich sind;
stete Betriebsbereitschaft;
Unempfindlichkeit gegen Erschütterungen.

Deshalb wird die Thyristortechnik die Gefäßtechnik ablösen: durch ihre kürzere Freiwerdezeit lassen sich Schaltungen ausführen, die bisher unwirtschaftlich waren. Der Thyristor hat die Eigenschaften eines Schalters mit sehr geringem Spannungsabfall beim Einschalten und einem Sperrvermögen von mehr als 1000 V. Die Stromstärke des Elementes liegt bisher über 500 A, es schaltet nach dem Zünden in einigen Mikrosekunden durch, so daß Schaltungen mit höheren Frequenzen möglich sind. Überflinke Sicherungen übernehmen den Kurzschlußschutz, nichtlineare Widerstände den Überspannungsschutz.

Der Thyristor wurde in wenigen Jahren wegen seiner Fähigkeit, große Leistungen kontaktlos in sehr kurzen Zeiten zu schalten, zu einem auf fast allen Gebieten der Elektrotechnik häufig eingesetzten Bauelement. Maßnahmen zum Erhöhen der Sperrspannung und der Durchlaßstromstärke sowie zur Verkürzung der Freiwerdezeit kennzeichnen seine weitere Entwicklung.

Bemessung und Schutz: Der Thyristor ist überlastbar, aber die thermischen Zeitkonstanten sind klein. Antriebe werden aber z. T. mit 200 bis 250% ihrer Nennlast beaufschlagt, ferner muß die Belastung durch den Stoßstrom der ersten Halbwellen berücksichtigt werden, deshalb Bedämpfungsglieder!

Die steuerbare Siliziumzelle gibt die Möglichkeit, den Gleichstrommotor mit Steuerimpulsen zu speisen. Mit einer Anordnung aus steuerbaren Siliziumzellen und einem Kondensatorlöschkreis lassen sich die Impulse periodisch erzeugen. Deshalb ist bei den Antrieben eine lebhafte Entwicklung festzustellen: die Umwertung elektrischer Energie durch elektronische Möglichkeiten. Auch die einanodigen *Stromrichtergefäße* zeigen Fortschritte: Leit-, Sperrvermögen und Spannungsfestigkeit weisen geringere Temperaturabhängigkeit auf, die Gefäße sind nach wenigen s betriebsfähig, haben eine hohe Überlastbarkeit, die bei Kurzschlüssen den 80- bis 90fachen Nennstrom erreicht. Neben die Stromrichtergefäßtechnik treten die steuerbaren Halbleiter, die Thyristoren. Ihre wesentlichen Vorteile sind sofortige Betriebsbereitschaft, kleineres Volumen, Fehlen der Heizung, geringere Brennspannung und besserer Wirkungsgrad bei niedrigen Betriebsspannungen.

Die Schaltungen arbeiten weit schneller als Kontaktanordnungen;

haben lange Lebensdauer, da keine Verschleißteile;
bedingen geringe Verlustleistungen;
haben wegen der Kleinheit der Bauelemente kleine Abmessungen und geringe Gewichte;
können wegen des Fehlens bewegter Teile gegen die Einflüsse der Umgebung geschützt werden;
vertragen erhebliche Beschleunigungen;
werden mit steckbaren Einheiten so ausgeführt, daß sie leicht anpaßbar und austauschbar sind.

Der Thyristor bietet:

Anschnittsteuerung zur Strombegrenzung,
Frequenzanpassung der Um- und Wechselrichter beim Beschleunigen und Regeln an die Motordrehzahl,
Freiheit der Frequenzwahl,
kurze Freiwerdezeit,
teilweise Ablösung der Gleichstromantriebe durch Drehstromantriebe.

Thyristoren steuern durch Anschnitt der speisenden Wechselspannung die Spannung am Verbraucher.

Ihre Vorteile sind:

durch Gegenparallelschaltung eine Energieumkehr zu erreichen und so Motoren in beiden Drehrichtungen zu steuern,
beim Bremsen wird Energie ins Netz gespeist.

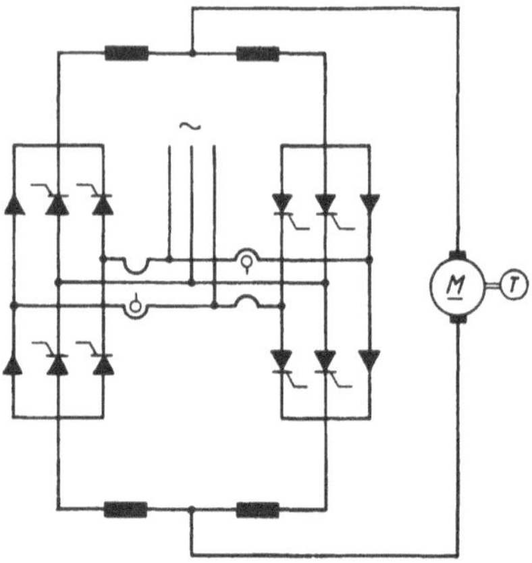

Bild 76

Der Thyristor bietet:

Anschnittsteuerung zur Strombegrenzung,
Frequenzanpassung der Um- und Wechselrichter beim Beschleunigen und Regeln an die Motordrehzahl,
Freiheit der Frequenzwahl,
kurze Freiwerdezeit,
teilweise Ablösung der Gleichstromantriebe durch Drehstromantriebe.

Thyristor-Stromrichter für Industrieanlagen

Thyristor-Stromrichter werden bei Industrieantrieben, die bisher mit Quecksilberdampf-Stromrichtern gespeist wurden, in zunehmendem Maße verwendet.

Nach wie vor überwiegt der *Gleichstromantrieb* mit netzgeführtem Stromrichter in seinen herkömmlichen Schaltungen. Bei den Quecksilberdampf-Stromrichtern stand wegen der hohen ausnutzbaren Sperrspannung die *Mittelpunktschaltung* im Vordergrund; bei den Thyristor-Stromrichtern wird wegen der kleineren im Betrieb zulässigen Sperrspannung die *Brückenschaltung* bei guter Transformator- und Ventilausnutzung bevorzugt. Und beim Thyristor-Stromrichter steht die Eigenschaft als praktisch trägheitsloses Leistungsstellglied im Vordergrund. Neben diesem idealen Führungsverhalten sind

1. die größere Temperaturunabhängigkeit (Kaltstart, geringere Leistungsreduktion bei höheren Kühlmitteltemperaturen);
2. der bessere Wirkungsgrad bei Nenn- und Teillast — insbesondere bei kleineren Gleichspannungen — sowie
3. das kleinere Leistungsvolumen und damit
4. der geringere Platzbedarf zu nennen.

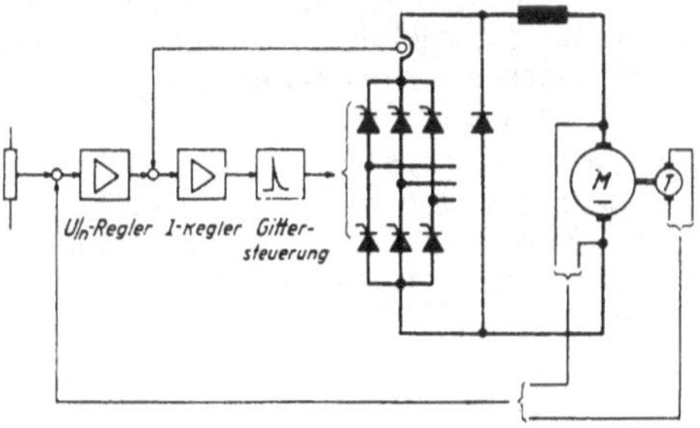

Bild 77. Drehstrom-Brückenschaltung mit Freilaufdiode, die den Laststrom während der Spannungslücken übernimmt und so die Thyristoren entlastet

1. Steuergeräte für Anschnittsteuerung. Wie beim Quecksilberdampfgefäß ist auch beim Thyristor zum Erreichen des leitenden Zustands der Ventilstrecke ein Zündimpuls mit einer einstellbaren Phasenlage zur Spannung der nichtleitenden Ventilstrecke erforderlich. Der *Zündimpuls* ist beim Thyristor ein *Stromimpuls*. Kennzeichnend für den Thyristor-Zündimpuls sind die hohe Stromanstiegsgeschwindigkeit und Impulsspitze, die exponentiell auf etwa die Hälfte abklingt und etwa 1 ms lang als konstanter Zündstrom erhalten bleibt.

2. Gleichstromantriebe. Industrieantriebe mit stetig stellbarer Drehzahl werden vorwiegend als Gleichstromantriebe ausgeführt. Der Einzelantrieb in Blockschaltung steht seit einigen Jahren bei der Technik mit einanodigen Quecksilberdampfgefäßen im Vordergrund. Da der Thyristor ebenso wie das Quecksilberdampfgefäß eine Stromführung nur in einer Richtung zuläßt, wird auch hier die Einstromrichter- und die Zweistromrichterschaltung unterschieden. Diese Schaltungen stellen keine besonderen Forderungen wegen der Freiwerdezeiten der Leistungsthyristoren.

Wie arbeiten Ein- und Zweistromrichterschaltungen?

a) Einzelantriebe mit Gleichstromleistungen bis 250 kW und auch höher — je nach Kurzschlußleistung des Netzes — werden in vollgesteuerter Dreiphasenbrückenschaltung ausgeführt und über Drosseln direkt an ein vorhandenes Niederspannungsnetz — z. B. bis 380 V — angeschlossen.

Bei dieser Spannung beträgt die ideelle Gleichspannung = 513 V. Sie bestimmt je nach Antriebsart die mögliche Motorgleichspannung; z. B. bei Antrieben in der Papier- und Kunststoffindustrie die Ankernennspannung von 440 V.

Bei drehzahlgeregelten Antrieben mit Stoßlastbetrieb, wie sie in Walzwerken gebräuchlich sind, ergibt sich ebenfalls eine Ankernennspannung von 440 V.

Bei Einspeisung aus dem dreiphasigen Hochspannungsnetz – bis etwa 30 kV – über einen Transformator und bei Gleichstromleistungen ab 250 kW wird vorteilhaft die halbgesteuerte Zu- und Gegenschaltung mit Ankernennspannungen bis zu 880 V angewendet. Bevorzugt werden z. B. in Draht- und Feineisenstraßen 800 V als Ankernennspannung. Nur die Hälfte der Halbleiterventile ist steuerbar, der gesamte Stromrichter ist also halbgesteuert.

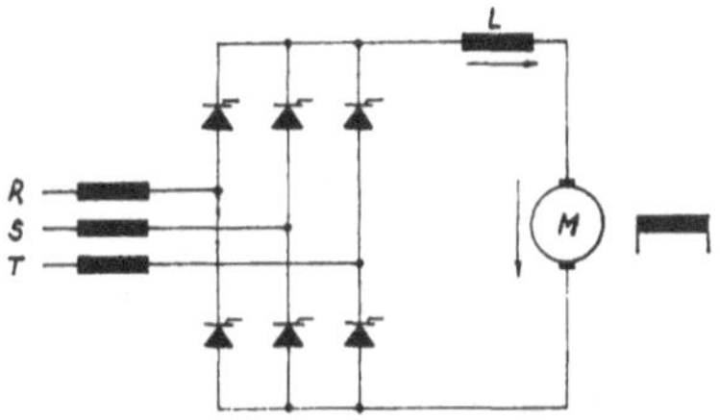

Bild 78. Symmetrisch vollgesteuerte Dreiphasen-Brückenschaltung

b) Für die Anpassung des Thyristor-Stromrichters zwischen Wechsel- und Gleichspannungsseite sind zweckmäßig nur vollgesteuerte Stromrichterschaltungen, die bei Ankerstromumkehr als Zweistromrichterschaltung in Kreuz- oder Gegenparallelschaltung, als Einstromrichterschaltung mit Polwender ausgeführt werden.

Die Beschaffungskosten eines Thyristor-Stromrichters größerer Leistung in Zweistromrichterschaltung mit hohen Überlastungen und Spannungen, die eine Reihenschaltung von Thyristoren erfordern, liegen zur Zeit noch über denen entsprechender Quecksilberdampf-Stromrichteranlagen. Die Vorzüge der Thyristor-Stromrichter rechtfertigen für den Anwender aber auch einen gewissen Mehraufwand.

Erfahrungsgemäß werden die Kosten mit zunehmender Anwendung sinken.

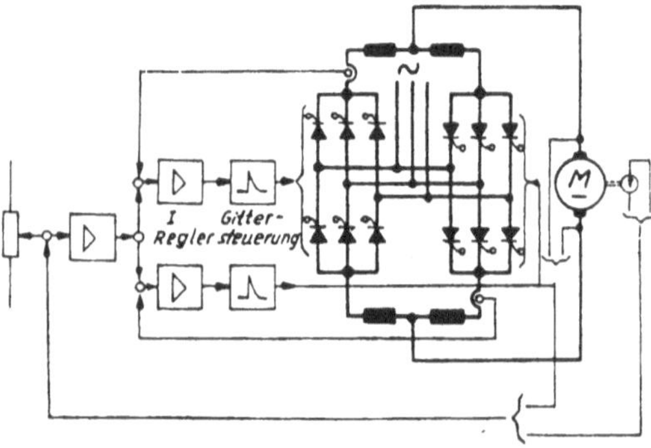

Bild 79. Gegenparallelschaltung für Umkehrbetrieb

c) Die Einstromrichterschaltung mit Ankerumschaltung über Schütze oder Polwender wird dort angewendet, wo bei der Momentumkehr eine führungslose Zeit (Totzeit) von etwa 80 ms und größer nicht stört. Wenn kein Gegenstromrichter erforderlich ist, ergeben sich je nach Art des Verfahrens (gesteuerte oder Ankerselbstumschaltung, Schütze oder Polwender) größere oder kleinere Einsparungen gegenüber einer Zweistromrichterschaltung.

Zur Ankerumschaltung benötigt man Schütze, die den nichtunterdrückbaren Reststrom abschalten können, der durch die Bedämpfungsglieder des Thyristorstromrichters aufrechterhalten werden würde. Dies begrenzt die wirtschaftlich darstellbare Leistung, es sei denn, man arbeitet mit zusätzlichen Einrichtungen im Starkstromkreis. Eine Schaltung gegenparalleler Stromrichter, bei der die Zeiten für einen Drehmomentwechsel etwa zwischen denen der Ankerumschaltung und der Anordnung nach Bild 80 liegen, schaltet die Impulse eines Steuergerätes von dem einen auf den anderen Stromrichterteil. Sie benötigt nur einen Regler und nur ein Steuergerät.

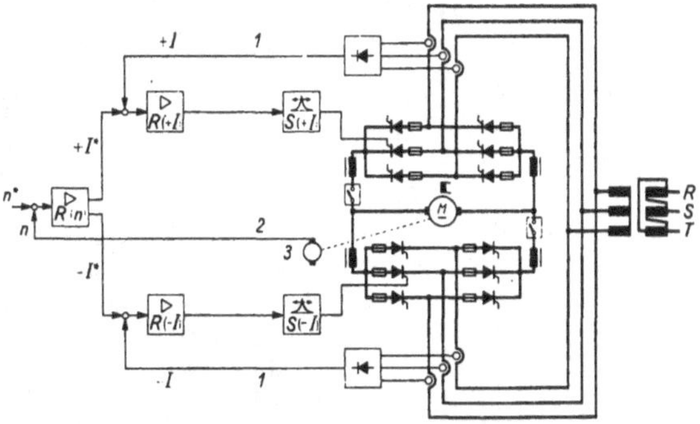

Bild 80

d) Bei Antrieben mit Einstromrichterschaltung und Momentumkehr durch Feldumkehr wird das Drehmoment entweder stetig, aber mit langer Momentumpoldauer (Fördermaschinen mit Zweistromrichterschaltung im Feld) oder mit einer größeren Totzeit und schneller Momentänderung umgekehrt (Zuckerzentrifugenantriebe mit Feldselbstumschaltung über Schütze).

e) Erregerspeisung von Maschinenumformern. Im Bereich kleinerer Leistung ist der Maschinenumformer bei Antrieben mit Momentumkehr durch Ankerstromumkehr wegen geringerer Kosten gebräuchlich. Seine dynamischen Regeleigenschaften können durch Thyristor-Stromrichtererregung wesentlich verbessert werden. Größere Umkehrantriebe werden noch bei sehr ungünstigen Netzverhältnissen (geringe Kurzschlußleistung) mit Maschinenumformern betrieben.

Die moderne Stromrichtertechnik, in ihrem Anwendungsbereich erweitert durch steuerbare und nichtsteuerbare Halbleiterelemente, ist in der Lage, jedes Antriebsproblem mit Gleichstrommaschinen zu lösen.

1. Nichtreversierbare Antriebe. Zum Speisen nichtreversierbarer Antriebe mittlerer bis größerer Leistung

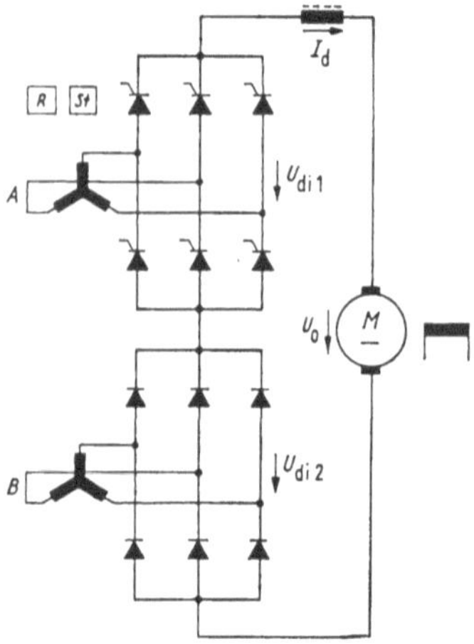

Bild 81

ohne Nutzbremsung empfiehlt sich eine halbgesteuerte Zu- und Gegenschaltung (Reihenschaltung einer gesteuerten und ungesteuerten Brücke).

2. *Umkehrantriebe.* Bei Stromrichterspeisung kann durch Ankerumschaltung, Feldumkehr und Gegenparallelschaltung das Drehmoment umgekehrt werden. Obwohl die Ankerumschaltung wirtschaftlich ist und bei Quecksilberdampf-Stromrichtern häufig angewendet wird, führt die Forderung nach kontaktlosen Ausrüstungen für schnellen Drehmomentwechsel zur Gegenparallelschaltung von Stromrichtern im Ankerkreis. Bild 81 zeigt den Transformator, die Thyristoren und die Drosseln in einer Stromrichterschaltung ohne Unterdrückung des Kreisstromes. Hierbei ist es wirtschaftlich, um den Kreisstrom niedrig zu halten, im Kreisstromkreis Drosseln hohen Induktivitätsverhältnisses zwischen Leerlauf und Vollast zu verwenden.

Es empfiehlt sich, Induktivitäten im Kreisstromkreis vorzusehen: Begrenzung des Stromanstieges im Lastkreis und dadurch einen besseren Aufbau einer Gegen-EMK zwischen der Lichtbogenspannung des Gleichstromschalters und den Thyristoren, dadurch werden Abschaltüberspannungen aufgefangen.

Die meisten Gleichstrommaschinen benötigen eine zusätzliche Glättung des Gleichstromes zur Verbesserung ihres Kommutierungsverhaltens.

3. Einquadrantenbetrieb mit Halbsteuerungen. Das sind Antriebe ohne Drehmomentumkehr: die Hälfte der Ventile mit Thyristoren ist steuerbar, die andere Hälfte verwendet Dioden. Nicht möglich ist Energierücklieferung ins Drehstromnetz durch Aussteuern in den Wechselrichterbetrieb.

Schaltungen sind:

a) die unsymmetrische halbgesteuerte Einphasenbrückenschaltung, bei der die Zahl der steuerbaren Ventile klein ist, Kipp- und Blindleistungsverhalten gut sind;

b) die symmetrische halbgesteuerte Dreiphasenbrücke verlangt beim Aussteuern der Gleichspannung 0 einen zusätzlichen Freilauf und eine größere Welligkeit im Vergleich zur vollgesteuerten Dreiphasenbrückenschaltung.

Halbgesteuerte Zu- und Gegenschaltung zweier Dreiphasenbrücken:

Es handelt sich um die Reihenschaltung einer vollgesteuerten und einer ungesteuerten Dreiphasenbrücke.

Gespeist wird jede der Dreiphasen-Brückenschaltungen aus einer getrennten Transformatorsekundärwicklung.

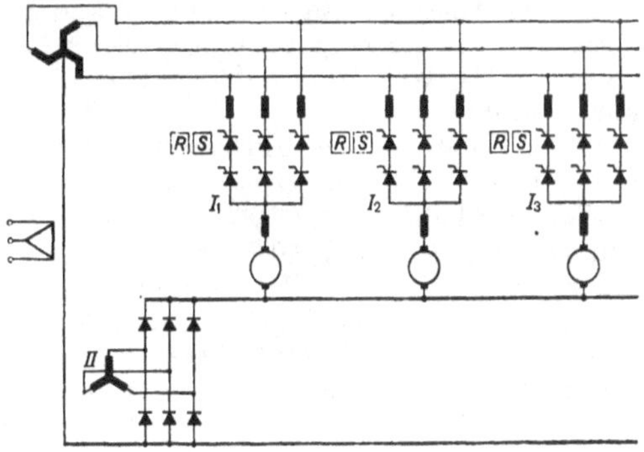

Bild 82

Die untere Brücke ist mit nicht steuerbaren Ventilen z. B. Siliziumdioden bestückt und gibt eine ideelle Gleichspannung ab. Die obere Brücke ist mit steuerbaren Thyristoren bestückt. Die ausnutzbare Ventiltypenleistung ist wesentlich besser als bei der Einphasenbrücke, die Zahl der Ventile größer; Welligkeit und Blindleistungsverhalten sind günstiger als bei vollsteuerbarer Dreiphasenbrücke. Der Anwendungsbereich liegt oberhalb 100 kW und bei Gleichspannungen bis 1000 V.

Zweirichtungsantriebe:

Manche Antriebe müssen mit 2 Energierichtungen arbeiten, z. B. in 4 Betriebsquadranten für Drehzahl und Drehmoment.

a) *Gleichstrommotorspeisung über Semiduktor.* Durch Feldumkehr oder Umschalten der Energierichtung im Ankerkreis über Schütze oder Umschalter kann man Antrieb *a* zum Vierquadrantenbetrieb mit Energierücklieferung beim Bremsen machen. Umschaltung im Feld des Motors oder im Ankerkreis erfolgt automatisch über Erfassung der Regelabweichung. Bei Umkehr der Regelabweichung sperrt eine aus logischen Elementen aufgebaute Schaltung die Gitterimpulse der bisherigen Energierichtung, schaltet dann stromlos Feld oder Anker der Maschine um und gibt die Impulssteuerung für die neue Energierichtung frei. Bei Feldumkehr ist die Pausenzeit größer als bei Ankerumschaltung. Verkleinern läßt sich diese Totzeit zwischen den beiden Energierichtungen durch die Gegenparallelschaltung (Bild 80).

Während bei der Feld- oder Ankerumschaltung mehr Aufwand in der Steuerelektronik ist, erhöht sich bei *Gegenparallelschaltung* der Stromrichteraufwand um 100% gegenüber der Schaltung Bild 80. Die 4 mit K bezeichneten Drosseln (Bild 83) dienen der Begrenzung der Kreisströme zwischen den beiden Stromrichterbrücken und zugleich der Glättung des Motorstromes.

Einsparbar sind die 4 Drosseln, wenn man bei Energierichtungsumkehr jeweils die Steuerimpulse für die nicht beteiligte Stromrichtergruppe sperrt, so daß kein Kreisstrom auftreten kann. Dann ist nur die Glättungsdrossel erforderlich. Diese Schaltungsart erfordert eine längere Totzeit zwischen den beiden Energierichtungen als die in Bild 81 dargestellte kreisstrombehaftete Schaltung.

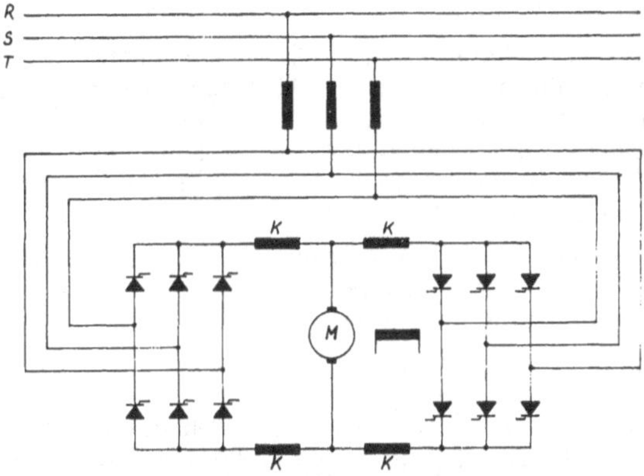

Bild 83

Zum Speisen mehrerer nichtreversierbarer Antriebe ist es wirtschaftlich, eine Gleichspannungs-Sammelschiene mit halber Antriebsnennspannung und für jeden Einzelantrieb einen vollgesteuerten Stromrichter in Mittelpunktschaltung vorzusehen; notwendig sind eine gemeinsame *Ds*-Sammelschiene zur Verbesserung der Kommutierung und zum Begrenzen der Kurzschlußströme Drehstromdrosseln. Denn bei einer gemeinsamen Gleichstrom-Sammelschiene können hohe Kurzschlußströme auftreten.

b) *Umkehrantriebe.* Die Forderung nach kontaktlosen Ausrüstungen für schnellen Drehstromwechsel führte zur Gegenparallelschaltung von Stromrichtern im Ankerkreis. Das Bild zeigt Trafo, Thyristoren und Drosseln, um den Kreisstrom niedrig zu halten. Induktivitäten sind wichtig, um den Stromanstieg im Lastkreis und einen Schutz der Thyristoren gegen Überströme zu erreichen.

Gleichstrommotoren benötigen eine zusätzliche Glättung des Gleichstromes zum Verbessern ihres Kommutierungsverhaltens.

Die steuerbare Siliziumzelle bietet ebenso wie das Quecksilberdampfventil mit Gittersteuerung die Möglichkeit des Gleichrichter- und des Wechselrichterbetriebes. Sie kommt daher bei der Speisung regelbarer Gleichstromantriebe in zunehmendem Maße zur Anwendung.

Wie bei den Quecksilberdampfventilen sind zwei grundsätzliche Schaltungen von Bedeutung, bei beiden sind die Ventile in Brückenschaltung angeordnet.

Bei der *Einwegschaltung* besteht die Möglichkeit, nur eine Brückenhälfte mit steuerbaren Ventilen ausrüsten zu müssen. Die Gleichspannung kann dann von ihrem Nennwert bis auf Null verstellt werden, wobei für die größte Ausgangsspannung die steuerbare Ventilgruppe in die äußerste Gleichrichtersteuerung gebracht wird, während bei der Ausgangsspannung Null diese Gruppe in äußerster Wechselrichteraussteuerung arbeitet, so daß sich die Mittelwerte beider Gruppen aufheben. Strom-

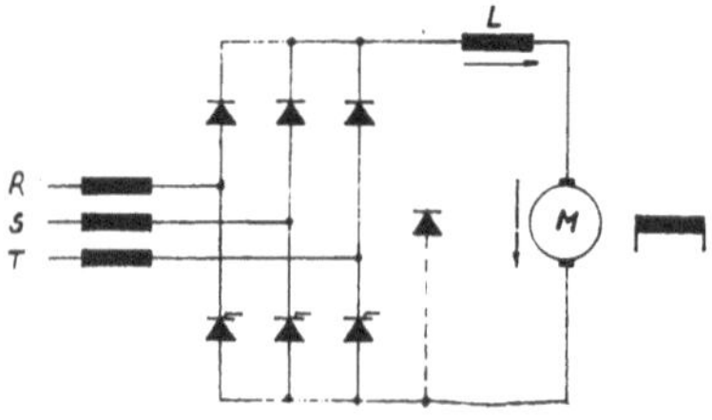

Bild 84. Einwegschaltung

umkehr und Bremsen mit Rückspeisung ins Drehstromnetz sind nicht möglich.

Bei der *Zweirichtungs-* oder (Bild 82) Gegenparallelschaltung ist für jede Stromrichtung eine eigene Stromrichterbrücke mit steuerbaren Siliziumzellen in sämtlichen Zweigen vorzusehen; je nach den Betriebsverhältnissen führt eine der beiden Drehstrombrücken den Laststrom. Mit dieser Schaltung ist motorischer und generatorischer Betrieb in beiden Drehrichtungen möglich. Beim Bremsen kann daher ins Drehstromnetz zurückgespeist werden.

Wie bei den Quecksilberdampfventilen können auch Einstromrichterschaltungen mit Ankerumschaltung oder mit Feldumkehr angewendet werden.

Minisemi-Gleichstromantrieb

Eine halbgesteuerte einphasige Brückenschaltung mit zwei Thyristoren für die Ankerspeisung eines 3-kW-Motors wird über ein Transistor-Impulssteuergerät ausgesteuert. Das Regelgerät arbeitet nach dem Stromleitverfahren, und der Drehzahlregelung ist eine ständige Stromregelung unterlagert, die neben guter Dynamik den Motor auch gegen Überlastungen schützt. Drehzahlen sind beliebig einstellbar und dem Ausgleich des ohmschen Spannungsabfalles im Anker dient eine *JR*-Kompensation. Durch Ankerspannungsregelung wird konstantes Drehmoment über den gesamten Drehzahlstellbereich von 1 : 10 bis 1 : 20 bewirkt.

II. Drehzahlsteuerung mit Drehstrom-Asynchronmotoren

Für das Drehzahlverhalten gilt die Beziehung

$$n = \frac{60 \cdot f}{p}(1 - s) \text{ in U/min}$$

es werden also Frequenz f, Polpaarzahl p oder Schlupf s geändert.

1. Frequenzänderung: Die Drehzahl verhält sich proportional der Frequenz; für die Änderung werden Frequenzwandler in verschiedenen Ausführungen, wie asynchrone oder Einanker-Frequenzumformer, auch Synchrongeneratoren eingesetzt, um mit bestimmten Drehzahlstufen zu arbeiten. Bei Textil- und Holzbearbeitungsmaschinen liegen die Drehzahlen z. T. weit über 3000 U/min, bei Zentrifugen und anderen Antrieben stufenweise tiefer bis zu sehr niedrigen Werten. Mit Kaskaden von Frequenzwandlern werden bei kleinen Motoren Drehzahlen bis 100 000 U/min und mehr erreicht.

Die Frequenz im Läufer einer Asynchronmaschine ändert sich proportional dem Schlupf; im Stillstand hat der Läufer Netzfrequenz, beim Antrieb im Sinne des Ständerdrehfeldes sinkt die Frequenz auf Null bei synchroner Drehzahl und beim Antrieb entgegen dem Ständerdrehfeld steigt sie auf 100 Hz und weiter. Als Antriebsmotoren können neben Motoren mit einer Drehzahl auch mehrfach-polumschaltbare Motoren verwendet werden, so daß bis zu vier Frequenzstufen möglich sind. Dazu kommt noch die Polumschaltung des zu steuernden Drehstrommotors am Antrieb.

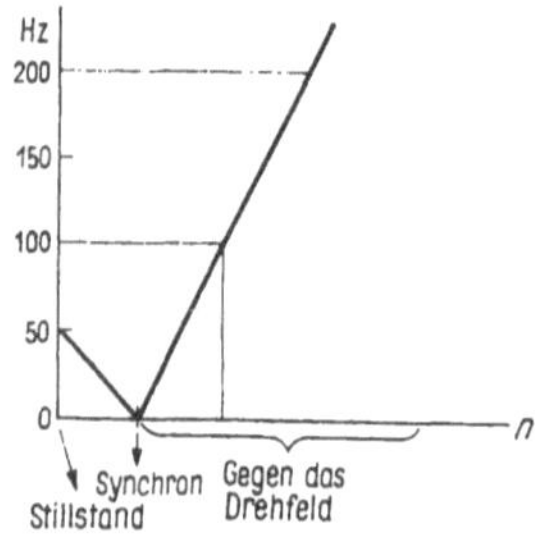

Bild 85. Frequenzwandlung

Durch die Thyristortechnik ergeben sich für die Drehzahlsteuerung neue Lösungen: Freie Wahl des Drehzahlbereiches ermöglichen zwangskommutierte Wechselrichter durch einen weiten Frequenzbereich. Die Motorspannung muß proportional der Frequenz geändert werden. Mit Pulstechnik lassen sich Frequenz- und Spannungssteuerung im Wechselrichter unmittelbar durchführen. Dieser Betrieb mit veränderlicher Frequenz ergibt Regeleigenschaften wie bei Gleichstrommaschinen.

2. *Polpaaränderung* ergibt Drehzahlstufen, meist zwei oder vier Stufen bei polumschaltbaren Motoren in Dahlanderschaltung mit Käfigläufer. Bei größeren Zentrifugen werden mehrfach polumschaltbare Motoren für weiten Drehzahlbereich, z. B. mit 4-, 8-, 28-, 56poliger Wicklung verwendet. Vorteile sind fast verlustlose Drehzahlsteuerung und elektrische Verzögerung.

Hierher gehören auch die polumschaltbaren Käfigläufermotoren, die bis zu großen Leistungen und für mehrere Polpaarzahlen gebaut werden, so daß die Drehzahl in zwei, drei und vier Stufen gesteuert werden kann. Der polumschaltbare Motor hat den Vorteil der fast verlustlosen Drehzahlsteuerung und der elektrischen Bremsung; er hat neben der geringeren Anzahl von Drehzahlstufen den Nachteil des harten Anfahrens bei wechselnden Gegenmomenten. Daher werden in manchen Fällen Widerstände (Kusa), zusätzliche Schwungmomente, Magnetpulverkupplung und andere Mittel vorgesehen.

Die Möglichkeit, die Polpaarzahl zu ändern, bringen zwei miteinander gekuppelte Motoren verschiedener Polzahl, die auch über ein Getriebe miteinander verbunden sein können. Man findet sie bei Antrieben mit niedrigen Einstellgeschwindigkeiten, z. B. Aufzüge mit Feineinstellung. Die Schaltung erlaubt meist nur eine Drehzahlstufe, ist aber zum elektrischen Bremsen mit Rücklieferung ins Netz geeignet und im Aufbau einfach.

3. *Schlupfänderung:* Widerstände im Läuferkreis vergrößern den Schlupf, und diese Schlupfenergie wird im allgemeinen im Läuferkreis in Wärme umgesetzt. Bei konstantem Lastmoment ist die vom Motor abgegebene Leistung der Drehzahl proportional, aber die dem Netz entnommene Leistung bei allen Drehzahlen praktisch konstant, die Differenz ist Verlustleistung; dieses Ver-

fahren ist bei größerem Drehzahlbereich sehr unwirtschaftlich, das gilt nicht bei kurzzeitiger Drehzahländerung im Aussetzbetrieb.

Schließlich bleibt noch das Beeinflussen des Schlupfes: im Ständer durch Änderung der Klemmenspannung über einen Stufentransformator oder einen stellbaren Ständervorschaltwiderstand. Die Drehzahl-Drehmoment-Kurven zeigen eine starke Lastabhängigkeit. Im Schleifringläufer durch stellbare Widerstände. Die Drehzahl wird lastabhängig. Je kleiner die Läuferwiderstände sind, desto schneller läuft der Motor. Bei negativen Drehmomenten arbeitet er als Generator und läuft um so schneller, je größer sein Läuferwiderstand ist. Auch die Wirbelstrombremse und die ELDRO-Regelbremse arbeiten mit Änderung des Schlupfes zum Stellen der Drehzahl.

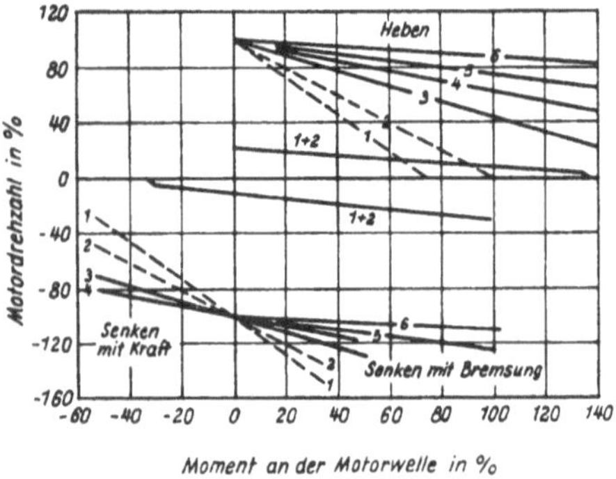

Bild 86

Eine bemerkenswerte Schaltung bringt der Doppelsternmotor: ein Käfigläufermotor mit zwei Sternwicklungen bei einer Polzahl. Wird nur eine Wicklung eingeschaltet, so ergibt sich Kurve *a*, bei Parallelschaltung beider Wicklungen Kurve *b*. Die starke Einsattelung von *a*, die bis unter die Nullinie reicht, erlaubt, den

Motor mit einer Schleichdrehzahl von etwa 20 % zu betreiben. Diese Einsattelung wird durch die bei unsymmetrischer Feldverteilung entstehenden parasitären Nebenfelder erreicht (s. Bild 40).

Drehstrom-Asynchronmotoren werden in der Drehrichtung durch Vertauschen zweier Ständeranschlüsse umgekehrt. Beim schnellen Umschalten, z. B. beim Gegenstrombremsen, besteht die Gefahr, daß an dem einen Schütz der Abschaltlichtbogen noch nicht erloschen ist, während das Gegenschütz schon schaltet. Ein Phasenkurzschluß wäre die Folge, wenn nicht die „Lichtbogensperrung" verwendet wird. Hierbei wird durch Anschluß der Schützspulen an geeignete Ständerklemmen erreicht, daß das Gegenschütz erst nach dem Erlöschen des Lichtbogens am anderen Schütz anspringen kann.

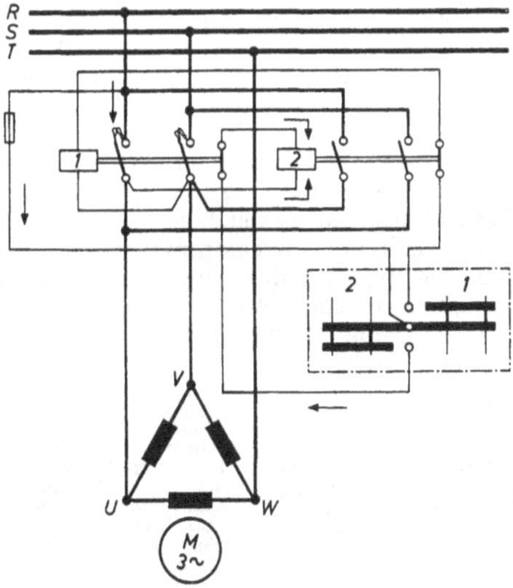

Bild 87. Lichtbogensperrung

Drehstrom-Asynchronmotoren mit Käfigläufer beschleunigen bei direktem Einschalten bis zur vollen Drehzahl mit dem der Auslegung entsprechenden Hochlaufmoment und -strom. Kann mit kleinerem Anlaufmoment gearbeitet werden, so ist ein Hochlauf in Sternschaltung mit etwa einem Drittel des Momentes möglich; der Motor wird erst am Ende der Beschleunigung auf Dreieck umgeschaltet, damit das Nennmoment erreicht wird. Ist dieses Beschleunigungsmoment zu gering, so wird bei kleineren Leistungen an Stelle der Stern-Dreieck-Schaltung die Sanftanlaufschaltung mit einphasigem Ständervorschaltwiderstand verwendet und dieser Widerstand bei Erreichen der vollen Drehzahl kurzgeschlossen.

Für schwierige Antriebsverhältnisse ist die Magnetpulverkupplung geeignet, die ein direktes Einschalten von Käfigläufermotoren ermöglicht.

Bei Motoren mit Schleifringläufern läßt sich das Hochlaufverhalten durch entsprechendes Auslegen der Läuferwiderstände und Schalten über Anlasser, Steuerwalzen oder Schütze weitgehend anpassen.

Kaskadenschaltungen sind Kombinationen mehrerer Maschinen, um die bei Verminderung der Drehzahl im Läufer des Drehstrommotors als Verlust anfallende Schlupfenergie nutzbar zu machen.

Bei der einfachen Drehstromkaskade speist die Schlupfenergie den Ständer eines zweiten Asynchronmotors, wird in mechanische Leistung umgeformt und an die gemeinsame Welle abgegeben. Drehzahlstellbereich ist etwa 20 %.

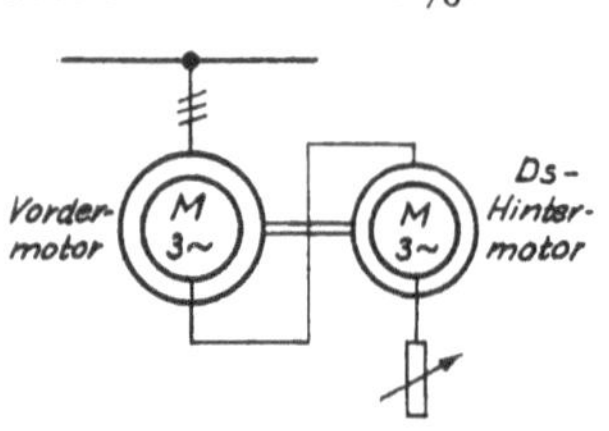

Bild 88. Bei der Kaskadenschaltung erfolgt die Drehzahländerung durch die mechanische Kupplung zweier Drehstrommotoren; der erste liegt am Netz und speist mit einem Teil seiner Läuferenergie den 2. Motor

Die Krämerschaltung besteht aus einem Asynchronmotor als Hauptmotor, einem Einankerumformer, der Drehstrom vom Läufer des Hauptmotors erhält und ihn in Gleichstrom umformt und einem Gleichstrommotor zuführt, um den Hauptmotor durch seine mechanische Leistung zu unterstützen.

Krämerkaskaden bestehen entweder aus der Verbindung des Asynchronmotors mit einem Gleichstrom-Regelsatz oder mit einem Drehstrom-Kommutatormotor. Die Gleichstromschaltung enthält einen Gleichstrommotor als Hintermaschine und einen Einankerformer, der Drehstrom vom Läufer des Hauptmotors

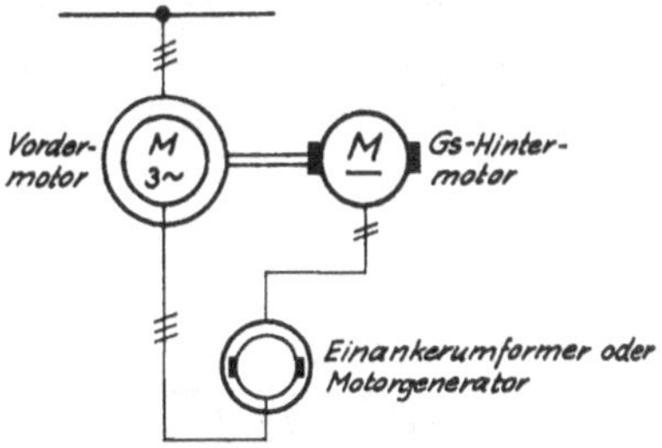

Bild 99. Krämerkaskade

erhält, ihn in Gleichstrom umformt und damit den Hintermotor speist. Die Drehzahländerung erfolgt durch Ändern der Erregung des Gleichstrommotors. Die Kaskade verhält sich wie ein Nebenschlußmotor, Drehzahlstellbereich ist etwa 50 %. Bei der Schaltung mit Drehstrom-Kommutatormotor wird dieser vom Läufer gespeist und gibt die Energie als mechanische Arbeit ab, dabei geschieht die Steuerung der Drehzahl am Kommutatormotor, der in seiner Leistung nur nach der Drehzahländerung zu bemessen ist. Bei der Scherbiuskaskade wird elektrische Leistung ins Netz geliefert. Die von der Schlupfleistung gespeiste Drehstrom-Kommutatormaschine speist einen Drehstromgenerator, der

Leistung ans Netz gibt. Die Steuerung der Drehzahl erfolgt vielstufig durch einen Stelltransformator. Mit dieser Kaskade kann die Drehzahl über- und untersynchron gesteuert werden. Sie gestattet Stromrückgewinnung, Einstellung auf $\cos \varphi = 1$ oder voreilenden Strom, Drehzahlbereich etwa $\pm 20\%$.

Kaskaden werden im allgemeinen bei größeren Leistungen und Dauerbetrieb für Steuerung der Drehzahl bis etwa 40 % eingesetzt. Unter diesen Bedingungen lohnt sich der Aufwand für eine praktisch verlustlose, mit gutem Wirkungsgrad und Leistungsfaktor arbeitende Ausrüstung.

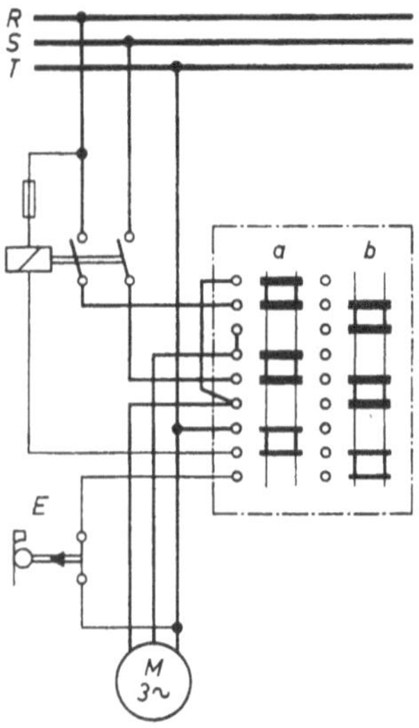

Bild 90

Drehstrom-Asynchronmotoren kleiner Leistung erhalten meist Käfigläufer, wenn nicht Steuerung der Drehzahl gefordert wird. Das Einschalten erfolgt bei seltener Betätigung unmittelbar durch den Schutzschalter, sonst durch zusätzliche Walzen- oder Nockenschalter. Zum Herabsetzen des Einschaltstromes werden bei größeren Leistungen Stern-Dreieck-Schalter verwendet, wenn ein geringes Anlaufmoment zugelassen werden kann. Für die Steuerung der Drehzahl sind Polumschaltung und Dahlander-Schaltung mit Kombinationen bekannt (s. Bild 12).

Bei wegbegrenzten Antrieben erfolgt das Ausschalten durch Endschalter; bei kleineren Leistungen durch

Hauptstrom-, bei größeren durch Hilfsstromendschaltung über Schütz.

Bei Endschaltung in beiden Richtungen wird die Schaltung so ausgebildet, daß beim Ansprechen in einer Richtung das Einschalten in der Gegenrichtung möglich ist. Hingewiesen sei auf Verriegelungsschaltungen, wie den Nullschaltungszwang, der z. B. bei Steuerwalzen ein erneutes Einschalten des Antriebes nach Auslösen des Schutzschalters oder anderer Sicherheitsgeräte nur aus der Nullstellung der Walze heraus gestattet. Auch Fliehkraftschalter, Schwimmer mit Kontakten, Druckschalter, Türkontakte und andere Verriegelungsschalter werden in Starkstrom- oder Hilfsstromkreis für Abhängigkeits- und Sicherheitsschaltungen verwendet.

III. Drehzahlsteuerung mit Drehstrom-Nebenschlußkommutatormotoren

Diese Motoren gestatten Drehzahländerungen in fast verlustloser Art für mittlere und kleinere Leistungen.

Läufergespeiste Drehstrom-Nebenschlußkommutatormotoren sind für Leistungen von einigen kW bis rd. 200 kW, ständergespeiste Drehstrom-Nebenschlußkommutatormotoren bis 1000 und mehr kW in Anwendung und können auch für Hochspannung gefertigt werden. Beide Motorarten sind im Grunde die Vereinigung von Asynchronmotor und Frequenzwandler in einer Maschine. Der Kommutator hat bei beiden Arten die Aufgabe, den sekundären Kreis des Motors mit dem Netz transformatorisch zu verbinden und diesem Kreis eine nach Größe und Phase einstellbare Spannung zu induzieren. Das Einstellen der Phase der Spannung erfolgt durch Verschieben der Bürsten. Für die Fernsteuerung können die Bürstensätze auch durch kleine Hilfsantriebe eingestellt werden. Der Drehzahlabfall zwischen Leerlauf und Vollast entspricht bei synchroner Drehzahl etwa dem eines Asynchronmotors.

Bei Ständerspeisung ist der Drehzahlabfall abhängig vom Wirkstrom und dem Wirk- und Blindwiderstand des Motors, im übersynchronen Bereich geringer, untersynchron stärker je größer der Drehzahlbereich ist. Bei Läuferspeisung ist der Drehzahlabfall infolge Fortfalls des Zwischentransformators geringer, in der Nähe des Synchronismus am kleinsten, nimmt mit dem Schlupf im über- und untersynchronen Bereich gleichmäßig zu. Der Drehzahlstellbereich ist normal etwa 1 : 3, aber auch größer; der Wirkungsgrad ist über den größten Teil des Drehzahlbereiches gleichmäßig gut, Leistungsfaktor ist im Übersynchronismus gut und nimmt bei tieferen Drehzahlen ab (s, Bild 16).

IV. Drehzahlsteuerung mit Kleinmotoren

Repulsionsmotoren als Einphasenwechselstrom-Motoren mit gewickeltem Läufer und Kommutator, hohem Anzugsmoment bei niedrigem Anzugsstrom erhalten meist Reihenschluß-Charakteristik mit von der Belastung stark abhängiger Drehzahl, die durch Verschieben des Bürstensatzes bis etwa 35 % nach unten veränderbar ist.

Für das Einhalten einer gleichmäßigen von wechselnden Lastdrehmomenten unabhängigen Schlupfdrehzahl werden im Bereich geringer Drehzahl die Wirbelstrombremse und die Eldroregelbremse verwendet, die durch Hinzufügen eines veränderbaren elektrischen oder mechanischen Momentes eine praktisch gleichmäßige Belastung erreichen.

Bei der Transduktorsteuerung werden auf der Läuferseite Drosseln mit Parallel- und Reihenwiderständen eingesetzt. Die Reaktanz der Drosseln läßt sich durch Vormagnetisieren im weiten Bereich ändern, so daß sich ein großer Drehzahlbereich einstellen läßt. Um den Betrieb mit kleiner Drehzahl und kleinem Moment durchzuführen, wird nur für diese Bedingung eine geregelte Wirbelstrombremse eingesetzt.

Beim Steuern wirken sich Störgrößen, die an einzelnen „Ketten"gliedern auftreten können, über die gesamte Kette bis zum Ausgang aus, ohne daß Mittel vorhanden sind, die den Änderungen der Ausgangsgröße selbständig entgegenwirken.

Wo bestimmte Ausgangswerte, z.B. der Drehzahl, verlangt und bekannte Störeinflüsse auftreten werden, wird meist der gesteuerte Antrieb ausreichen. Voraussetzung ist, daß z. B. der Elektromotor sorgfältig auf die Bedingungen des Antriebes abgestimmt wird: Synchron-, Asynchron- und Gleichstrom-Nebenschlußmotor arbeiten mit fast konstanter Drehzahl bis zum Nennmoment. Der Reihenschlußmotor liefert z. B. für Wickelantriebe und Fahrzeuge die erforderliche Leistungshyperbel. Bei diesen und ähnlichen Aufgaben mit nicht zu engen Toleranzen sind regelnde Eingriffe nicht erforderlich. Im anderen Fall wird je nach verlangter Güte der Regelkreis einzusetzen sein.

Aber es sollte stets geprüft werden, das in der Praxis wirklich erforderliche Maß an Genauigkeit und Güte zu untersuchen, denn die Regelung verursacht einen höheren technischen Aufwand mit steigenden Kosten.

Als Ablaufsteuerung mit elektronischem Bausteinsystem eignet sich die kontaktlose Technik, die mit kombinierbaren Bausteinen arbeitet. Dieses elektronische System besteht aus mehreren Reihen binärdigitaler Bausteine und die in drei Gruppen zusammengefaßten Bausteine arbeiten mit Einheitssignalen für die verschiedenen Aufgaben (s. Bild 64):

Eingangselemente formen die Eingangsgrößen der Steuerung in Einheitssignale um, damit diese Größen den Verknüpfungselementen angepaßt werden. Im Eingang der logischen Steuerung können auch Fühler, Befehlsgeber und andere Schalter eingesetzt werden, dabei wird ihr Ausgangssignal dem Einheitssignal angepaßt.

Steuerungen mit Drehstrommotoren

Steuerung	Leistungsbereich	Drehzahlbereich	Beschleunigung
Asynchronmotor mit Schleifringläufer, schlupfabhängig	unbegrenzt	vielstufig bis 1 : 4 und mehr	vielstufig, stufenlos
Asynchronmotor, frequenzabhängig (Synchron- und Asynchrongenerator)	beliebig, meist unter 50 kW	2- bis 3stufig bis 1 : 10 und mehr	stufenweise
2 gekuppelte Motoren abhängig von Polpaarzahl (Zweifach- und Doppelmotor)	beliebig	2stufig 1 : 2 bis 1 : 8 und mehr	stufenweise
Einfacher und polumschaltbarer Käfigläufermotor (1 und 2 Wicklungen, Dahlanderschaltung)	beliebig	bis 4stufig 1 : 2 bis 1 : 8 und mehr	stufenweise, stufenlos (Magnetpulverkupplung)
Asynchronmotor mit Schleifringläufer und ELDRO-Bremsregelung (Frequenzgeber) oder Wirbelstrombremse	bis etwa 100 kW und mehr	2stufig, kurzzeitig 1 : 5 bis 1 : 10	vielstufig
Asynchronmotor mit Schleifringläufer und geregelter Gleichstrombremsung	unbegrenzt	1 : 30 und mehr	stufenlos
Asynchronmotor mit Transduktorregelung	200 kW und mehr	1 : 10 und mehr	stufenlos
Drehstrom-Nebenschluß-Kommutatormotor	mehrere 100 kW	1 : 3, kurzzeitig 1 : 50 und mehr	stufenlos

Bremsung	Drehzahlverhalten	Belastbarkeit
elektrisch mit Gegenstrom, Gleichstrom, Wirbelbremse	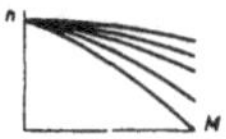	
elektrisch, zum Teil mit Rückgewinnung		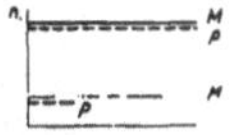
elektrisch, zum Teil mit Rückgewinnung	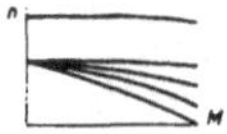	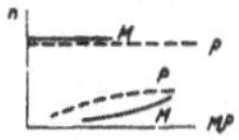
elektrisch, zum großen Teil mit Rückgewinnung	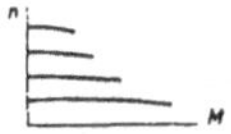	
elektrisch und mechanisch, Wirbelstrombremse	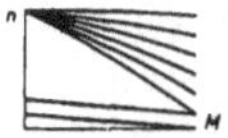	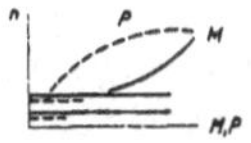
elektrisch, mit Gleichstrom		
elektrisch		
elektrisch mit Rückgewinnung		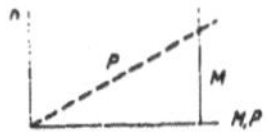

Verknüpfungselemente verwirklichen die Aufgabe der Steuerung, indem sie aus den zugeführten Signalen Stellbefehle in Form von Einheitssignalen ableiten, die aktive oder passive Funktionsglieder sind.

Ausgangselemente ermöglichen durch Verstärken der von den Verknüpfungselementen abgeleiteten Einheitssignale den Eingriff in die Steuerstrecke, meist über Schaltverstärker verschiedener Leistung.

Vorteile dieser Steuerungsart sind:

Kontakt- und Verschleißfreiheit,
keine Wartung,
große Schaltgeschwindigkeit.

Als Anwendung mag die Schiebetakttechnik einer Maschinenablaufsteuerung gelten. Diese steuert in automatischen Fertigungsstraßen die Stellglieder mit Folgeablauf. Die Steuerungen sind programmierbar, so daß bei Änderungen leicht umgestellt werden kann. Die Takteinheiten einer Kette bilden ein Abbild zum mechanischen Ablauf der Anlage. Durch den Schiebetakt kann der Materialeinfluß beschleunigt werden. Ist z. B. ein Gehäuse geschweißt, so wird automatisch eine Transporteinrichtung eingeschaltet und bei der nächsten Bearbeitungsstation stillgesetzt usf., das Werkstück wird im richtigen Takt weitergeschoben.

Geschwindigkeiten

Die Anforderungen sind weitgespannt:

a) Drehzahlbereich:

Neben Stellbereichen von wenigen Prozent (Pumpen) bis 1 : 3 (Druckereimaschinen) verlangen viele Verfahren eine oder mehrere Feingeschwindigkeiten:

Krane: Absetzen, Montage 1 : 5 bis 1 : 10, Aufzüge Feineinstellung 0,1 m/s.

Papiermaschinen: Einziehen 1 : 20 bis 1 : 50.

Walzwerkshilfsantriebe: Anstellen 1 : 100 bis 1 : 1000.

Hobelmaschinen: in Schnittrichtung normale Tischgeschwindigkeit, beim Rücklauf wesentlich erhöhte Geschwindigkeit, es handelt sich um ausgeprägte Stufen, Zwischenwerte sind meist nicht erforderlich.

Bei anderen Antrieben muß eine feinstufige bis stufenlose Einstellung möglich sein. Das gilt für

das Walzen mit weitem Bereich,

das Baggern je nach Fördergut,

die Papierfertigung je nach Qualität,

die Chemische Industrie je nach Verfahren, Herstellen von Mischungen u. a.

b) Drehzahlverhalten:

Die Güte mancher Erzeugnisse hängt von der Gleichmäßigkeit bestimmter Abläufe ab. Das führt zu weiteren Forderungen:

1. Konstanz der Drehzahl, z. B. bei Prüfantrieben (Zerreißproben) und in der chemischen Industrie (Faserproduktion),
2. Konstanz der Geschwindigkeit, z. B. konstante Schnittgeschwindigkeit bei Werkzeugmaschinen, Stauchzeit des Hartmetallstahles,
3. Gleichlauf, absolut und relativ.

Drehzahl und Widerstands- oder Gegenmoment stehen in enger Beziehung zueinander. Wie die charakteristischen Kurven zeigen, bestimmt das Drehzahlverhalten das Verfahren und in Wechselwirkung auch die Motorbelastung.

Einteilung der Steuerungen nach Bedienung und Arbeitsweise

1. *von Hand*, z. B. mit Steuerwalzen,

2. *mit halbselbsttätigem Ablauf*, z. B. Meisterschalter mit Schützensteuerung, oder abhängig von physikalischen Größen, z. B. Druck, Zeit, Weg u. a.

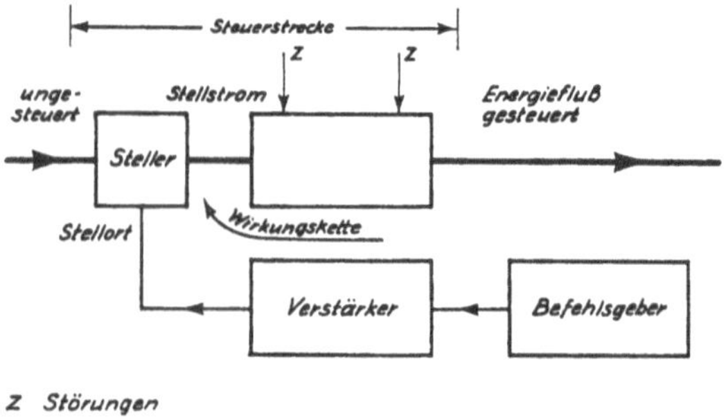

Bild 91

3. *automatisch* starr mit unverändertem Ablauf der Bewegung (Programm),

elastisch mit Anpassung an wechselbare Arbeitsbedingungen, z. B. abhängig von Meßverfahren,

wählend für einstellbare Kontaktsysteme zum schnellen Anpassen,

vorwählend, z. B. für Einstellungen auf Drehzahlen, Wege, Zeiten, Werkzeuge u. a.,

folgend, um Antriebe in bestimmter Reihenfolge zu kombinieren und abhängig von Verriegelungen zu sichern,

nachfolgend schwierige Formen (Kopiersteuerungen).

Steuern der Drehmomente

wie Anpassen und Überwachen ist für Antriebe wegen der technologischen Eigenschaften des zu bearbeitenden Werkstoffes oder aus Gründen der Sicherheit wichtig:

Begrenzen des Drehmoments mittels Stromgrenze, Kupplung,

Konstanthalten des Drehmoments,

Anpassen des Drehmoments, z. B. Haspelzug.

Die Steuerung als Kette, z. B. beim Aufzug:

Führungsgröße ist eine von der Steuerung nicht beeinflußbare Größe, z. B. der Druckknopfbefehl, dem die Ausgangsgröße der Steuerung in bestimmter Abhängigkeit folgt, soweit Störgrößen nicht Abweichungen bringen.

Steller liegt im Energiefluß, z. B. als Motorschütz.

Steuerstrecke ist die Anlage mit Motor, Getriebe, Kabine u. a.

Störgrößen sind äußere Einflüsse, wie Lastunterschiede, die das genaue Stillsetzen der Kabine beeinträchtigen. Arten der Steuerungen:

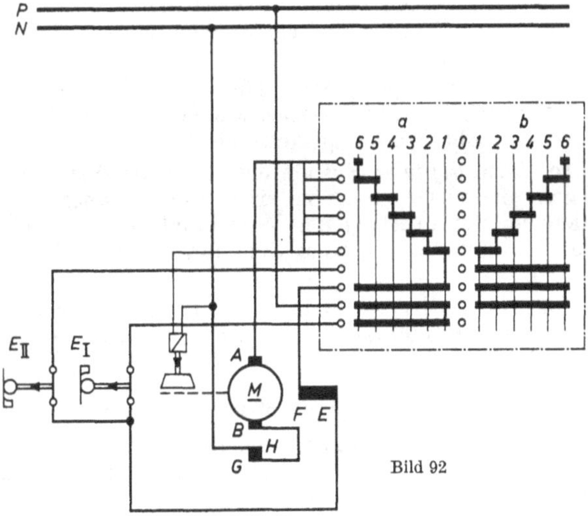

Bild 92

1. *Führungssteuerung:* der *Führungsgröße* hat die Ausgangsgröße zu folgen, soweit Störgrößen nicht Abweichungen bringen. Verschwindet die Führungsgröße, geht auch die gesteuerte Größe auf Null zurück, z. B. Drehzahlsteuerung eines Gs-Motors (Bild 92).

2. *Programmsteuerung*

a) nach Zeitplan, indem die Führungsgrößen von einem zeitabhängigen Programmplan, -geber oder -speicher geliefert werden;

b) nach Wegplan: die Führungsgrößen werden ebenfalls von einem Programmgeber geliefert, dessen Ausgangsgröße vom Weg oder der Stellung der gesteuerten Anordnung abhängt, z. B. Kopiersteuerung einer Drehmaschine.

3. *Folgesteuerung:* die Bewegungen werden durch Schaltsysteme, durch Programme in Abhängigkeit von den Zuständen der gesteuerten Anordnung, z. B. über Lochkarten, Lochstreifen, Magnetband u. a. Signale gesteuert, z. B. Hochofenschrägaufzug-Oberglocke-Unterglocke usw.

In einem *analogen* System können die Signale jeden Wert innerhalb eines Bereiches annehmen, z. B. Tachomaschine gibt Spannungskurve als Maß der Drehzahl.

In einem *digitalen* System enthalten die Werte Aussagen, die ausgehend von einer Einheit über deren Vielfache den übertragenen Wert abbilden, z. B. dekadische Ziffernanzeige einer Spannung ist ein digitales Signal.

Natürlich gibt es beim Verarbeiten der Signale *Umsetzer*, wie Analog-Digital-Umsetzer und umgekehrt, Code-Umsetzer u. a.

18. Anwendungen der Stromrichtertechnik

Bei den Antrieben ist eine lebhafte Entwicklung festzustellen: die Anwendung elektrischer Energie durch elektronische Möglichkeiten.

Gute Wirkungsgrade und Steuergeschwindigkeiten sowie andere Vorteile haben in steigendem Maße zur Verwendung des Stromrichters geführt.

Der Anker des Gleichstrommotors erhält vom Stromrichter eine durch Gittersteuerung veränderliche Spannung zugeführt. Das Motorfeld wird meist durch einen ungesteuerten Gleichrichter erregt.

Fordern die Antriebe Umkehr der Drehrichtung und elektrisches Verzögern der bewegten Massen, so muß die Stromrichteranlage als Wechselrichter arbeiten können: Gleich- und Wechselrichter in Kreuzschaltung. Von den beiden Gefäßgruppen arbeitet stets nur eine.

Man kann mit nur einem Gefäß auskommen, wenn die Umkehrung durch Polumschaltung im Ankerkreis erfolgt. Diese Umschaltung erfolgt bei Anlagen hoher Arbeitsgeschwindigkeit selbsttätig und fast stromlos in einer Regelschaltung; der Umschalter wird zum Trennumschalter ohne wesentliche Schaltbeanspruchung.

Auch die einanodigen Stromrichtergefäße zeigen Fortschritte: Leit-, Sperrvermögen und Spannungsfestigkeit weisen geringere Temperaturabhängigkeit auf, die Gefäße sind nach wenigen Sekunden betriebsfähig und haben eine hohe Überlastbarkeit, die bei Kurzschlüssen den 80- bis 90fachen Nennstrom erreicht.

Neben die Stromrichtergefäßtechnik treten die steuerbaren Halbleiter, die Thyristoren. Ihre wesentlichen Vorteile sind schnelle Betriebsbereitschaft, kleineres Volumen, Fehlen der Heizung, geringere Brennspannung und besserer Wirkungsgrad bei niedrigen Betriebsspannungen.

Thyristoren haben die Eigenschaft, nach einer Zündung den Strom in Durchlaßrichtung fließen zu lassen, bis er von selbst erlischt. Schaltet man Thyristoren antiparallel vor einen Wechselstrom-Verbraucher, so fließt dieser Strom nur, wenn die Zellen in jeder Halbschwingung neu gezündet werden.

Beim Unterbrechen des Zündstromes halten die Thyristoren den Strom bis zum natürlichen Null-Durchgang aufrecht. Nach dem Unterbrechen des Stromes liegt die treibende Wechselspannung als Sperrspannung wechselnder Polarität an den Ventilen. Die Steuerelektrode dient zum Einschalten.

Die Brennspannung bei Thyristoren ist nur 1 bis 2 Volt; sie können bereits durch Gitterimpulse von 100 mA gezündet werden. Sehr hohe Schalthäufigkeit ist möglich. Weitere Vorteile sind:

geringer Platzbedarf;
kleine Freiwerdezeit, so daß höhere Frequenzen als 50 Hz möglich sind;
stete Betriebsbereitschaft;
Unempfindlichkeit gegen Erschütterungen.

Deshalb ist vorauszusehen, daß die Thyristortechnik in den nächsten Jahren die Gefäßtechnik ablösen wird: durch ihre kürzere Freiwerdezeit lassen sich Schaltungen ausführen, die bisher unwirtschaftlich waren. Der Thyristor hat die Eigenschaften eines Schalters mit sehr geringem Spannungsabfall von 1 bis 2 V beim Einschalten und einem Sperrvermögen von mehr als 1000 V. Die Stromstärke des Elementes liegt bisher über 500 A, es schaltet nach dem Zünden in einigen Mikrosekunden durch, so daß Schaltungen mit höheren Frequenzen möglich sind. Überflinke Sicherungen übernehmen den Kurzschlußschutz, nichtlineare Widerstände den Überspannungsschutz.

Einige Systeme:

Die Antriebstechnik verlangt Ausrüstungen, bei denen zu jedem möglichen Drehmoment jede Drehzahl im Stellbereich einstellbar sein soll.

Nun kann der Gs-Motor auch über ein Thyristorstellglied gespeist werden. Von Nachteil ist aber der Kommutator des Motors mit seinem mechanischen Verschleiß.

Deshalb der Versuch, dem Ds-Motor die gleichen Stelleigenschaften wie dem Gs-Motor zu geben: die umrichtergespeiste Asynchronmaschine, bei der der Ständer mit variabler Frequenz gespeist wird. Der Aufwand an Bauelementen für den Umrichter ist jedoch hoch.

Deshalb · eine neue Schaltung, die den Asynchronmotor ebenfalls auf der Ständerseite über Thyristoren speist und eine Drehzahländerung bei vorgegebenem Moment möglich macht. Der Stellbereich entspricht dem eines Gs-Umkehrantriebes und hat dieselbe Wirkung wie die Speisung des Ds-Motors über eine variable, aber netzfrequente Spannung.

Über das trägheitslose Thyristorstellglied wird mit der Anschnittsteuerung der Thyristoren zu jeder gewünschten Drehzahl die entsprechende Ständerspannung eingestellt. Eine Drehzahlregelung mit unterlagerter Stromregelung führt diese Spannungseinstellung automatisch durch.

Nachteilig an dieser Ausrüstung sind die Verluste, die im Läufer als Wärmeenergie frei werden. Sie sind etwa genauso groß, als wenn die Maschine durch änderbare Läufervorwiderstände bei Last in der Drehzahl beeinflußt würde.

Eine verlustarme Steuerung von Drehstrommotoren ist durch gleichzeitige Veränderung von Speisespannung und Speisefrequenz möglich. Hierzu braucht man einen Frequenzrichter, der aus der Netzspannung eine Wechselspannung veränderlicher Frequenz und veränderlicher Amplitude erzeugt.

Bei der Speisung von Asynchronmotoren kommt als zusätzliche Forderung hinzu, daß der Umrichter auch fähig sein muß, die von dem Motor benötigte Magnetisierungsblindleistung zu liefern.

Wechselrichter

Diese haben die Aufgabe, die Energie einer Gleichspannungsquelle so umzuformen, daß Wechselstromverbraucher gespeist werden können. Sie erzeugen eine in weiten Grenzen veränderliche Frequenz, so daß der Asynchronmotor mit veränderbarer Frequenz gespeist werden kann: z. B. kann mit dem Käfigläufermotor der Vierquadrantenbetrieb durchgeführt werden. Wichtig ist, die Wechselspannung mit der Frequenz zu ändern, um die Flußdichte im Motor konstant und ein gutes dynamisches Verhalten zu erreichen.

Drei um 120° versetzte Sinusspannungen eines Dreiphasengebers bilden je einen Sollwert für die drei spannungsgeregelten Leistungsverstärker. Es entsteht ein Dreiphasensystem, das nahezu trägheitslos in Frequenz und Amplitude verstellt werden kann. Einer Änderung des Drehsinnes der Sollwert-Sinusspannungen folgen ebenso die Ausgangsspannungen der Leistungsverstärker.

Zwangskommutierter Wechselrichter. Das ist ein Stromrichter, der aus dem 50-Hz-Netz eine Zwischenkreis-Gleichspannung bildet. Aus dieser Zwischenkreisgleichspannung wird ein Stromrichter gespeist, der auf den Drehstrommotor mit variabler Frequenz arbeitet.

Bild 93 zeigt, daß die dem Wechselrichter speisende Gleichstromschiene Energie aufnehmen kann beim elektrischen Abbremsen des Motors. 2 Anordnungen ermöglichen dies:

a) entweder Speisung durch eine vollausgesteuerte Antiparallelschaltung Gleichrichter—Wechselrichter

b) oder Speisung durch einen ungesteuerten Gleichrichter mit Aufnahme der Bremsenergie durch einen sich selbstätig zu- und abschaltenden Bremswiderstand.

Handelt es sich um mehrere in der Drehzahl getrennt steuerbare Motoren, so können sie wie im Bild an eine gemeinsame Gleichstrom-Sammelschiene konstanter Spannung angeschlossen werden. Der speisende Gleich-

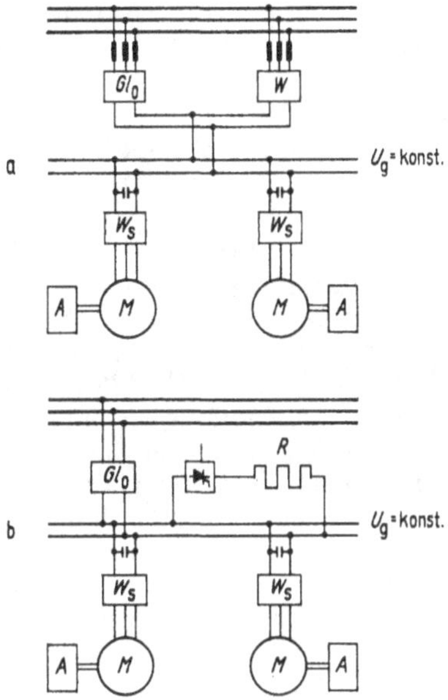

Bild 93

richter und der Bremswiderstand brauchen dann nur für die maximal auftretende Summenleistung bemessen zu werden.

Die Anordnung nach Bild b arbeitet bei allen Betriebszuständen mit einem primären Verschiebungsfaktor von etwa 0,95.

Wechselrichtergespeiste Käfigläufermotor-Antriebe.

a) 2 Käfigläuferantriebe an gemeinsamer, unveränderlicher Gleichspannung, erzeugt durch vollausgesteuerte Antiparallelschaltung Gleichrichter—Wechselrichter.

b) 2 Käfigläuferantriebe an gemeinsamer, unveränderlicher Gleichspannung, erzeugt durch vollausgesteuerten Gleichrichter. Rückarbeit der Motoren auf einen Widerstand R, der durch einen durch Kondensator-Stromstoß löschbaren Thyristor im Bedarfsfall zu- und abgeschaltet wird.

Entweder wird Energie vom Ds-Netz über die ungesteuerten Ventile des Gleichstrom-Zwischenkreises und die gesteuerten Ventile des mit Ständerfrequenz arbeitenden Wechselrichters zum Motor übertragen.

Oder in umgekehrter Richtung wird die Energie des Motors über ungesteuerte Ventile in den Gleichstrom-Zwischenkreis und dann über die gesteuerten Ventile des 50-Hz-Wechselrichters ins Netz geliefert.

Es sind Antiparallelschaltungen von gesteuerten und ungesteuerten Ventilen sowohl für die Umformung von Läuferfrequenz auf Gleichspannung als auch umgekehrt von Gleichspannung auf 50 Hz erforderlich.

Dies läßt sich mit zwangskommutierten Wechselrichtern verwirklichen. Ein Schaltungsbeispiel für einen derartigen Wechselrichter wird in Verbindung mit Bild 93 Seite 169 behandelt. Beim elektrischen Abbremsen des Motors muß die den Wechselrichter speisende Gleichstromschiene Energie aufnehmen können. Bild 93 zeigt zwei Anordnungen, die dies ermöglichen, nämlich entweder Speisung durch eine vollausgesteuerte Antiparallelschaltung Gleichrichter—Wechselrichter oder Speisung durch einen ungesteuerten Gleichrichter mit Aufnahme der Bremsenergie durch einen sich selbsttätig zu- und abschaltenden Bremswiderstand.

Steuerung des Wechselrichters für drehzahldynamischen Betrieb des Motors. Will man die Drehzahl des Motors schnell ändern und verstellt dazu Frequenz und Spannung des Wechselrichters sprungartig, so spielen sich im Motor etwa die gleichen Vorgänge ab wie beim Anlauf am 50-Hz-Netz, d. h. der Schlupf des Motors wird vorübergehend groß, der Motor nimmt einen großen

Strom (Blindstrom) auf und entwickelt kein entsprechendes Drehmoment.

Das beste Mittel ist, den Motor mit vorgegebener Läuferfrequenz und vorgegebenem Strom zu betreiben. Zwischen Läuferstrom J 2, Fluß $\varnothing$, Drehmoment M und Verschiebungswinkel bestehen für eine auf kleine Werte beschränkte Läuferfrequenz f_2 folgende Beziehungen:

$$J_2 = \text{Konstante} \cdot f_2 \cdot \varnothing$$

$$M = \text{Konstante} \cdot J_2 \cdot \varnothing \sin \varphi$$

Ist die Läuferfrequenz zu klein, wird bei Nennfluß $\varnothing$ der für ein hohes Drehmoment erforderliche Läuferstrom J_2 nicht induziert. Ist die Läuferfrequenz zu groß, wird die Phasennacheilung von J_2 groß, also $\sin \varphi$ klein, und damit wird bei gegebenem Fluß $\varnothing$ und gegebenem Strom J_2 das Drehmoment klein.

Zur Erzielung des in jedem Betriebszustand optimalen Drehmoments ist die optimale Läuferfrequenz erforderlich, ferner der größtmögliche mit Rücksicht auf den speisenden Wechselrichter und die Erwärmung der Maschine zulässige Strom J_2.

Selbstgeführte Wechselrichter bringen eine in weiten Grenzen veränderliche Frequenz mit gutem Wirkungsgrad für den dynamischen Vierquadrantenbetrieb von Käfigläufermotoren. Wechselrichter mit Selbstführung haben die Aufgabe, die Energie einer Gleichspannungsquelle so umzuformen, daß Wechselstromverbraucher gespeist werden können. So gelingt es, mit dem Käfigläufermotor den Vierquadrantenbetrieb durchzuführen. Dabei muß die Wechselspannung mit der Frequenz verändert werden, um die Flußdichte im Motor konstant zu halten.

Bei erzwungener Kommutierung stellt kein Netz die für die Kommutierung erforderliche Spannung zur Verfügung. Sondern die Spannung muß durch Hilfsmittel wie Energiespeicher oder über Hilfsventile auf den Kommutierungskreis geschaltet werden.

Aufgabe des Wechselrichters ist, die Energie einer Gleichspannungsquelle so umzuformen, daß Wechselstromverbraucher gespeist werden können: also Gs in Ws umformen. Der Wechselrichter muß „selbstgeführt“ arbeiten d. h. die Frequenz und die Höhe der Ausgangswechselspannung *selbst* bestimmen.

Pulswechselrichter. Die speisende konstante Gleichspannung wird in Abhängigkeit vom gewünschten Stromverlauf in der Maschine in einer Stromhalbschwingung mit hoher Schaltfrequenz mehrmals zu- und abgeschaltet. Das heißt, daß der Gleichstromquelle *Strompulse* entnommen werden. Deshalb wird diese Art des spannungsgesteuerten, selbstgeführten Wechselrichters mit „*Pulswechselrichter*“ bezeichnet.

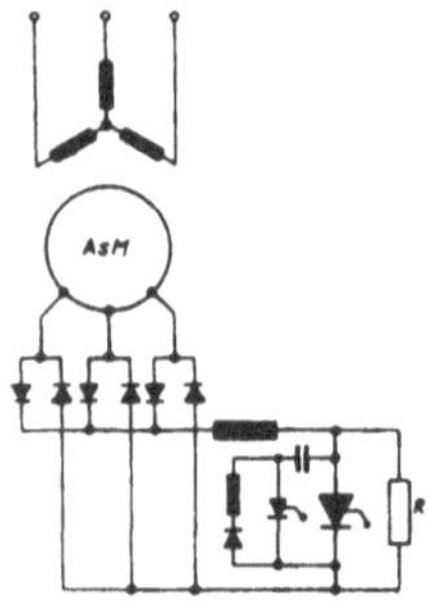

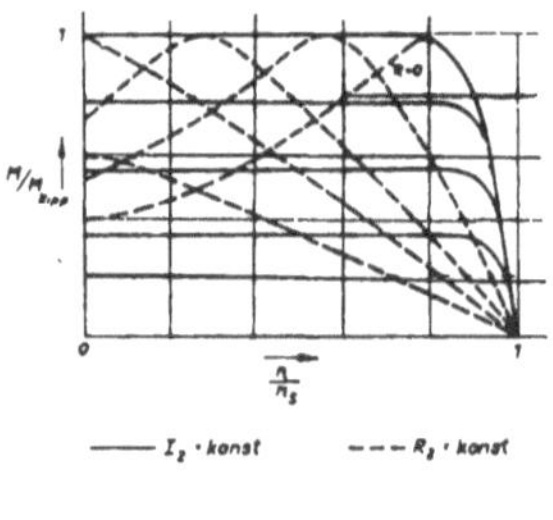

Bild 94. Gespeicherter Läuferwiderstand

Aus dem Verlauf des Motorstromes kann man etwa die Arbeitsweise dieses Wechselrichters erkennen Wenn ein gewünschter Stromwert erreicht ist, wird abgeschaltet und der Strom klingt im Freilaufbetrieb auf einen unteren Grenzwert ab; anschließend wird wieder zugeschaltet. Falls bei abgeschalteter Gleichstromquelle der Strom weiter ansteigen sollte — das ist der Fall, wenn die entsprechende Phase Energie zurückliefern will —, wird die konstante Gleichspannung wieder zugeschaltet, aber mit umgekehrter Polarität, so daß der Strom auf die ihm vorgeschriebene Größe gezwungen wird. Diese Stromregelung läßt sich auch so abwandeln, daß auf sinusförmigen Stromverlauf geregelt wird.

Gründe für die hohe Drehzahldynamik des wechselrichtergespeisten Käfigläufermotors:

1. Der Käfigläufermotor mit vorgegebener Läuferfrequenz hat kein Kippverhalten. Sein Drehmoment kann — bei genügend großem Wechselrichter — durch Stromsteigerung vorübergehend auf ein Vielfaches des Nennmomentes gebracht werden.

2. Die beim Leonard- und Gs-Thyristor-Antrieb mit Rücksicht auf den Kommutator der Gleichstrommaschinen einzuhaltende Grenze für die Änderungsgeschwindigkeit des Stromes entfällt. Strom und Läuferfrequenz dürfen sehr schnell geändert werden.

3. Bei Stromänderungen ist nur die Streureaktanz des Motors zu überwinden. Die Stromänderungen erfolgen daher auch ohne Anwendung erhöhter Spannung sehr schnell.

4. Auch die das Drehmoment bestimmende Läuferfrequenz kann bei digitaler Frequenzaddition sehr schnell geändert werden.

5. Das Schwungmoment des Käfigläufermotors ist kleiner als das eines Gleichstrommotors.

Im wechselrichtergespeisten Käfigläufermotor mit Läuferfrequenzvorgabe und Stromsteuerung steht ein elektrischer Antrieb zur Verfügung, der mit hoher Drehzahldynamik in allen vier Quadranten betrieben werden kann. Dabei hat dieser Antrieb außer den beiden Kugellagern des Käfigläufermotors keine der mechanischen Abnutzung unterworfenen bewegten Teile. Hierin unterscheidet er sich vorteilhaft vom Leonardumformer und vom Gleichstrom-Thyristor-Antrieb, der einen Motor mit Kommutator und Schleifbürsten benötigt.

Der Wirkungsgrad des wechselrichtergespeisten Käfigläufermotors entspricht etwa dem des Gleichstrom-Thyristor-Antriebes, sein Blindleistungsbedarf ist in allen Betriebszuständen gering ($\cos \varphi : 0.95$).

Bei hohen Forderungen an die Drehzahldynamik ist der Motor mit vorgegebener Läuferfrequenz und vorgegebenem Strom zu betreiben.

Zwischen dem Läuferstrom I_2, dem Fluß $\varnothing$, dem Drehmoment M und dem Verschiebungswinkel zwischen I_2 und $\varnothing$ bestehen, wenn die Läuferfrequenz f_2 auf kleine Werte beschränkt wird, folgende Beziehungen:

$$\text{Läuferstrom } I_2 = \text{Konstante} \cdot f_2 \cdot \varnothing$$

$$\text{Drehmoment } M = \text{Konstante} \cdot I_2 \cdot \varnothing \sin \varphi$$

Ist die Läuferfrequenz zu klein, wird bei dem Nennfluß $\varnothing$ der für ein hohes Drehmoment notwendige Läuferstrom I_2 nicht induziert; ist die Läuferfrequenz zu groß, wird die Phasennacheilung von I_2 groß, d. h. $\sin \varphi$ klein, und damit bei gegebenem Fluß $\varnothing$ und gegebenem Strom I_2 auch das Drehmoment klein. Für das in jedem Betriebszustand optimale Drehmoment ist die entsprechende Läuferfrequenz erforderlich, außerdem der größtmögliche mit Rücksicht auf den speisenden Wechselrichter und die Erwärmung der Maschine zulässige Strom I_2.

Man speist den Käfigläufermotor mit Drehstrom schnell änderbarer Frequenz und Spannung und erhält einen idealen regelungstechnischen Antrieb:

a) Drehmomentsättel beim Anlauf fallen fort;

b) der frequenz- und spannungsgesteuerte Käfigläufermotor bringt bei richtiger Wahl von Spannung und Frequenz Anlaufmomente, die wesentlich größer als das 50-Hz-Ständerfrequenz-Kippmoment sind;

c) die kleine Schwungmasse des Käfigläufermotors liefert eine gute Regeldynamik, schnelles Beschleunigen und Verzögern.

Umrichter

Umrichter sind Kombinationen von Gleich- und Wechselrichtern und bilden aus einem Wechselstromsystem beliebiger Frequenz, Spannung und Phasenzahl ein anderes System mit neuen Werten z. B. Drehstrom in Drehstrom oder Einphasenstrom anderer Frequenz. So ist die Energieübertragung zwischen zwei Drehstromnetzen verschiedener Frequenz, Phasenzahl und Spannungsamplitude möglich.

Die Umformung erfolgt im Stromrichter durch periodisches Ein- und Ausschalten von Abschnitten gegebner Spannungskurven.

Direktumrichter für Käfigläufermotoren: drei netzgeführte Gegenparallelschaltungen werden 120° el gegeneinander versetzt betrieben. Die Sollwertvorgabe wird so ausgeführt, daß über ein- und dasselbe Leistungsstellglied Spannung und Frequenz zum Einhalten eines

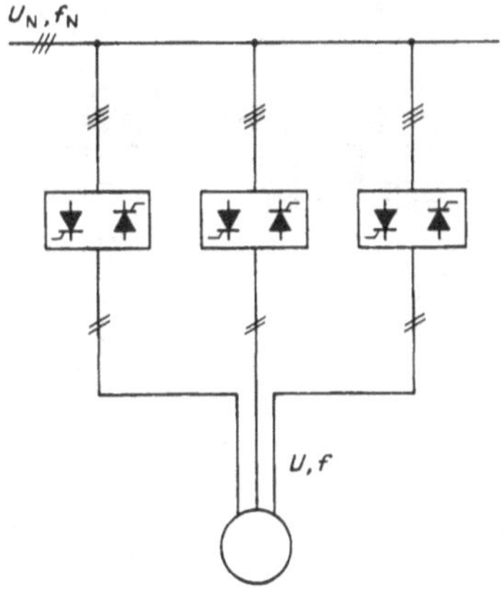

Bild 95.
Direktumrichter

konstanten Flusses stellbar sind. Der Stellbereich ist etwa auf das 0,4fache der Netzfrequent f_N begrenzt. Das Blindleistungsverhalten ist etwa um den Faktor $\sqrt{2}$ ungünstiger als das von stromrichtergespeisten Gleichstrommaschinen. Frequenzbereich von 0 ··· 25 Hz, Vierquadrantenbetrieb.

Die *Zwischenkreisumrichter* stellen den einfachsten Ausführungsfall dar. Die Nutzbremsung, d. h. die Energierücklieferung, ist bei diesen Schaltungen nicht ohne weiteres möglich. Dazu müßte der Gleichstrom-Zwischenkreis rückarbeitsfähig gemacht werden, indem man zu dem speisenden Gleichrichter einen netzgeführten Wechselrichter parallel schaltet.

Speist man einen Käfigläufermotor aus einem Drehstromsystem stetig mit veränderbarer Frequenz und Spannung, so läßt sich ein Antrieb verwirklichen, der die Robustheit und Wartungsfreiheit des Käfigläufer-

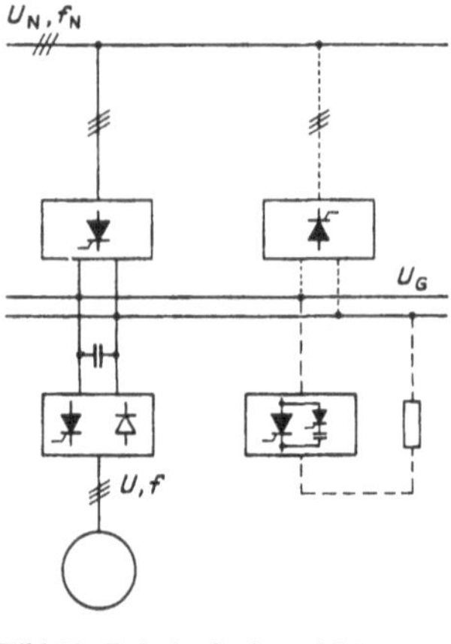

Bild 96. Zwischenkreisumrichter mit veränderlicher Spannung im Gleichstrom-Zwischenkreis

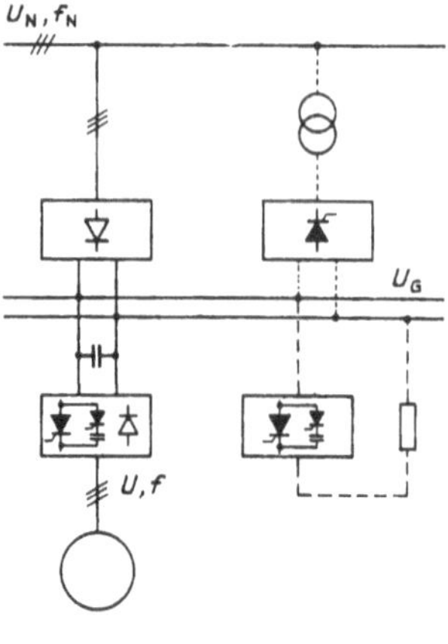

Bild 97. Zwischenkreisumrichter mit konstanter Spannung im Gleichstromzwischenkreis

motors mit den guten Drehzahl-Regeleigenschaften der umformer- und stromrichtergespeisten Gleichstrommaschine verbindet. Insbesondere läßt sich bei Verwendung eines Zwischenkreisumrichters ein weiter Drehzahlstellbereich erzielen. Soll der Gleichstrom-Zwischenkreis Wirkleistung in beiden Richtungen liefern, so wird dem Gleichrichter ein netzgeführter Wechselrichter parallel geschaltet. Die Rückenergie kann über einen elektronisch zu- und abschaltbaren Widerstand im Gleichstrom-Zwischenkreis aufgenommen werden.

Steuerumrichter für Käfigläufermotoren. Die Frequenzsteuerung oder Drehzahlregelung mit Steuerumrichtern ermöglicht es, Asynchronmotoren auch dann zu verwenden, die bisher den Gleichstrommotoren mit ihrer einfachen und schnellen Drehzahlverstellung vorbehalten waren. Gegenüber den vergleichbaren Gleichstromantrieben muß jedoch mit einem höheren Aufwand an elektronischen Bauteilen gerechnet werden.

Ein Steuerumrichter zur Speisung von dreiphasigen Asynchronmotoren mit Käfigläufer wird beim Anschluß an das 50-Hz-Drehstromnetz einen Frequenzstellbereich von 0 bis $\pm$ 20 Hz erreichen. Die Frequenz ist kontinuierlich einstellbar, und die drei Ausgangsspannungen sind geregelt. Durch Kompensation des Ständerspannungsabfalls wird bei einer vierpoligen Maschine im Drehzahlstellbereich von Null bis zu einer maximal erreichbaren Drehzahl von 600 U/min synchron ein nahezu konstantes Kippmoment erreicht, das etwa dem bei 50 Hz entspricht. Die Asynchronmaschine kann in beiden Drehrichtungen sowohl motorisch als auch generatorisch betrieben werden.

Als Anwendung des Umrichters kommt die Frequenzsteuerung mehrerer parallelgeschalteter Asynchronmotoren und die Drehzahlregelung mit Schlupfbegrenzung für Einzelantriebe in Frage.

Der Umrichter setzt sich aus einem Dreiphasen-Sinusgeber mit veränderlicher Frequenz und Amplitude und drei elektronischen Leistungsverstärkern zusammen.

Der besondere Vorteil des Dreiphasengebers liegt darin, daß Amplitude und Frequenz über den gesamten Frequenzstellbereich unabhängig voneinander eingestellt werden können.

Die Leistungsverstärker werden aus einer kreisstromfreien Gegenparallelschaltung mit steuerbaren Ventilen gebildet.

Die Gegenparallelschaltung der beiden Drehstrombrücken ermöglicht einen Stromfluß in beiden Richtungen durch die Last-Phasenwicklung des Asynchronmotors.

Damit kein Strom innerhalb der beiden Drehstrombrücken (Kreisstrom) zustande kommt, wird durch ein Umschaltgerät, das die Richtung des Sollwertes und Strom Null erfaßt, nur jeweils eine Drehstrombrücke eingeschaltet. Die andere Brücke wird durch Sperren der Gitterimpulse abgeschaltet.

Der Motor kann unterhalb der Nenndrehzahl bei 50 Hz für kurze Zeit mit dem doppelten Nennstrom betrieben werden und erreicht beim Beschleunigen ein Drehmoment in Höhe des Kippmomentes beim Betrieb mit der Netzfrequenz von 50 Hz. Die Frequenz kann 50 Hz überschreiten, um höhere Drehzahlen bei kleineren Drehmomenten zu erreichen.

Der Zwischenkreis ist eine elastische Kupplung zweier Netze mit unterschiedlicher Frequenz. Verwendet werden selbstgeführte Wechselrichter mit Kondensatorlöschung. In einfachen Fällen wird die Gleichspannung über den anschnittgesteuerten Gleichrichter verstellt und im Wechselrichterteil nur die Frequenz geändert. –

Im Gegensatz zum Direktumrichter ist ein *Zwischenkreisumrichter* in seiner Kommutierung nicht an ein führendes Netz gebunden. Deswegen sind wesentlich höhere Sekundärfrequenzen möglich. Sie können ein

Mehrfaches der Primärfrequenz betragen. Dieser Umrichter eignet sich deshalb besonders für schnellaufende drehzahlregelbare Antriebe.

Beim dreiphasigen zwangskommutierten Umrichter erlaubt die Schaltung volle Freizügigkeit in Frequenz und Belastung. Auch hier ist die Frequenz von der Primärfrequenz unabhängig. Der von dem Asynchronmotor benötigte Magnetisierungsstrom kann vom Wechselrichter geliefert werden. Der Frequenzbereich des Umrichters wird nach oben durch die endliche Freiwerdezeit der steuerbaren Zellen und die benötigte Kommutierungsleistung, die den Wirkungsgrad mitbestimmt, beschränkt.

Die Frequenz ist von der Primärfrequenz vollkommen unabhängig. Der vom Asynchronmotor benötigte Magnetisierungsstrom kann vom Wechselrichter geliefert werden. Der Frequenzbereich des Umrichters wird nach oben durch die endliche Freiwerdezeit der Thyristoren und durch die benötigte Kommutierungsleistung, die den Wirkungsgrad mitbestimmt, beschränkt.

Mit Hilfe der Thyristortechnik kann man einen Käfigläufermotor als drehzahlregelbare Antriebsmaschine betreiben, d. h. einen kontaktlosen Antrieb verwirklichen. Der Käfigläufermotor hat in maschinenbaulicher Hinsicht gegenüber den anderen elektromotorischen Antriebsmaschinen eine Reihe bemerkenswerter Vorzüge:

1. Sein Aufbau ist einfach, so daß er sich für die gekapselte Ausführung (Schutzart P 33) besonders gut eignet;

2. er ist die relativ leichteste elektrische Antriebsmaschine und hat den geringsten Raumbedarf;

3. er ist die billigste elektrische Maschine überhaupt. Zusammen mit seiner Robustheit ist dies der Grund für seine weite Verbreitung.

Untersynchrone Stromrichterkaskade

Arbeitsmaschinen mit beschränktem Drehzahlstellbereich und einer Drehrichtung ohne Momentenumkehr können verlustarm von untersynchronen Stromrichterkaskaden angetrieben werden. Diese bestehen aus einem Drehstrommotor mit Schleifringläufer und einem Umrichter mit Gleichstromzwischenkreis zum Rückspeisen der Schlupfleistung in das Drehstromnetz.

Vergleicht man Anschaffungspreis, Wirkungsgrad und Leistungsfaktor des Gleichstrommotors für Thyristor-Einstromrichterspeisung mit der untersynchronen Stromrichterkaskade, so bringt sie Vorteile für Drehzahlstellbereiche von weniger als 50% der Nenndrehzahl.

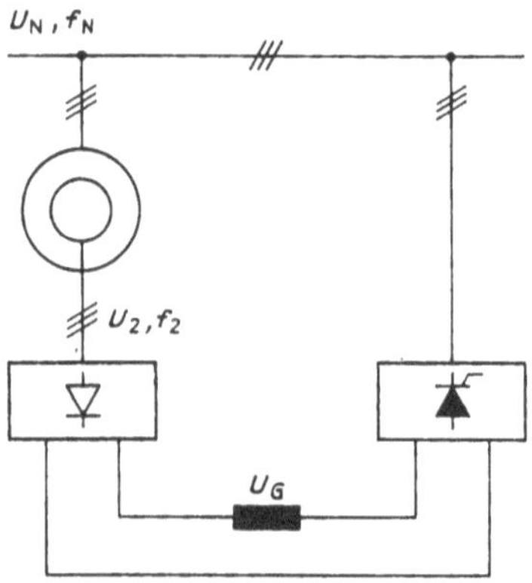

Bild 98. Untersynchrone Stromrichterkaskade

Zwingt man durch Bremsen einen Drehstrommotor bei kurzgeschlossenen Schleifringen mit kleinerer Drehzahl als der Nenndrehzahl zu laufen, so nehmen die nach Größe und Frequenz der Schlupfdrehzahl proportionalen Spannungen im Läufer solche Werte an, daß die von ihnen getriebenen Ströme in kurzer Zeit die Maschine zerstören. Die eine Möglichkeit zur Strombegrenzung, die Schleifringe über veränderbare Widerstände zu verbinden, ist wegen der in ihnen entstehenden Verluste nur bei kleinen Maschinen möglich, wenn außerdem die starke Abhängigkeit der Drehzahl von der Last nicht stört, oder bei großen Maschinen während des Anfahrens zu vertreten. Die andere Möglichkeit, an die Schleifringe Fremdspannungen gleicher Frequenz und Größe wie die Schleifringspannungen bei der gewünschten Drehzahl zu legen, bedingt einen hohen Aufwand. Auf diese Weise können mit einem Umrichter und unterdrücktem Gleichstromzwischenkreis auch übersynchrone Drehzahlen erreicht werden. Formt man jedoch mit einem Gleichrichter die Schleifringspannungen in eine Gleichspannung um, so läßt sich durch Gegenschalten einer entsprechenden Gleichspannung jede Drehzahl zwischen Null und Nennwert einstellen und die Schlupfleistung zurückgewinnen. Diese Spannung kann z. B. die Gegen-EMK eines Gleichstrommotors sein. Er wird von Strömen durchflossen, die den Schleifringströmen proportional sind und kann die ihm zugeführte elektrische Energie an die Welle des Asynchronmotors oder an die Welle eines zweiten Asynchronmotors abgeben, der sie als elektrische Energie ins Netz zurückspeist.

Als Gegenspannungsquelle kann auch ein als Wechselrichter arbeitender Stromrichter benutzt werden, der als ruhende Einrichtung keinem Verschleiß unterliegt und trägheitslos arbeitet. Verlustarme Silizium-Halbleiterelemente (Thyristoren und Dioden) und die moderne Regelungstechnik ermöglichen, den an sich alten Gedanken der untersynchronen Stromrichterkaskade zu verwirklichen.

Bild 99 zeigt den Schaltplan einer untersynchronen Stromrichterkaskade. An die Schleifringe des Asynchronmotors wird der Gleichrichter angeschlossen. Er ist mit Siliziumdioden ausgestattet, deren Belastung (Gleichstrom-Mittelwert) wegen der gegenüber 50 Hz niedrigen Frequenzen in der Nähe des Nennschlupfes vermindert werden muß.

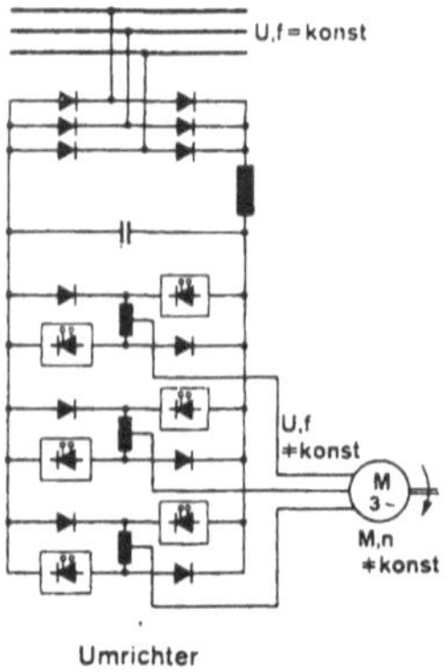

Bild 99

Anwendungen für Pumpen in Wasserwerken und Lüftern, bei denen die Drehzahlen unterhalb des synchronen Wertes eingestellt werden müssen.

Macht man Ein- und Ausschalten des Thyristors vom Läufergleichstrom abhängig, so erhält man einen läuferstrom- und damit auch momentgeregelten Asynchronmotor: über einen Gleichstromwandler wird dem Regler der Istwert des Läufergleichstromes zugeführt. Je nachdem, ob dieser Strom nun eine bestimmte Abweichung größer oder kleiner wird als der vorgegebene Sollwert, gibt die Regeleinrichtung das Kommando zum Aus- oder Einschalten des Thyristors, d. h. Zweipunktregelung des Läufergleichstromes. Die Schaltfrequenz stellt sich nach der Zeitkonstante des Läuferkreises und nach der jeweils vorhandenen Läuferspannung frei ein, sie liegt zwischen 50 und 1500 Hz. –

Hier läßt sich der volle Drehmoment-Drehzahl-Quadrant durchfahren, mit dem Widerstand ist ein Kondensator in Reihe geschaltet und bewirkt, daß bei gesperrtem Thyristor der Läuferstrom nach erfolgter Aufladung des Kondensators 0 wird, so daß auch bei Stillstand kleinste Drehmomente durch kleine Öffnungszeiten des Thyristors erzielbar sind. Damit nur geringe Spannungserhöhungen am Thyristor auftreten, muß der Kondensator genügend groß bemessen sein.

Pulsgesteuerte Stromrichterkaskade. Bei größeren Motoren sollte die Schlupfleistung zurückgewonnen werden. Statt der früheren Kaskaden mit Hintermaschinen legt man einen ungesteuerten Gleichrichter an die Motorschleifringe, der seinen Gleichstrom über einen Wechselrichter in das Drehstromnetz zurückliefert. Da sich die gleichgerichtete Läuferspannung mit wachsender Drehzahl des Motors von der Stillstandsspannung fast bis Null ändert, muß dementsprechend der Wechselrichter von voller Spannung bis Spannung Null steuerbar sein. Bei Nennleistung des Motors tritt dabei die gesamte Motorleistung als Blindleistung im Wechselrichter und im Netz auf. Man beschränkt sich deshalb bei dieser untersynchronen Stromrichterkaskade auf einen kleinen Drehzahlstellbereich, fährt den Antrieb über Anlaßwiderstände auf kleinste Betriebsdrehzahl hoch und schaltet dann auf Kaskade.

Bemerkenswert ist die Drehzahl- und Stromregelung eines Schleifringläufermotors mit mehrstufiger Widerstandspulssteuerung.

Ein 120-kW-Schleifringläufermotor für das Hubwerk eines Greifer-Bordkrans wurde auf diese Weise ausgerüstet. Bei einer zulässigen Thyristorspannung von 440 V ergaben sich 4 Pulsstufen.

T Tachometermaschine — *G* Gleichstromwandler — L_1 Speicherdrossel — *St* Steuerung des pulsgesteuerten Widerstands.

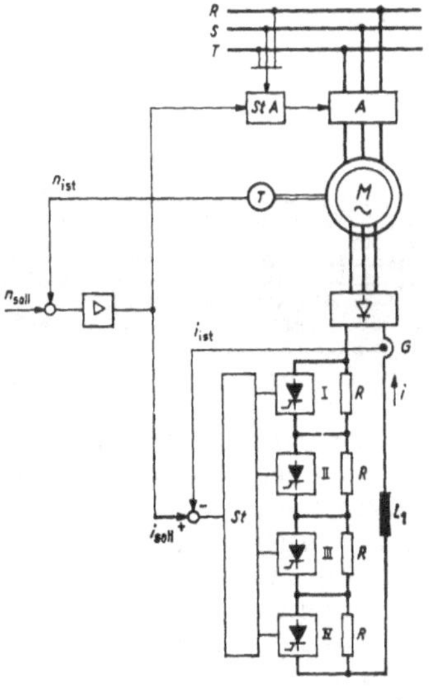

Bild 100

Statischer Frequenz-Umrichter 50/400 Hz

Der geregelte statische Umrichter mit Gs-Zwischenkreis hat gegenüber dem Maschinenumformer Vorteile und macht diesem stärkere Konkurrenz. Der Umrichter besteht aus einem Gleich- und Wechselrichter.

Da sich die Wechselrichterschaltungen wegen der großen Verluste nicht für höhere Frequenzen eignen, wurde für einen 400-Hz-Umrichter eine Schaltung mit geringen Kommutierungsverlusten entwickelt.

Statische Wechselrichter werden zur Stromversorgung der Industrie-Verbraucher, als Notstromversorgung und zur Stromversorgung bei Schiffen, Flugzeugen eingesetzt.

Wechselrichter werden immer häufiger in der Umrichtertechnik eingesetzt. *Statische Umrichter werden benötigt*, wenn ein Wechselstromnetz bestimmter Frequenz und Spannung vorhanden ist und eine andere Frequenz, Spannung oder Phasenzahl benötigt wird.

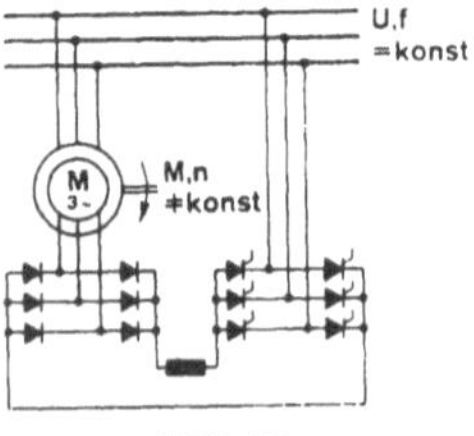

Bild 101

Der statische Umrichter hat Vorteile:

keine rotierenden Bauteile,
keinen Verschleiß,
geringes Gewicht,
keine Wartung,
Ausgangsspannung und Frequenz sind unabhängig voneinander.

Der statische Umrichter besteht aus einem Gleichrichter, der an das Primärnetz angeschlossen wird und einem nachgeschalteten Wechselrichter. Zur Regelung der Ausgangsspannung eines derartigen Umrichters können entweder der Gleichrichter oder der Wechselrichter geregelt ausgeführt werden.

Durch Regelung von Frequenz und Spannung oder Strom lassen sich statische Umrichter für die Drehzahlregelung von Käfigläufermotoren einsetzen.

Antiduktortechnik

Der Antiduktor verwendet in den Ständerzuleitungen beim Schleifringläufermotor antiparallele Thyristoren, um Umkehren, Steuern der Ständerspannung, Feineinstellen und Bremsen mit Gleichstrom durchzuführen. Diese Ständer-Thyristoren – im Anschnitt aus dem Netz gespeist – dienen ebenso wie Schütze auch zum Ändern der Drehfeldrichtung, während der Läuferstrom z. B. durch eine vielstufige Pulsschaltung mit Thyristoren eingestellt werden kann. Es entsteht ein kontaktloser Vierquadrantenbetrieb mit stetig steuerbarer Drehzahl.

Die Antiduktorschaltung regelt mit Verlust die Drehzahl eines Drehstromschleifringmotors, indem der Motor aus dem Netz durch eine halbgesteuerte Schaltung mit 3 Dioden und 3 Thyristoren unmittelbar gespeist wird. Drehzahl-Drehmoment-Kennlinien liefern änderbare Läuferwiderstände bei fixierter Strom-

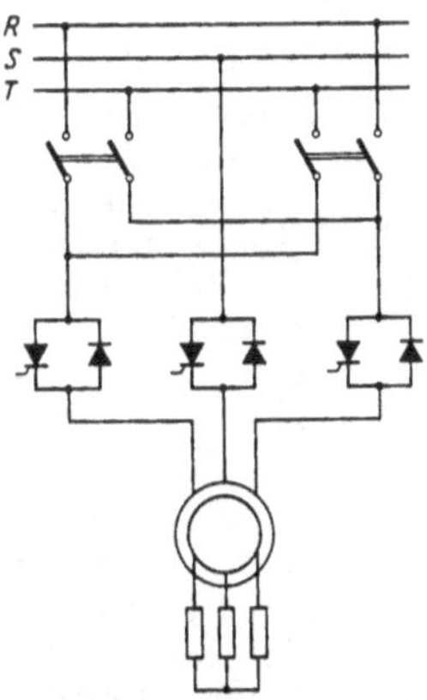

Bild 102. Halbgesteuerter Antiduktor mit Drehfeldrichtungsänderung durch Schalter

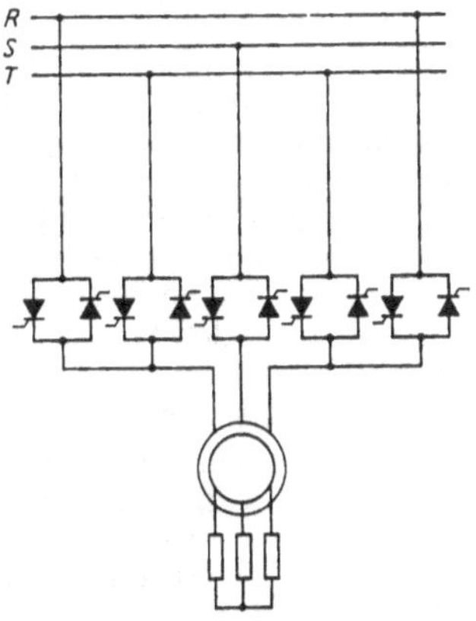

Bild 103. Antiduktorschaltung zum kontaktlosen Ändern der Drehfeldrichtung

grenze. Schütze im Ständerkreis dienen der Drehzahlumkehr. Durch Phasenänderung der Steuerimpulse werden Spannung und Motorenmoment in quadratischer Abhängigkeit änderbar.

Für einen 10-t-Greiferbordkran wurden 3 Antriebe gebaut:

20-kW-Drehwerk, 20-kW-Wippwerk und 120/150-kW-Hubwerk. Diese Schleifringläufermotoren wurden über antiparallele Thyristoren aus dem Netz gespeist. Im Läuferkreis wird der Strom durch eine Thyristor-Pulsschaltung geregelt.

Die Motoren arbeiten kontaktlos und stetig; die Drehzahlregelung durch vier Quadranten geschieht durch ablösende Regelung des Läuferstromes über die Ständerspannung und die Pulsschaltung. Das Bremsen der Motoren erfolgt z. T. mit Gegenstrom und teilweise unter Energierückgewinnung im übersynchronen Betrieb.

Steuerung von Drehstrommotoren über Thyristoren

Unter den Drehstromantrieben haben der Schleifringläufermotor und der Kurzschlußläufermotor die bei weitem größte Bedeutung. Die Regelung der Drehzahl des Schleifringläufers ist wesentlich einfacher, da sich durch Eingriff in den Läuferkreis der Schlupf und damit die Drehzahl beeinflussen läßt. So ist es bekannt, bei konstantem Moment durch Verändern eines im Läufer liegenden Widerstandes die Drehzahl einzustellen. Auch hier läßt sich mit Vorteil der periodisch geschaltete Thyristor einsetzen.

Eine einfache Schaltung ist im Bild 94 wiedergegeben. Die Läuferspannung wird in einem ungesteuerten Gleichrichter gleichgerichtet. Der Läufergleichstrom durchfließt eine Drossel und den Läuferkreiswiderstand *R*. Zu diesem parallel liegt der Thyristor. Ist er gesperrt, dann soll sich die in dem Drehmoment-Drehzahldiagramm eingezeichnete flachste Kennlinie ergeben. Ist dagegen der Thyristor leitend, dann ist der Läuferwiderstand praktisch kurzgeschlossen, und es gilt für den Betriebszustand des Motors die normale Drehmoment-Drehzahl-Kennlinie. Durch Verändern der Impulsfrequenz läßt sich zwischen diesen beiden extremen Kennlinien jede Zwischenkennlinie einstellen.

Die Steuerung der Drehzahl erfolgt so, daß der Läuferstrom zunächst gleichgerichtet und dann der im Läuferkreis eingebaute Widerstand R durch die Thyristoren taktmäßig kurzgeschlossen und wieder eingeschaltet wird. Durch das Taktverhältnis ergibt sich ein bestimmter mittlerer Widerstand und damit eine bestimmte Drehzahl. Durch Messung des Läuferstromes oder der Motordrehzahl und Aufschalten auf die Thyristorregelung kann dann eine gewünschte Drehzahl eingestellt und aufrechterhalten werden. Diese Art der Regelung hat den Nachteil, daß sie mit Verlust behaftet ist und daher nur für kleinere Leistungen in Frage kommt.

Eine praktisch verlustlose Regelung von Ds-As-Motoren ist die untersynchrone Stromrichterkaskade.

Die günstigste Anwendung des Thyristors für die Drehzahlregelung von Drehstrommotoren ist die Speisung eines Drehstrom-Kurzschlußläufermotors über einen Umrichter (Bild 98). Der Motor wird dabei mit einer Spannung veränderlicher Frequenz gespeist. Beispielsweise kann man dabei einen Gleichstromzwischenkreis verwenden, d. h. der Umrichter besteht aus einem Gleichrichter, dem die Aufgabe der Spannungsregelung, und einem Wechselrichter, dem die Aufgabe der Frequenzregelung zufällt.

Jeder Stromrichter braucht zum Kommutieren des Stromes von einem Ventil auf das Folgeventil eine gewisse Kommutierungs-Blindleistung. Wenn diese Blindleistung vom speisenden Netz her geliefert wird, dann wird der Stromrichter „netzgeführt“. So ist z. B. jeder Gleichrichter netzgeführt. Das gleiche gilt, wenn der am Netz liegende Gleichrichter aus steuerbaren

Ventilen aufgebaut ist und in den Wechselrichterbetrieb gesteuert wird. Dann spricht man vom netzgeführten Wechselrichter. Es lassen sich aber auch Wechselrichterschaltungen angeben, die ihre Kommutierungs-Blindleistung z. B. von eingebauten Kondensatoren beziehen. Das sind „selbstgeführte" Wechselrichter, die meist das wichtigste Teilstück eines Zwischenkreis-Umrichters bilden.

Selbstgeführte Wechselrichter größerer Leistung lassen sich wirtschaftlich mit Thyristoren ausführen; weil wegen der kurzen Freiwerdezeit dieser Halbleiterventile der Aufwand an Kommutierungs- bzw. Löschkondensatoren in vertretbaren Grenzen bleibt.

Natürliche Kommutierung oder Netzkommutierung bedeutet, daß die Phasenspannungen des Wechselstromnetzes die Stromübergabe von einer Phase auf die folgende bewirken.

Bei der *Zwangskommutierung* findet die Übergabe des Stromes aus einem Stromkreisteil in einen anderen mit Hilfe von Spannungen statt, die zu diesem Zweck in den Stromkreis eingeführt werden.

Mit Hilfe gesteuerter Zellen lassen sich Gleichrichter mit Spannungssteuerung, Wechselrichter und Umrichter (Frequenzumformer) bauen. Diesen Geräten mit Kommutierung durch die Netzspannung haften Nachteile an wie das Aufnehmen induktiven Blindstromes aus dem Wechselstromnetz. Hiervon wird man bei *Zwangskommutierung* frei, d. h. wenn man Ventile benutzt, die zu beliebigen Zeitpunkten gezündet und gelöscht werden können.

Damit werden Gleichrichter, Wechselrichter und Umrichter möglich, die blindstromfrei und beliebig belastbar sind.

Mit Thyristoren arbeitende Stromrichter für Zwangskommutierung bieten neue Möglichkeiten für die Umformung elektrischer Energie folgender Größen: Frequenz — Spannung — Phasenzahl — Phasenfolge.

Logische Steuerungen mit elektronischem Bausteinsystem

Für viele Steuerungen eignet sich die kontaktlose binär-digitale Technik, die mit kombinierbaren Bausteinen arbeitet. Dieses elektronische System besteht aus mehreren Reihen binär-digitaler Bausteine und die in drei Gruppen zusammengefaßten Bausteine, arbeiten mit Einheitssignalen für die verschiedenen Aufgaben:

Eingangselemente formen die Eingangsgrößen der Steuerung in Einheitssignale um, damit diese Größen den Verknüpfungselementen angepaßt werden. Im Eingang der logischen Steuerung können auch Fühler, Befehlsgeber und andere Schalter eingesetzt werden, wenn ihr Ausgangssignal dem Einheitssignal angepaßt ist.

Verknüpfungselemente verwirklichen die Aufgabe der Steuerung, indem sie aus den zugeführten Signalen Stellbefehle in Form von Einheitssignalen ableiten, die aktive oder passive Funktionsglieder sind.

Ausgangselemente ermöglichen durch Verstärken der von den Verknüpfungselementen abgeleiteten Einheitssignale den Eingriff in die Steuerstrecke, meist über Schaltverstärker verschiedener Leistung.

Vorteile dieser Steuerungen sind:

Kontakt- und Verschleißfreiheit,
Umgebungseinflüsse ohne Wirkung,
Wartung nicht erforderlich,
Schaltgeschwindigkeit groß.

Als besondere Anwendung mag die Schiebetakttechnik einer kontaktlosen Maschinenablaufsteuerung gelten. Diese steuert in automatischen Fertigungsstraßen die Stellglieder mit Folgeablauf. Die Steuerungen sind programmierbar, so daß bei Änderungen leicht umgestellt werden kann. Die Takteinheiten einer Kette bilden ein Abbild zum mechanischen Ablauf der Anlage. Durch den Schiebetakt kann der Materialfluß beschleunigt werden.

19. Gleichlauf der Antriebe

Gleichlauf elektromotorischer Antriebe heißt

Arbeitsgeschwindigkeiten müssen aufeinander abgestimmt werden, das bedeutet

1. gleiche Drehzahl während der betriebsmäßigen Arbeitsgeschwindigkeit, z. B. Doppelklappbrücke,
2. gleiches Drehzahlverhältnis während des Arbeitsverfahrens, z. B. Papiermaschine,
3. Gleichlauf beim Beschleunigen und Verzögern.

Der Grad der verlangten Genauigkeit des Gleichlaufes richtet sich nach dem Verfahren, dessen Forderungen sind

a) angenähert gleiche Drehzahl: gewisser Schlupf proportional dem Lastunterschied ist zulässig;

b) gleiche Drehzahl: geringe änderbare Verdrehung an den Arbeitswellen ist möglich;

c) winkelgetreuer Gleichlauf: räumliche Lage bleibt unverändert, Verdrehung ist konstant oder Null.

Das Einstellen der Drehzahlen der Antriebe kann erfolgen auf

absoluten Gleichlauf = einheitliche, aber einstellbare Drehzahl,

relativen Gleichlauf = Drehzahlen werden auf ein stellbares Verhältnis abgestimmt.

Die technologischen Bedingungen entscheiden über die Art der Lösung:

Parallelanordnung:

Die einzelnen Arbeitsmaschinen arbeiten parallel, meist genügt angenäherter Gleichlauf, z. B. Kranfahrwerk, Wehranlage, Hubbrücke.

Folgeanordnung:

Werkstoff durchläuft nacheinander zusammengehörende Arbeitsmaschinen. Die Güte des Gleichlaufs wird durch die Arbeitsmaschinen, Geschwindigkeiten und Materialart bestimmt. Meist natürlicher Kraftausgleich über den Werkstoff, der aber die Güte und Genauigkeit nicht beeinträchtigen darf.

Lösungen sind:

1. *Sammelschienenbetrieb.* Synchron-, Asynchron- oder Gleichstromnebenschlußmotoren werden jeweils an eine gemeinsame Sammelschiene angeschlossen, deren Spannung oder Frequenz veränderlich ist. So entsteht bei diesen Motoren mit Nebenschlußverhalten angenäherter Gleichlauf, der um so genauer ist:

je mehr die Lastkennlinien der Motoren übereinstimmen,

je geringer die Lastdifferenzen sind.

Fehler entstehen durch Abweichungen in den Kennlinien und der Erwärmung. Außerdem bringen Beschleunigung und Verzögerung Differenzen.

2. *Mechanisch-elektrische Regelungen* steuern beim Abweichen vom Gleichlauf oder vom vorgeschriebenen Drehzahlverhältnis über Meßglieder (wie Tänzerwalzen, Kontakttachometer, Differentiale u. dgl.) die elektrischen Schaltgeräte (z. B. Feldsteller für den Motor) im Sinne des Wiederherstellens des Gleichlaufs.

3. Verwendet man *elektrische Ausgleichswellen* (Bild 104): Es wird jedem Triebwerkmotor (M_1, M_2) als Übertragungsglied für die Ausgleichsdrehmomente eine Drehstrom-Asynchronmaschine mit Schleifringläufer (W_1, W_2) zugeordnet. Die Ständerwicklungen aller Wellenmaschinen (W_1, W_2) sind phasengleich an ein gemeinsames Netz angeschlossen, die Läuferschleifringe phasengleich miteinander verbunden. Bei gleicher Belastung beider Triebwerke entnehmen die Wellenmaschinen dem Netz nur ihren Magnetisierungsstrom. Bei ungleicher Belastung überträgt die elektrische Welle die Ausgleichsdrehmomente von der einen zur anderen Seite.

Es fließt in den Ständer- und Läuferwicklungen der Wellenmaschinen ein Laststrom. Ähnlich der mechanischen Welle wird auch die elektrische Welle bei einer Drehmomentbeanspruchung verdreht. Es kann näherungsweise mit einem räumlichen Verdrehwinkel der elektrischen Welle bis 15° gerechnet werden. Wichtig ist, daß die Motoren gleichzeitig geschaltet werden und gleiche Drehzahlkennlinien haben, damit die Ausgleichsmomente bei verschiedener Belastung der Triebwerke nicht zu groß werden.

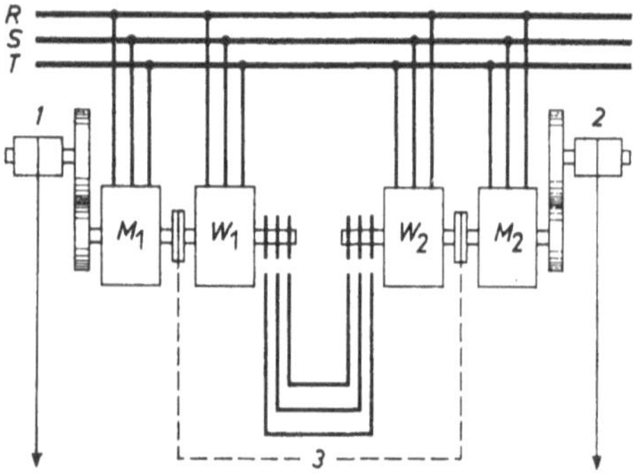

Bild 104. Elektrische Ausgleichswelle
1 und 2 Triebwerk 3 Ausgleichswelle
M_1 und M_2 Antriebsmotoren
W_1 und W_2 Wellenmaschinen

Anwendungsgebiete sind Krane und Verladebrücken, Hebebühnen, ferner Wehranlagen, Klappbrücken, Hubbrücken, Werkzeugmaschinen und andere. Unter gewissen Betriebsverhältnissen läßt sich der Gleichlauf von zwei oder mehr Triebwerken auch mit geringerem Aufwand an elektrischen Maschinen erzwingen. Bild 105 zeigt eine „vereinfachte elektrische Ausgleichswelle“ oder „Läuferkupplung“. Die Wellenmaschinen als Drehstrom-

Asynchronmaschinen mit Schleifringläufer, die zur Aufrechterhaltung des Gleichlaufs dienen, übernehmen gleichzeitig die Aufgabe der Antriebsmotoren zum Bewegen der Triebwerke. Zum Erzeugen des asynchronen Motormoments wird den Läuferwicklungen ein gemeinsamer Widerstand als Schlupfwiderstand parallelgeschaltet, der so bemessen wird, daß die Maschinen mit Schlupf von mindestens 25 %, d. h. mit höchstens 75 % ihrer Nenndrehzahl, laufen. Bei kurzgeschlossenem Widerstand ist kein Ausgleichsdrehmoment mehr vorhanden, und jede Maschine läuft dann als unabhängiger Asynchronmotor ohne Gleichlaufzwang. Um den für das Ausgleichsdrehmoment nötigen Schlupf zu erhalten, müssen die Maschinen belastet sein. Die vereinfachte elektrische Ausgleichswelle ist deshalb auf Antriebe beschränkt, die mit einem nahezu gleichmäßigen Lastmoment beansprucht sind. Diese Gleichlaufanordnung wird wegen ihres einfachen Aufbaues bei Antrieben angewendet, wie Krempelsätzen in Textilfabriken, Werkzeugmaschinen, auch bei Förderanlagen.

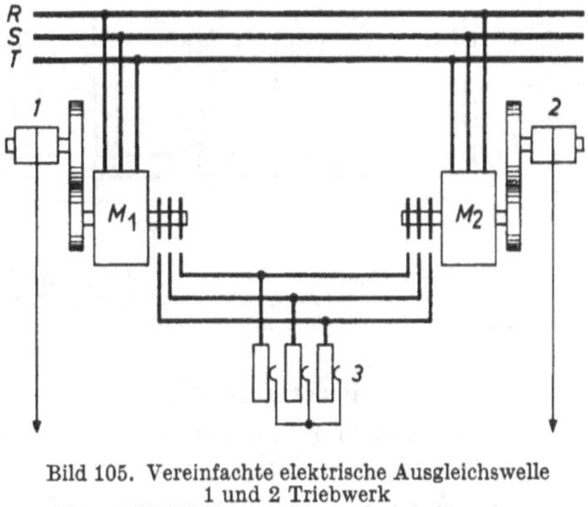

Bild 105. Vereinfachte elektrische Ausgleichswelle
1 und 2 Triebwerk
M_1 und M_2 Wellenmaschinen als Arbeitsmotoren
3 Anlaß- und Schlupfwiderstand

Arbeitswelle mit Leitmaschine

Über elektrische Wellen werden mehrere Triebwerke von einem gemeinsamen Motor *M* (Bild 106) angetrieben, der entweder getrennt aufgestellt ist oder auch mit einem weiteren Triebwerk mechanisch gekuppelt sein kann. Mit dieser Wellenleitmaschine, gekuppelt mit einem Antriebsmotor, sind läuferseitig Drehstrom-Asynchronmotoren, phasengleich miteinander verbunden. Die Zahl der im Gleichlauf zu haltenden Triebwerke unterliegt keiner Beschränkung. Die Leitmaschine als Generator muß für die Summe der Leistungen bemessen werden. Die Schaltung ist eine Parallele zur mechanischen Arbeitswelle mit Triebwerken, die von einem zentralen Motor angetrieben werden. — Weitere Lösungen hoher Genauigkeit brachte die Regelungstechnik.

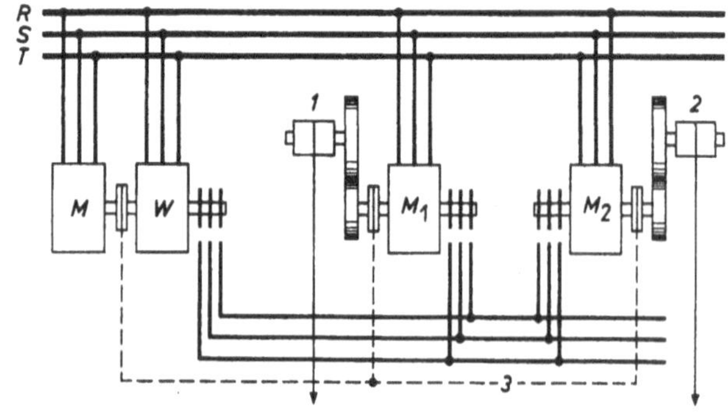

Bild 106. Elektrische Arbeitswelle mit Leitmaschine
1 und 2 Triebwerke 3 Arbeitswelle *M* Antriebsmotor
W Wellenleitmaschine M_1 und M_2 Wellenmaschinen

20. Messen in der Antriebstechnik

Für die Beanspruchung des Antriebes, der Arbeitsmaschine und die Überwachung der Prozesse bietet die Meßtechnik Möglichkeiten, das statische und dynamische Verhalten zu beurteilen. Entscheidend war, daß sich der leistungsstarke Einzelmotor bei modernen Ausrüstungen in kleinere Einheiten auflöste, so wird der einzelne Vorgang in seinem Verhalten überwacht. Die Meßtechnik arbeitet in der Hauptsache mit widerstandsändernden, induktiven, kapazitiven, thermischen, photoelektrischen und zählenden Verfahren; Meßverfahren wurden Wegbereiter für die Einführung der Regelungstechnik und Automatisierung. Meßwerte fallen als Strom, Spannung, Weg, Winkel, Frequenz u. a. an. Nichtelektrische Größen werden über Meßgrößenumformer in analoge Ströme oder Spannungen umgewandelt. Diese analoge Form ist mit Umwandlungsfehlern behaftet. Durch Quantisieren und Codieren kann ein analoges in ein digitales Signal umgeformt werden.

Es handelt sich meist um das Messen nichtelektrischer Größen, deren Erfassen für die technologische Seite entscheidend ist. Die Angaben müssen außerdem für ihre Anwendung in Steuerungen und Regelkreisen als elektrische Werte vorliegen. Deshalb werden Meßumformer zwischengeschaltet, die Spannungen oder Ströme liefern, bei geringen Werten wird eine Verstärkung eingeschaltet.

Die wachsende Genauigkeit führt zu einem Wandel der Meßtechnik; die Analogtechnik wird durch digitale Lösungen verdrängt. Beispiele sind Ausrüstungen der Werkzeugmaschinen mit ihren hohen Genauigkeiten und Regelkreise.

Der *Digitaltechnik* dienen berührungs- und kontaktlose Initiatoren, um Bewegungsvorgänge als nacheinander gesandte Impulse zu erfassen und so ein Maß z. B. für den zurückgelegten Weg durch berührungsloses induktives oder photoelektrisches Abtasten zu geben.

Als Beispiel die Winkelkodierer:

Das sind absolut-digitale Winkellagen-Meßsysteme, die den Drehwinkel ihrer Eingangswelle in eine Zahl umsetzen, so daß dieser in Form elektrischer Signale abgenommen werden kann. Das Auflösungsvermögen reicht bis $^1/_{1000}$ Umdrehungen der Eingangswelle; das

Messen geschieht durch kontaktloses lichtelektrisches Abtasten von Kodescheiben, digitale Geräte machen die Zahlen in einem Lampenfeld sichtbar.

Verwendung z. B. beim Positionieren von Werkzeugen in Verbindung mit einem digitalen Folgeregler; mit Leitspindeln und 10 m Meßweg sind Positionierungen auf 0,01 mm möglich.

Alle Bewegungsvorgänge, wie Drehbewegungen einer Welle, können durch Impulsgeber in Impulse umgesetzt und über Zählgeräte zum Erfassen von Drehwinkeln, Drehzahlen, Geschwindigkeitsänderungen u. a. genau bestimmt werden. So führt diese Meßtechnik der hohen Genauigkeit und Geschwindigkeit zwangsläufig zur digitalen Ziffernanzeige.

Die analoge Technik ist die wirtschaftlichere, sie findet ihre Grenzen beim Optimieren von umfangreicheren Systemen. Zu den *analogen* Meßeinrichtungen gehören z. B. induktive und kapazitive Lösungen für die Fernübertragung von Drehwinkeln, Weglängen oder anderen Meßwerten. Diese Weggeber arbeiten kontaktlos ohne Stufen mit sehr geringem Stellmoment. Als induktive Schaltung mag der Differential-Transformator dienen, der bei konstanter Wechselspannung mit mehreren kHz Hübe von einigen mm bringt. Auch kapazitive Drehgeber sind in Anwendung, deren Drehwinkel in einem porportionalen Ausgangsgleichstrom umgeformt wird. Durchhänge von Stoffbahnen oder Bandschlingen im Walzwerk werden durch Tänzerwalzen, Schlingenheber oder photoelektrisch gemessen, wobei Potentiometer oder Drehtransformatoren das Übertragen in elektrische Werte übernehmen. Kräfte und Drücke sind fast weglos mit Kraftmeßdosen meßbar. Drehmomente an einer Welle sind über den Torsionswinkel meßbar, indem z. B. Induktivitäts- oder Widerstandsänderungen durch eine Brückenschaltung feststellbar sind.

Jedes Messen einer Beschleunigung läßt sich auf eine Kraftmessung zurückführen, z. B. piezoelektrisch.

Nur was meßbar ist, kann automatisiert werden!

Zu messende mechanische Betriebsgrößen	Prinzip	Verfahren zur Messung Beispiele
Drehzahl (Geschwindigkeit)	induktiv (analog)	Tachometermaschinen mit Dauermagnet-, Fremd- oder Eigenerregung liefern eine der Drehzahl proportionale Gleich- oder Wechselspannung und -frequenz
	zählend (digital)	Durch eine Lochscheibe auf der Motorwelle gibt eine Photozelle Impulse, die während einer durch eine Quarzfrequenz definierten Zeit, z. B. 1 s, gezählt werden. Auch magnetische und induktive Impulse werden verwendet
	mittelbar	Ankerspannung des Gleichstrommotors
Weg (Lage, Stellung)	mechanisch	Grenzschalter mit Hebel, Spindel, Zählwerk
	induktiv	Wegmeßsysteme als Drehfeldsysteme oder Selsynverfahren mit einphasiger Schaltung im Läufer und dreiphasiger Schaltung im Ständer
	kapazitiv	Lage einer Schlinge beim Walzen von Feineisen wird durch zwei Meßplatten und das Walzgut als Kondensator kapazitiv gemessen
	lichtelektrisch	Photodioden und -transistoren sprechen infolge ihrer großen Lichtempfindlichkeit auf glühendes Walzgut beim Zählen, als Lichtschranken u. dgl. an
	zählend	Anzahl der Impulse ergibt den Weg, die Stellung

Zu messende mechanische Betriebsgrößen	Prinzip	Verfahren zur Messung Beispiele
Dicke	mechanisch	durch Tasten mit Übertragen auf z. B. induktiven Geber
	induktiv	Einführen z. B. eines Bandes zwischen zwei Induktionsspulen, in Mittellage heben sich magnetische Kräfte auf, jedes Abweichen führt zu meßbarer Differenz
	radioaktiv	Die Intensität der durch das Material gedrungenen Strahlung wird gemessen
Drehmoment	mittelbar	Motorstrom
Druck	widerstandsändernd	Dehnungsmeßstreifen ergibt als Folge der Längenänderung eine meßbare Widerstandsänderung
	induktiv	Dehnung unter dem Einfluß des Druckes wird als Längenänderung induktiv mit ELTAS-Feintaster (zwei Magnetspulen, in deren Mitte sich ein Anker bewegen kann) gemessen
Zug	mechanisch	Eine Druckwalze („Tänzerwalze") hängt an einer Schleife des zu messenden Materials, die Auf- und Ab-Bewegung der Walze zeigt nicht nur den Zug an, sondern betätigt auch Potentiometer, Feldsteller u.a. Steller
	widerstandsändernd	Dehnungsmeßstreifen
	induktiv	ELTAS-Feintaster wie unter „Druck"

Zu messende mechanische Betriebsgrößen	Prinzip	Verfahren zur Messung Beispiele
Geräusch	schall-messend	Über Mikrophon wird z. B. Verhältnis der hoch- und niederfrequenten Anteile als kennzeichnend für den Füllgrad von Kugelmühlen gemessen

21. Regelung von Antrieben

Wird am Ausgang einer Steuerstrecke durch Messen das Ergebnis des Steuerns (die Steuergröße) beobachtet und daraufhin vom Bedienungsmann als „Regler" dieses Ergebnis mit dem anzusteuernden Wert, dem Sollwert, verglichen um „regelnd" einzugreifen, so liegt eine Regelung von Hand vor. Die Steuerstrecke wird zur Regelstrecke, die Steuergröße zur Regelgröße. Geschieht dieser Vorgang „selbsttätig", indem die durch Messen und Vergleichen mit dem vorgegebenen Sollwert gebildete Regelabweichung über den Regelverstärker korrigierend eingreift, so handelt es sich um eine selbsttätige Regelung (DIN 19 226) (Bild 107).

Beim Regeln wird der vorgegebene Wert einer Größe fortlaufend durch „Eingriff auf Grund von Messungen dieser Größe hergestellt und aufrechterhalten". Der Mensch dient zur Vorgabe des Sollwertes, an seine Stelle kann auch ein Programmgeber treten, der nach Zeit oder anderem Plan mit wechselnden Sollwerten den Regelkreis beaufschlagt.

Bei Antrieben für gleichmäßige Drehzahl ist eine häufige Ursache von Störungen die Änderung der Belastung. Sie bringt abhängig von Drehmomentschwankungen Drehzahländerungen.

Das Beispiel eines vereinfachten Transduktorantriebes mit Steuerung (Bild 108) oder Regelung der Drehzahl

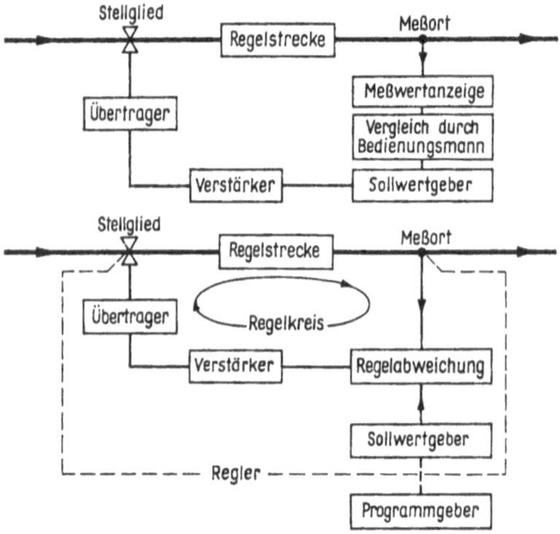

Bild 107

mag die Schaltungen erläutern: Bei der Drehzahlsteuerung wird der Motor mit veränderlicher Spannung aus dem Wechselstromnetz gespeist, indem der induktive Widerstand der Drosseln abhängig von der Gleichstromvormagnetisierung durch das Steuergerät geändert wird. Mit steigendem Last-Drehmoment sinkt die Drehzahl infolge des zunehmenden Spannungsfalls in Drossel, Halbleiter und Anker. Diese einfache Steuerung berücksichtigt nicht den Einfluß der Drehmomentschwankungen auf die Drehzahl.

Für den Drehstrommotorantrieb wurde eine Steuerung mit Transduktoren im Läuferkreis des Motors

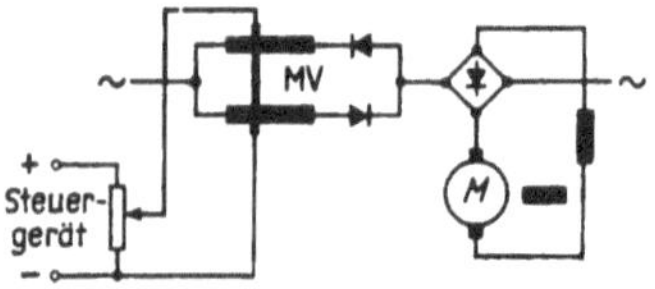

Bild 108. Transduktorantrieb

entwickelt: Drehzahl und Moment des Motors müssen den mechanischen Bedingungen angepaßt werden, was beim Drehstrommotor mit seiner festen Drehzahl-Drehmoment-Kennlinie schwierig ist. Hier half ein neues Verfahren der Schlupfsteuerung durch spannungsteuernde Transduktoren. Diese kontaktlose Transduktorsteuerung verbindet Wartungsfreiheit mit günstigem Drehzahlverhalten.

Das Bild zeigt den Aufbau des gesteuerten Drehstrom-Transduktorantriebes: in jede Läuferphase sind Transduktoren als steuerbare, induktive Widerstände eingeschaltet. Sie sind in zwei Drosseln mit getrennten Kernen aufgeteilt, die mit antiparallelen Siliziumdioden als Sättigungsgleichrichter in Reihe liegen. Also wird zum Durchsteuern nur eine geringe Steuerleistung erforderlich. Bei gleichmäßiger Aussteuerung über die gemeinsamen und in Reihe geschalteten Steuerwicklungen können die Transduktoren bei ihrer Steuerdurchflutung einen definierten Teil der Läuferspannung aufnehmen und so den Strom im Läuferkreis des Motors ändern.

Als Maß der Drehzahl, d. h. als Istwert der Regelgröße, wird die Ankerspannung (U_{ist}) gemessen (Bild 71), diese ist der am Sollwertgeber eingestellten Spannung (U_{soll}) gegengeschaltet. Auf den magnetischen Verstärker wirkt die Differenz beider Spannungen, die Regelabweichung. Die entsprechend dem Lastdrehmoment sich ändernde drehzahlabhängige Spannung beeinflußt die Vormagnetisierung des magnetischen Verstärkers, so daß die Spannung am Anker bei Drehmomentänderungen konstant gehalten wird.

Eine unmittelbare Einflußnahme auf das Drehzahlverhalten ergibt sich beim Führen des Laststromes über eine zweite Vormagnetisierungswicklung (Bild 110) des magnetischen Verstärkers. Die Störgröße Laststrom greift unmittelbar am Stellglied ein und steuert die Regelgröße auf einigermaßen konstanten Wert. Diese

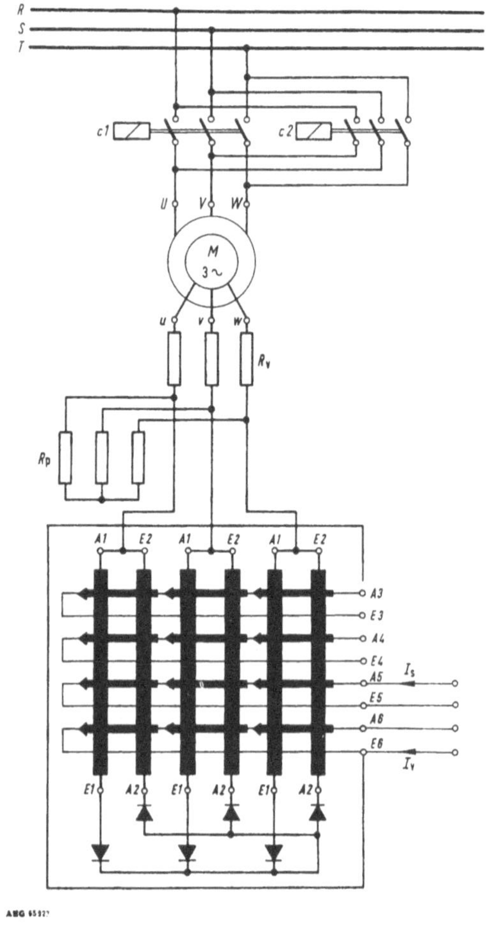

Bild 109. Ds-Motor mit Transduktor im Läuferkreis

„Aufschaltung“ der Störgröße hat den Vorteil, daß die groben Störungen der Regelgröße beseitigt werden und der Regelkreis insofern entlastet wird, als er nur noch die Feinregelung übernimmt. Es handelt sich um eine Kombination von Steuerung und Regelung als „Regelung mit Störgrößenaufschaltung“.

Bild 110

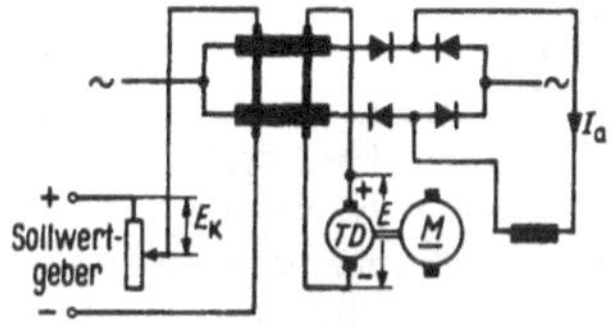

Das Drehzahlverhalten eines Antriebes kann durch Regelung sehr steif gegenüber Belastungsstößen gestaltet werden. Soll Überlastung z. B. im Drehmomentbereich beim Beschleunigen und bei voller Geschwindigkeit zum Schutz der Maschinen verhindert werden, so kann der Drehzahlregler auch das Einhalten solcher Drehmoment-Grenzwerte übernehmen. Das geschieht durch Einführen des Stromes als Maß für das Drehmoment in den Regelkreis, sobald ein vorgegebener Schwellwert überschritten wird. Der Drehzahlregelkreis und das Drehmoment-Regelsystem wechseln miteinander ab.

Der Regelkreis ändert seinen Gleichgewichtszustand, sobald Störungen vor oder in der Regelstrecke auftreten. Solch ein geschlossener Kreis mit Verstärkern und trägheitsbehafteten Gliedern neigt zu Schwingungen, er kann instabil werden. Deshalb ist die Stabilisierung durch Beruhigungsglieder wichtig, die aber die Regelgeschwindigkeit und -genauigkeit nicht wesentlich mindern sollen. Der zeitliche Verlauf der unter dem Einfluß von Störgrößen entstehenden Regelabweichungen ist nicht leicht zu erfassen. Es handelt sich meist um einen komplizierten Ausgleichsvorgang, bei dem neben den

Störgrößen und ihren Angriffsstellen innerhalb der Regelstrecke die Eigenschaften der Strecke und des Reglers bestimmend sind. Durch den Einsatz von Stabilisierungsgliedern, z. B. RC-Schaltung des Regelverstärkers bei einer PI-Regelung, läßt sich trotz hoher statischer Verstärkung ein stabiles Verhalten erreichen. Die Stabilisierung wird so bemessen, daß schnelles Ausregeln mit geringem Überschwingen erfolgt.

Bei einer Regelung ist die Genauigkeit die größte bleibende Abweichung des Istwertes der Regelgröße von dem am Sollwertgeber eingestellten Betrag bei ungünstiger Kombination. Jede Regelung kann den Sollwert nur mit einer gewissen Abweichung einhalten, denn sie spricht nur an, sobald eine Differenz zwischen Ist- und Sollwert eintritt. Die praktisch trägheitsfreien Bausteine der Elektronik ermöglichen je nach Aufwand schon bei sehr geringen Abweichungen das Ansprechen des Reglers. Fehler in der Sollwertvorgabe, Schwankung der Sollwertspannung infolge Netzspannungsschwankungen, Fehler in der Istwertmessung, z. B. Änderung der Tachometerspannung infolge Erwärmung u. a. gehen als Fehler in die Regelung ein. Drehzahländerungen durch im Regelkreis angreifende Störgrößen, wie Änderungen der Ausgangsspannung des Regelverstärkers infolge Verstärkerdrift, Netzspannungsschwankungen, Feldstromänderungen u. a., werden in ihrer Auswirkung durch die Regelung um den Faktor $1/1 + V$ vermindert (V = Regelkreisverstärkung).

Würde sich z. B. die Drehzahl infolge eines Sinkens der Netzspannung bei gesteuertem Antrieb um 5% ändern, so nimmt sie beim geregelten Antrieb um $5 \cdot 1/1 + V$ % bei stabilisiertem Sollwert ab. Die Auswirkungen der Störgrößen werden um so mehr vermindert, je höher die Regelkreisverstärkung ist.

Die Forderungen an die Güte der Regelung steigen infolge der wachsenden Geschwindigkeiten und der höheren Qualitätsansprüche. Hierbei sind neben der Genauigkeit der Regelung die des Sollwerteinstellers, der

Istwertanzeige und andere die Regelabweichung beeinflussenden Werte zu untersuchen.

Bei einem Vergleich zwischen analoger und digitaler Regelung ist zu überlegen: Die Drehzahl eines Motors wird bei Stoßbelastung sinken und sich auf einen neuen Wert einstellen. Die Regelung soll diesen Drehzahlabfall schnell beseitigen.

Bei analoger Regelung wird die Istdrehzahl als Istspannung gemessen und mit der Solldrehzahl und -spannung verglichen. Die Differenz beider Spannungen wird über den Regelverstärker dem Stellglied zugeleitet: die Regelabweichung verschwindet. Diese Technik verlangt einen hochwertigen Verstärker und eine Tachometermaschine, die praktisch unverzögert eine oberschwingungsfreie Spannung liefert, so daß der Drehzahlabfall sehr schnell beseitigt wird. Diese analoge Regelung mit ihrer guten Dynamik kann aber über längere Zeit bei langsam veränderlichen Störungen die Drehzahl nicht mit einer Genauigkeit unter $\pm 0{,}1\,\%$ einhalten.

Bei digitaler Regelung wird der Drehwinkel in Impulse eingeteilt, die über Zähler als Zahlen verarbeitet und dann in analoge Werte umgeformt werden.

Ist T die Zeitdauer der Zählung und f die Zählfrequenz, so ist die Genauigkeit der Messung das Produkt $T \cdot f$. Dieses Verfahren benötigt also Zeit, während die analoge Regelung bereits fast den Sollwert erreicht hat.

Hochwertige Drehzahlregelungen kombinieren in der Weise, daß der analoge Teil die schnelle Beseitigung von Störungen ausführt, während der digitale Teil die Genauigkeit und Reproduzierbarkeit gewährleistet.

22. Datenerfassen

Die Industrie fordert automatische Überwachung von Prozessen und Produktionsvorgängen. Daten müssen periodisch oder durch den Prozeß gesteuert abgefragt und z. B. mit Sollwerten verglichen werden. Dieser Vorgang kann mit einer Datenanalyse zum Prozeßstudium verbunden werden. Das automatische Überwachen wird zur Ausschaltung menschlicher Fehlleistungen, Kontrolle des Materialflusses und bei Einzelfertigung, z. B. zur Auftragsverfolgung, notwendig. Beispiel: Walzwerk, bei dem das Erwärmen der Brammen in den Tieföfen, Brennstoffverbrauch, Transport zur Walze, Walzvorgang mit Walztemperatur, Drehzahl, Walzprogramm, Walzdruck, Schere und der Transport zum Lager automatisch verfolgt werden und Informationen sowie Warnengen bei Grenzüberschreitungen über Anzeigen oder Furnschreiber übermittelt werden.

Die digitale automatische Prozeßführung ist das Ziel der Datenerfassung. Gründe sind: Anpassen an wechselnde Betriebsbedingungen und Rohstoffkosten. Zugleich soll ein Optimum an Wirtschaftlichkeit erreicht werden. Voraussetzung ist ein im Rechner gespeichertes Modell des Prozesses, um so Entscheidungen für eine optimale Prozeßführung zu fällen. Voraussetzung ist eine Prozeßstudie mit umfangreicher Datenerfassung.

Die Eingangsdaten werden digital als eine Folge diskreter Werte dem Rechner angeboten. Beim Datenerfassen müssen aber von einer Vielzahl meist analoger Werte zeitlich nacheinander Proben genommen und in digitale Form umgewandelt werden. So entstehen Überlegungen wegen der Genauigkeit, Geschwindigkeit, Korrelation und Stabilität, denn zum Erreichen der Genauigkeit müssen Bedingungen erfüllt werden: Jeder Meßwert muß genügend häufig abgefragt werden, damit keine Information verlorengeht, die analogen Signale müssen mit hoher Genauigkeit verstärkt werden, und das analoge System darf durch die Abfrage nicht gestört werden. Der Analog-Digital-Wandler formt die Eingangsspannung in eine Folge von Impulsen um. Nach einem Zwischenspeicher werden die Daten direkt oder nach dem Speichern auf Lochkarten, Lochstreifen oder Magnetband einem Digitalrechner zugeführt.

Numerisch gesteuerte Werkzeugmaschinen (Beispiel)

Die Verarbeitung der Informationen über die Geometrie des zu erstellenden Werkstückes und die Arbeitsbedingungen setzen voraus, daß in der Arbeitsvorbereitung die Maße als Vielfache einer kleinsten Einheit angegeben, die Arbeitsbedingungen in Schlüsselzahlen umgesetzt und einem Lochstreifen als Informationsträger für die Fertigung eingegeben werden, um von der Steuerung der Werkzeugmaschine gelesen zu werden. Mittels eines festen Koordinatensystems kann man jeden Punkt im Verfahrbereich durch eine numerische, d. i. zahlenmäßige Angabe beschreiben. Die numerische Steuerung besteht aus:

dem Wegmeßsystem, um die Position des Arbeitstisches genau zu erfassen, einem Speicher, in dem der Sollwert dieser Position eingegeben ist, dem Vergleicher, um aus der Differenz von Soll- und Istwert Befehle abzuleiten,

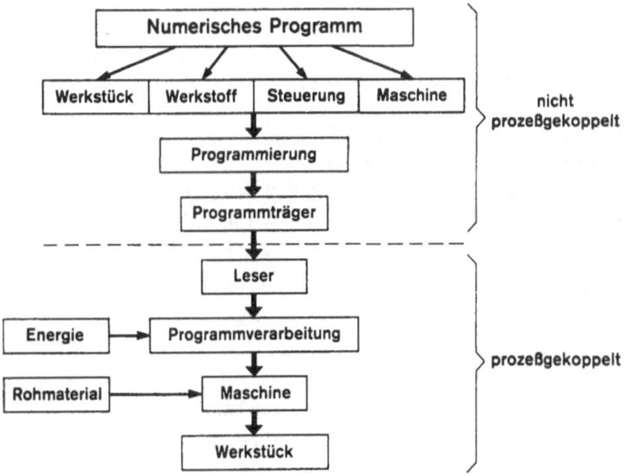

Bild 111

welche die Maschine in die erforderliche Position bringen.

Unterschieden werden:

Punktsteuerungen mit zwei Koordinaten, die Werkzeug und Werkstück in eine bestimmte Lage zueinander bringen, z. B. Bohrmaschine;

Streckensteuerungen mit drei Koordinaten zum Bearbeiten während des Verfahrvorganges in den natürlichen Koordinaten, z. B. Dreh- und Fräsmaschinen;

Bahnsteuerungen mit dem Verfahren nach geometrischen Kurven.

23. Niederspannungs-Schaltgeräte

Die Niederspannungs-Schaltgeräte für Antriebe werden durch die elektronischen Schaltungen nicht verdrängt: Stetige Entwicklung der Geräte zum Erhöhen des Schaltvermögens, der mechanischen und elektrischen Lebensdauer sowie die Erweiterung der Programme für Schütze, Zeitschalter, Mikroschalter, Widerstände, Befehlsgeräte u. a. wird diesem Gebiet der schaltenden Kontakte seinen Anteil an den Ausrüstungen für elektronische Antriebe sichern.

Schaltgeräte sind nach VDE 0660/12.52 Geräte, die Strompfade verbinden, unterbrechen oder trennen. Nach ihren Haupteigenschaften werden sie eingeteilt in:

Schalter für willkürliches oder selbsttätiges Ein-, Aus- oder Umschalten von Strompfaden;

Anlasser und Steller, die elektrische Betriebsmittel, vorzugsweise Motoren in den Betriebszustand bringen. Steller verändern den Betriebszustand.

Sicherungen zum selbsttätigen Öffnen von Stromkreisen bei Überlast durch Abschmelzen des stromführenden Schmelzleiters.

In Anwendung für Antriebe zum *Anlassen der Motoren* sind:

Stern-Dreieckschalter, Anlasser mit Widerständen (s. Bild 39).

Die Auslegung erfolgt nach:

Anlaßarbeit:	mittlere Anlaßaufnahme mal Anlaßzeit
Anlaßzahl:	Anzahl der hintereinander bis zur Endtemperatur zulässigen Anlaßvorgänge
Anlaßhäufigkeit:	Anzahl der stündlich in gleichmäßigen Abständen dauernd zulässigen Vorgänge
Anlaßschwere:	mittlere Leistungsaufnahme: Leistungsaufnahme des Motors bei Vollast
Anlaßzeit:	Zeit, während der die Anlaßstufen Strom führen

Anlassen

Gleichstrom-Nebenschlußmotoren können bis etwa 0,5 kW und Reihenschlußmotoren bis etwa 1,5 kW direkt eingeschaltet werden. Ebenso bei etwas größeren Leistungen, wenn ein Dauervorschaltwiderstand vor dem Anker liegt und der dadurch bedingte Drehzahl- und Leistungsverlust von etwa 20 % zulässig ist.

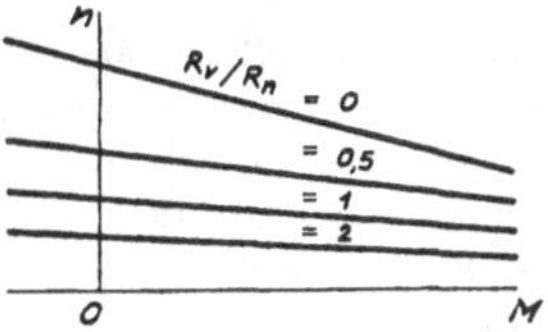

Bild 112

Steller

Feldsteller zum Schalten von Widerständen im Erregerstromkreis von Maschinen, z. B. zum Einstellen der Spannung von Leonardgeneratoren, zum Drehzahlanpassen von Gleichstrommotoren; Eingangsglieder der Regelstrecke, mit denen eine Größe beeinflußt wird, von der die Regelgröße abhängt; sie werden ebenso im Energiefluß der Steuerstrecke verwendet.

Dazu gehören Steuerwalzen zum Schalten des Motors, der Anlaß- und Bremswiderstände, Steuerschalter mit Nocken und Lichtbogenlöscheinrichtung für höhere Schalthäufigkeit bei leichterer Bedienung.

Meisterschalter mit Schützen für schweren Betrieb.

Schalter

Schalter sind Schaltgeräte zum willkürlichen oder selbsttätigen Ein- und Ausschalten von Strompfaden, bei denen sämtliche zum Verbinden oder Unterbrechen dienenden Teile fest auf einem gemeinsamen Sockel (Platte oder Rahmen) zusammenhängen.

Das sind:

Grenzschalter mit mechanischer Betätigung, welche die Bewegungen aus Gründen der Sicherheit oder im automatischen Betrieb begrenzen; Hebelendschalter mit Rollenschalthebel, Spindelendschalter für begrenzte Anzahl von Umdrehungen, Getriebeendschalter mit Zählwerk für höhere Umdrehungszahlen;

Anstoßschalter, z. B. für das Einschalten des Füllzustandes eines Flüssigkeitsbehälters, betätigt durch einen Schwimmer;

Druckschalter, z. B. zur druckabhängigen Schaltung einer Kompressoranlage;

Drehzahlschalter, z. B. als Bremswächter, um beim elektrischen Bremsen durch Gegenstrom rechtzeitig vor dem Stillstand des Motors abzuschalten und das Hochlaufen in Gegenrichtung zu verhüten;

Rollenschalter kleiner Abmessungen für Aufgaben mit einem Hub von wenigen Millimetern und doppelter Unterbrechung des Stromweges, die auch als Umschalter, Zwillingsschalter, Schwenkschalter und in vielen Arten zu Kombinationen aufgereiht werden können;
Mikroschalter sehr kleiner Größe als Momentschalter mit geringen Antriebskräften und hoher Schaltgenauigkeit; der Schaltvorgang erfolgt auch bei langsamer Betätigung schlagartig für Grenz-, Signal-, Verriegelungs- und andere Hilfsschaltungen;
Annäherungsschalter, die ohne mechanische Berührung, z. B. durch induktive, kapazitive oder lichtempfindliche Beeinflussung, ansprechen;
Phototransistoren und -dioden sind infrarot-empfindlich und sprechen auf Eigenstrahlung glühender Gegenstände an.

Befehls- und Bedienungsgeräte

Befehls- und Bedienungsgeräte schalten Betätigungskreise. Sie können sich in Spannungs- und Stromart vom Hauptstromkreis unterscheiden. Es sind Geräte kleiner Schaltleistungen, die Signale oder Impulse geben und von Hand bedient werden über Drucktaster, Steuerhebel, Kleinstnockenschalter und Meisterschalter mit mehreren Stellungen, Potentiometer; sie arbeiten selbsttätig abhängig von Fühlern mechanischer, induktiver, kapazitiver, thermo- und lichtelektrischer Art u. a.; Auslösung nach starren oder elastischen Programmen. Die Führungsgrößen können mechanisch oder kontaktlos gespeichert (Magnetband) werden.

Meldegeräte zeigen an zentraler Stelle durch Lichtsignale, Symbole und akustische Zeichen den Schaltzustand und die Bewegungsposition des jeweiligen Antriebs sowie den Ausfall von Geräten an, so daß zeitraubende Störsuche vermieden wird.

1. Luftschütze als fernbetätigte Schalter für höhere Schalthäufigkeit: Durch Schaltmagnete werden Schaltstücke in Einschaltstellung gebracht und gehalten, damit ist gleichzeitig eine Unterspannungscharakteristik gegeben: Der Schaltmagnet wird durch Tast- oder Stellschalter an Spannung gelegt und erregt. Die beweglichen Schaltstücke sind mit dem Anker verbunden und werden gegen feste Schaltstücke gedrückt.

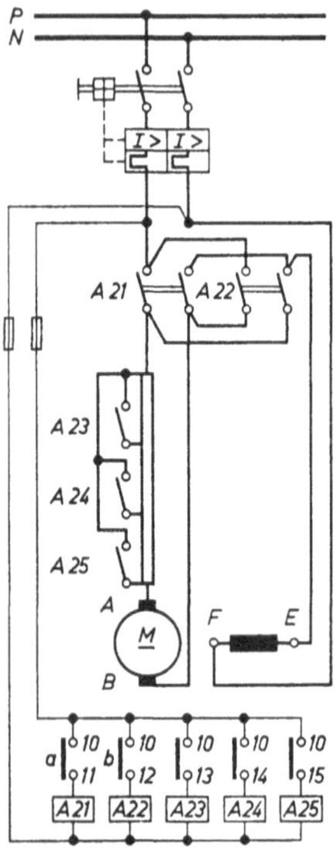

Bild 113

Beim Kurzkommando durch Tastschalter bleibt im Tippbetrieb das Schütz nur während der Kommandogabe eingeschaltet. In der Schaltung mit Selbsthaltekontakt im Steuerkreis bleibt der Einschaltbefehl auch nach dem Öffnen des Tastschalters erhalten.

Beim Dauerkommando durch Stellschalter bleibt der Einschaltbefehl ständig erhalten, so daß sich eine Selbsthalteschaltung erübrigt.

Schütze haben lange Lebensdauer, weil nur wenige bewegliche Teile dem Verschleiß unterliegen: Einsatz bei Arbeitsmaschinen großer Schalthäufigkeit. Sie können mit einer Anzahl Hilfsschalter für Steuer- und Verriegelungszwecke ausgerüstet werden (s. Bild 87).

2. Luftschütze für schweren Schaltbetrieb bis 600 A, 1000 V. Diese Industrieschütze werden, z. B. für Walzwerke, Krananlagen mit hoher Schalthäufigkeit und im Tipp-

und Bremsbetrieb, eingesetzt. Die robuste Klappankerkonstruktion mit sorgfältig gelagerter Welle ergibt hohe Gerätelebensdauer und ermöglicht Schalthäufigkeiten bis 3000 Schaltungen/Stunde. Elektromagnetische Lichtbogenlöschung und Lichtbogenkammern lassen Verwendung in Anlagen bis 1000 V Dreh- und Gleichstrom zu.

3. Ölschütze sind für mittlere Schalthäufigkeit verwendbar, auch in feuchten und schmutzigen Betrieben, wie Stahlwasserbau, und bei aggressiver Atmosphäre, z. B. chemischer Industrie. Schaltstücke und Magnetsystem arbeiten unter Öl und sind gegen Korrosionseinflüsse von außen geschützt. Dämpfen der Schaltschläge und Schmierung durch Öl ergeben hohe Gerätelebensdauer. Der Abbrand der Kupferschaltstücke unter Öl begrenzt die Schaltstücklebensdauer.

Ölschütze dienen zum Schalten von Wechsel- oder Drehstrommotoren.

Motorschutzschalter

Motorschutzschalter sind Schalter oder Schütze mit thermischen Überstromauslösern. Sie schalten allpolig aus, auch bei einphasiger Störung und schützen damit Motor und Personal. Bei höherem Schaltvermögen haben sie Kurzschlußauslöser als Motorschutz-Leistungsschalter.

Steigt die Schalthäufigkeit — bei modernen Werkzeugmaschinen bis 1000 Sch/h —, so ist Motorschutz mit thermischen Auslösern nicht mehr gewährleistet, weil dann deren Temperaturgang ein ganz anderer als der des Motors ist. Deshalb ist man zu einer Temperaturmessung an den Motorwicklungen übergegangen. Motorschutzeinrichtungen dieser Art bestehen aus Kleinstthermostaten, die in die Wicklung des Motors eingebaut werden. Wird die Ansprechtemperatur (höchstzulässige Wicklungstemperatur) erreicht, öffnet der Thermostat einen Kontakt und löst das Motorschütz aus. Bei Überlastung des laufenden Motors bis etwa zum Kippmoment schützt diese Anordnung den Motor sicher bis zu höchster Schalthäufigkeit.

Drehstrommotoren mit Käfigläufer werden bis zu größeren Leistungen direkt eingeschaltet, wenn das Netz (Spannungsabfall) und die Anschlußbedingungen es zulassen. Für Antriebe mit niedrigem Gegenmoment kann Stern-Dreieck-Schaltung verwendet werden, Einschaltstrom und Anzugsmoment gehen auf etwa 30% des Wertes bei direkter Einschaltung zurück.

In anderen Fällen bei Gleichstrom- und Drehstrom-Asynchronmotoren mit Schleifringläufer werden Stufenschalter zum Schalten von Anlaßwiderständen im Anker- oder Läuferkreis in folgenden Ausführungsarten eingesetzt:
für *kleine* Leistungen bei geringer Schalthäufigkeit Flachbahnschalter oder Trommelbahn- und Kommutatorschalter;
für *mittlere* Leistungen bei niedriger Schaltzahl Walzenbahnanlasser;
für mittlere Schalthäufigkeit Steuerschalter mit Einzelschaltern, die durch Nocken und Kurvenscheiben bedient werden, und mit Lichtbogenlöschung arbeiten;
für hohe Schalthäufigkeit, Druckknopfbedienung oder selbsttätigen Betrieb werden Schützensteuerungen mit Meisterschaltern, Zeitschaltern und Programmschaltwerken eingesetzt.

Widerstände

Dem stufenlosen Schalten von Widerständen bei größeren Motorleistungen dient der Flüssigkeitsanlasser, in dessen Sodalösung Elektroden tauchen, die für hohe Stellgeschwindigkeiten hydraulisch bewegt werden.

Die Widerstände werden je nach Betrieb und Bauart mit dem Anlasser vereinigt oder in getrenntem Gehäuse untergebracht, ihre Leistung ist durch die Erwärmung begrenzt. Bestimmend ist die relative Einschaltdauer des Widerstandes, die meist kleiner ist als die des Motors. Normwerte unter Einhaltung einer Höchsttemperatur von 200 °C für die Abluft sind in VDE-Vorschrift festgelegt. Dabei ist zu unterscheiden zwischen dem Anlassen und dem Einstellen der Drehzahl während der Bewegung. Anlaßhäufigkeit ist nicht immer gleich der Schalthäufigkeit, denn beim kurzzeitigen Tippen werden die Widerstände nicht so hoch belastet wie beim Anlassen.

Widerstandsgeräte, Grenzwerte der Erwärmung

Widerstandsgeräte			Grenzerwärmung grd	Grenztemperatur °C
in Luft	mit angebautem Schalter	Gehäuse	125	160
		austretende Luft	175	210
	ohne angebauten Schalter	austretende Luft	200	235
in Öl	Öl zwischen den Widerstandselementen		80	115
in Wasser mit Sodazusatz	Erwärmung des Elektrolyten		60	95

Arbeitsbedingungen für Widerstände des Aussetzbetriebes

Reihe	% ED	Anlaßhäufigkeit 1/h	Anlaßzeit s	Stromlose Pause s	Stellen Abstand min	Stellhäufigkeit 1/h	Stellzeit s
I	12,5	82	4	35	10	6	20
II	20	105	4	23,5	6	10	30
III	40	285	4	7,5	6	10	30

Beim Aufstellen ist auf gute Zu- und Abfuhr der Kühlluft zu achten. Ist die Eigenlüftung nicht ausreichend, müssen Lüfter eingesetzt werden. Belüftete Sonderwiderstände in Kühlerbauform lassen eine besonders intensive Wärmeabfuhr zu.

Eine große Zahl von Arbeitsvorgängen läßt sich zu einem selbsttätigen Arbeitsablauf zusammenfassen; das kann geschehen mit:

elektronischen Kombinationen,

Verknüpfungen elektronischer und bewegten Kontakten schaltenden Geräten,

nur bewegten Kontakten.

Denn die bewährten Kontaktsysteme werden in absehbarer Zeit nicht aus der Anwendung für elektronische Antriebe verschwinden.

24. Ablauf von Steuerungen

Das Befehlsgerät leitet die Bewegung ein, die nun selbsttätig bis zum vorgegebenen Grenzwert abläuft. Die Begrenzung kann durch wegabhängige Schalter (Aufzug), durch Impulszählwerke, drehzahlabhängige Kontakte u. a. erfolgen. Es wird immer beim Erreichen eines Grenzwertes in den Ablauf eingegriffen, und in diesem Augenblick liegt kurzzeitig ein geschlossener Wirkungskreis wie bei der Regelung vor (Bild 100).

Bei Schaltfolgen mehrerer Antriebe, deren Abhängigkeiten festlegbar sind und die sich häufiger wiederholen, bietet die selbsttätig arbeitende Steuerung Vorteile: Zeitersparnis, Gleichmäßigkeit, Unabhängigkeit von Geschicklichkeit und Aufmerksamkeit. Bei starrer Folge kann die Fortschaltung über Grenz- und Anstoßschalter, Zeitrelais und andere Befehlsgeber geschehen, die jeder für sich einstellbar sind. Außerdem können Vorgänge nicht nur nacheinander, sondern auch nebeneinander oder sich überschneidend gewählt oder abgewickelt werden.

Bei elastischer Folge paßt sich die Bewegung selbsttätig den Arbeitsbedingungen des Prozesses an. Jede folgende Phase des Vorganges wird abhängig von Meßwerten, Wächtern, Zeitschaltwerken u. a. durchgeführt. Ergänzt werden diese Schaltungen durch die Möglichkeit des Vorwählens von Einstellungen, z. B. der Drehzahlen, Wege, Zeiten usw. während des Betriebes, um Nebenzeiten zu sparen.

Beispiel: Förderanlage in einem Speicher mit vielen möglichen und wählbaren Transportwegen und -mitteln. Förderweg und Reihenfolge der Antriebe werden an der Symbolsteuerwarte gewählt. Außerdem sind die Einzelantriebe so voneinander abhängig, daß bei Ausfall z. B. eines Transportbandes alle auf dieses Band fördernden Antriebe stillgesetzt werden, um Stauungen des Fördergutes zu vermeiden.

25. Energiebilanz

Das verständliche Streben nach Einsparen von Verlusten auf dem Weg der Energie über Motoren, Getriebe und Arbeitsmaschinen könnte Erfolg haben, wenn:

1. ein gemeinsamer Motor für die Gesamtleistung mit besserem Wirkungsgrad zulässig wäre,
2. die Motoren unmittelbar zum Verfahren wandern würden,
3. die Wirkungsgrade auf der mechanischen Seite erhöht würden.

Dem stehen entgegen:

a) die Entwicklung zu Einzelantrieben hin, also Auflösung des Energieflusses in Teilflüsse, erzwungen durch die Forderung nach Anpassung an die mannigfaltigen Aufgaben der Einzelbewegungen. Allerdings würde der gemeinsame große Antriebsmotor bei vielen Maschinen, z. B. Krananlagen, ungünstig belastet sein, also mit schlechtem Wirkungsgrad und $\cos \varphi$ arbeiten. Der Einzelmotor ist im Mittel besser ausgelastet. Eine Entscheidung über die wirtschaftlichste Lösung ist nur bei Betrachtung des Jahreswirkungsgrades möglich;

b) das Verhalten des mechanischen Wirkungsgrades, der mit sinkender Belastung immer ungünstiger wird;

c) die stark veränderlichen Reibungszahlen auf der mechanischen Seite, deren Werte von Drehzahl, Druck, Temperatur u. a. abhängen.

Drehmomente

Der technologische Vorgang stellt sehr unterschiedliche Drehmomentforderungen, die über die Arbeitsmaschine zur Motorwelle gegeben werden. Betrachten wir den statischen Zustand des bereits angelaufenen Verfahrens, so muß der Motor das Widerstands- oder Gegenmoment überwinden. Dieses Moment läßt sich in vielen Fällen berechnen oder auf Grund von Erfahrungen schätzen.

Ein Motor, der nur handwarm ist, ist schlecht geplant.

Wird im Betrieb die Geschwindigkeit geändert, so treten neben den statischen noch dynamische Momente auf, bedingt durch die zu beschleunigenden oder zu verzögernden Schwungmassen sämtlicher geradlinig oder rotierend bewegten Massen.

Der Motor ist von der Energieseite her gesehen Mittler zwischen Netz und Verfahren: Der Antrieb erhält die Energie vom Kraftwerk über die Verteilungen, er wandelt diese Energie über den Elektromotor in mechanische Energie um und überträgt sie an die Arbeitsmaschine, den Arbeitsprozeß und das Verfahren.

Der elektromotorische Antrieb verbindet sich mit der Arbeitsmaschine zu einer Einheit, häufig konstruktiv, stets in der Arbeitsweise. Allerdings übernimmt der Motor durch die Eigenschaften seiner Charakteristiken meist noch weitere Aufgaben als die des Energiewandlers:

weitgehende bauliche Anpassung, Beherrschen der Bewegungsvorgänge in statischer und dynamischer Richtung, Auswerten des Drehmoment-, Drehzahl- und Leistungsverhaltens und andere Eigenschaften, die neben dem Motor der elektrotechnischen Ausrüstung zu verdanken sind:

Verbesserung der Güte des Erzeugnisses durch Genauigkeit und Veredlung des Verfahrens;

Modernisierung des Produktionsprozesses durch Steigerung der Geschwindigkeit und Optimierung, Ausschalten menschlicher Unzulänglichkeit durch selbsttätige Steuerung oder Regelung.

Von der Netzseite her besteht eine wichtige Wechselwirkung: Die Antriebsleistungen werden je Antrieb größer, der besonders einfache Motor mit Käfigläufer dringt vor. Diese Entwicklung zwingt zu höherer Kraftwerksleistung, die wachsenden Kurzschlußleistungen sind bei den Gliedern des Antriebes zu berücksichtigen.

Beispiel:

Formeln und Umrechnungswerte für Kranantriebe

Hubwerk:

$$P = \frac{Q \cdot V}{4500 \cdot \eta} \text{ (PS)}$$

Leergewicht bei Greiferhubwerken und schweren Unterflaschen berücksichtigen.

Fahrwerk: Beharrungsleistung

$$P = \frac{(Q + G) \cdot w \cdot V}{4500 \cdot \eta} \text{ (PS)}$$

Bei Fahrwerken wird die Motorleistung nicht nur durch die Beharrungsleistung bestimmt, sondern die Auswahl des Motors erfolgt nach dem erforderlichen Anfahrmoment:

$$M_{\mathrm{a}} = M_{\mathrm{w}} + M_{\mathrm{b}} \text{ (mkg)}$$

$$M_w = \frac{N_w \cdot 716}{n_1} \text{ (mkg)}$$

$$M_b = \frac{GD_1^2 \cdot n_2}{375 \cdot t_a} \text{ (mkg)}$$

Umrechnung der Schwungmomente, bezogen auf die Motorwelle:

1. Geradlinig bewegte Massen

$$GD_1^2 = \frac{(Q + G) \cdot d^2}{\eta} \text{ (kgm}^2\text{)}$$

G Gewicht in kg
Q Last in kg

$$d = \frac{V}{\pi \cdot n_1} \text{ (m)}$$

2. Umlaufende Massen

$$GD_1^2 = GD_2^2 \cdot \frac{n_2^2}{n_1^2} \text{ (kgm}^2\text{)}$$

Das Anfahrmoment M_a wird bei Fahrwerken mit etwa 1,6- bis 1,8fachem Nennmoment (M_n) angenommen.

Anfahrzeiten t_a für Triebwerke näherungsweise:

Hubwerk, Schließwerk

Katzfahrwerk, Drehwerk, Kranfahrwerk

Brückenfahrwerk

$t_a = 2$ (s)

$t_a = 4$ (s)

$t_a = 6$ (s)

Drehzahlstellbereiche bei Gleichstromantrieben

Der Gleichstrommotor zeichnet sich durch seine vorzügliche Anpassungsfähigkeit aus. Wir finden ihn daher in Gleichstromnetzen und auch in Verbindung mit Drehstromnetzen

	Schaltung	Leistungsbereich je Einheit in Watt	Drehzahlbereich und -verhalten	Beschleunigung
1	Reihenschlußmotor	beliebig	drehmomentabhängig, stufenlos	stufig/stufenlos
2	Nebenschlußmotor	beliebig	vielstufig, Anker 1 : 5 und mehr, Feld 1 : 3 und mehr	feinstufig
3	Doppelschlußmotor	beliebig	begrenzt drehmomentabhängig	feinstufig
4	Zu- und Gegenschaltung Gleichstromnetz vorhanden	beliebig	1 : 20 und mehr	stufenlos/feinstufig
5	Leonardschaltung Gs- oder Ds-Netz vorhanden	bis zu den größten Leistungen	feinstufig, auch stufenlos bis 1 : 20, bei Regelung noch mehr	stufenlos
6	Stelltransformator mit Halbleitergleichrichter Drehstromnetz vorhanden	bis etwa 10^4	stufig bis 1 : 10	feinstufig
7	Elektronische Schaltungen mit: a) Halbleitern Transduktor m. J.R.-Ausgleich Transduktor m. Drehzahl-Regelung b) Thyristorkombinationen c) Ein- u. Mehranoden-Quecksilberdampf-Stromrichtern	 } bis 10^5 u. m. 10^5 $10^4 \ldots 10^7$	 stufenlos bis 1 : 30 stufenlos bis 1 : 100 stufenlos bis 1 : 100 und mehr stufenlos bis 1 : 100 und mehr	} stufenlos mit Strombegrenzung

Drehzahlveränderbare Antriebe am Drehstromnetz

Motortyp	Schaltung	Drehzahlbreich	Leistungsbereich	Beschleunigen	Verzögern
Asynchron-Motor	Stellwiderstand im Läuferkreis	einstellbar, drehmomentabhängig	beliebig	feinstufig	Gegenstrom, Gleichstrom
	Transduktoren im Läuferkreis	stetig	ca. 1000 kW	stufenlos	elektrisch
	Eldroregelbremse	ca. 10 – 20 %	ca. 100 kW	feinstufig	mechanisch
	Wirbelstrombremse	ca. 10 – 20 %	ca. 100 kW	feinstufig	mechanisch
	Polumschaltung	bis 4stufig	beliebig	stufenweise	elektrisch mit Rückgewinnung
	Frequenzänderung	stufenlos	beliebig	stufenlos	elektrisch mit Rückgewinnung
	Thyristorpulstechnik	stufenlos	z. Z. 500 kW	stufenlos	stufenlos
Kommutator-Motor	ständergespeist	stufenlos	ca. 1000 kW	stufenlos	stufenlos
	läufergespeist	stufenlos	ca. 300 kW	stufenlos	stufenlos

Literatur

Abraham, L., Heumann, K., Koppelmann, F.: Wechselrichter zur Drehzahlsteuerung von Käfigläufermotoren. AEG-Mitt. 54 (1964), S. 89–106.

Abraham, L., Patzschke, U.: Pulstechnik für die Drehzahlsteuerung von Asynchronmotoren. AEG-Mitt. 54 (1964), S. 123–125.

Anniés, B.: Steuerumrichter für Käfigläufermotoren. AEG-Mitt. 54 (1964) S. 123–125.

Backhaus, H., Loocke, G.: Separatormotoren für schwerste Anlaufbedingungen. AEG-Mitt. 54 (1964), S. 42–46.

Bläss, B., Bollmann, H.: Programmsteuerungen. Siemens-Z. 39 (1965), S. 940–945.

Bangel, H., Colmsee, J., Michel, M.: Drehzahlregelung eines Drehstrom-Schleifringläufermotors mit Thyristoren. AEG-Mitt. 55 (1965), S. 135–140.

Claviez, H.: Doppelstern- und Doppelwicklungsmotoren. AEG-Mitt. 54 (1964), S. 58–63.

Dahlinger, D.: Geregelte Drehstrom-Transduktorantriebe für Bandanlagen. AEG-Mitt. 55 (1965), S. 135–140.

Heck, R., Meyer, M.: Die asynchrone Umrichtermaschine, ein kontaktloser, drehzahlregelbarer Umkehrantrieb. Siemens-Z. 37 (1963), S. 287 bis 290.

Horn, W., Witte, H.: Asynchronlaufschutz. AEG-Mitt. 54 (1964), S. 234 bis 240.

Krämer, J., Welk, H.: Die Gleichstrombremsung von Drehstrom-Asynchronmaschinen. BBC-Nachrichten, S. 186–193.

Lehmann, W., Geisweid, R.: Die Elektrotechnik und die elektrischen Antriebe. Springer-Verlag, Berlin, 1962.

Nürnberg, W.: Die Asynchronmaschine. Springer-Verlag, Berlin, 1963.

—: Die Prüfung elektrischer Maschinen und die Untersuchung ihrer magnetischen Felder. Springer-Verlag, Berlin, 1965.

Pabst, W.: Eine numerische Werkzeugmaschinensteuerung. AEG-Mitt. 51 (1961), S. 22–25.

Pflügel, K.: Gleichlauf von Antrieben durch elektrische Wellen. BBC-Nachrichten (1960), S. 428–440.

Sonntag, J.: Anwendung der Wirbelstrombremse in der Antriebstechnik. AEG-Mitt. 50 (1960), S. 123–126.

Steuerungen und Regelungen elektrischer Antriebe. VDE-Buchreihe, Band 4, hrsg. von O. Mohr.

Wark, K.: Gleichstrommotoren für Einzelrollantriebe mit Permanentmagneterregung. AEG-Mitt. 53 (1963), S. 400–402.

Wolter, A.: Der elektrische Antrieb von Fördermaschinen. AEG-Mitt. 47 (1957), S. 1–4.

Register

Gustav Maier

Die Grundlagen der Elektrotechnik

Ein Lehrbuch mit Aufgabensammlung zum Gebrauch an höheren technischen Lehranstalten und zum Selbststudium
2., vollständig umgearbeitete und vermehrte Auflage. Groß-Oktav. Mit 397 Textabbildungen und 164 durchgerechneten Beispielen. 527 Seiten. 1950. Halbleinen DM 12,—

Hans Bornemann

Bau und Berechnung von Leitungen und Leitungsnetzen

Teil I: Bau und Berechnung von Gleichstromleitungen
Oktav. Mit 72 Textabbildungen. VII, 130 Seiten. 1956. DM 14,—

Teil II: Berechnung von Wechselstromleitungen
Oktav. Mit 64 Textabbildungen. VII, 141 Seiten. 1956. DM 16,—

Hans Gerstenberg

Einführung in die Elektrotechnik

Oktav. Mit 326 Abbildungen und 129 Beispielen. XII, 367 Seiten. 1953. Halbleinen DM 16,—

Theodor Königshofer

Die Wicklungen elektrischer Maschinen

Allgemeinverständliche Einführung in die Wicklungen und deren Wirken in elektrischen Maschinen
Oktav. Mit 139 Textabbildungen. 128 Seiten. 1956. DM 12,80

Die praktische Berechnung elektrischer Maschinen

Einführung in Maßsystem und Grundlagen sowie allgemeinverständliche Berechnung von Gleich- und Wechselstrommaschinen
Groß-Oktav. Mit 126 Abbildungen. XVI, 319 Seiten. 1959. Ganzleinen DM 38,—

Werner Kussy

Elektrische Niederspannungsschaltgeräte

2. Auflage. Oktav. Mit etwa 500 Abbildungen. Etwa 500 Seiten. 1967. Plastikeinband etwa DM 120,—

Kraft · Wärme · Licht

Das neuzeitliche Handbuch für Starkstromtechniker
Herausgegeben von Hans Bornemann. Quart. Mit 1214 Abbildungen und 82 Text-Tafeln, 79 Tafeln im Anhang und Beilage. XII, 741 Seiten. 1957. Ganzleinen DM 64,—
(aus dem Schloesser Verlag, Braunschweig, übernommen)

TECHNISCHER VERLAG HERBERT CRAM · BERLIN 30

Sammlung Göschen

Gesamtverzeichnis

Jeder Band DM 3,60 · Doppelband DM 5,80
Dreifachband DM 7,80

Frühjahr 1967

Walter de Gruyter & Co · Berlin 30

Die Bände der **Sammlung Göschen** vermitteln in konzentrierter Form den grundlegenden Stoff für das Studium der einzelnen wissenschaftlichen Disziplinen. Sie sind nicht nur Hilfsmittel für die Arbeit an Universitäten und Hochschulen, sondern auch vorzüglich geeignet für Fachschulen, Arbeitskreise und zum Selbststudium. Die Fülle des Materials hat sich besonders für die Vorbereitung zu Examina und Prüfungen bewährt. Auch eine schnelle Orientierung geht hier niemals auf Kosten der Gründlichkeit.

Inhaltsübersicht

Geisteswissenschaften

Philosophie

Einführung in die Philosophie von H. Leisegang†. 6. Aufl. 146 S. 1966. (281)

Hauptprobleme der Philosophie von G. Simmel †. 8., unveränd. Aufl. 177 S. 1964. (500)

Geschichte der Philosophie

I: Die griechische Philosophie von W. Capelle. 1. Tl. Von Thales bis Leukippos. 3., erw. Aufl. Etwa 135 S. In Vorb. (857)

II: Die griechische Philosophie von W. Capelle. 2. Tl. Von der Sophistik bis zum Tode Platons. 3., stark erw. Aufl. Etwa 144 S. In Vorb. (858)

III: Die griechische Philosophie von W. Capelle. 3. Tl. Vom Tode Platons bis zur Alten Stoa. 2., stark erw. Aufl. 132 S. 1954. (859)

IV: Die griechische Philosophie von W. Capelle. 4. Tl. Von der Alten Stoa bis zum Eklektizismus im 1. Jh. v. Chr. 2., stark erw. Aufl. 132 S. 1954. (863)

V: Die Philosophie des Mittelalters von J. Koch. In Vorb. (826)

VI: Von der Renaissance bis Kant von K. Schilling. 234 S. 1954. (394/394a)

VII: Immanuel Kant von G. Lehmann. In Vorb. (536)

VIII: Die Philosophie des 19. Jahrhunderts von G. Lehmann. 1. Tl. 151 S. 1953. (571)

IX: Die Philosophie des 19. Jahrhunderts von G. Lehmann. 2. Tl. 168 S. 1953. (709)

X: Die Philosophie im ersten Drittel des 20. Jahrhunderts 1. Tl. von G. Lehmann. 128 S. 1957. (845)

XI: Die Philosophie im ersten Drittel des 20. Jahrhunderts 2. Tl. von G. Lehmann. 114 S. 1960 (850)

Die geistige Situation der Zeit (1931) von K. Jaspers. 6. Abdr. der im Sommer 1932 bearb. 5. Aufl. 211 S. 1965. (1000)

Erkenntnistheorie von G. Kropp.
1. Teil: Allgemeine Grundlegung. 143 S. 1950. (807)

Formale Logik von P. Lorenzen. 3., durchges. u. erw. Aufl. 184 S. 1967. (1176/1176a)

Philosophisches Wörterbuch von M. Apel†. 5., völl. neu bearb. Aufl. von P. Ludz. 315 S. 1958. (1031/1031a)

Philosophische Anthropologie. Menschliche Selbstdeutung in Geschichte und Gegenwart von M. Landmann. 2., durchges. Aufl. 223 S. 1964. (156/156a)

Pädagogik, Psychologie, Soziologie

Geschichte der Pädagogik von Herm. Weimer. 17., neubearb. Aufl. von Heinz Weimer. 205 S. 1967. (145/145a)

Therapeutische Psychologie. Ihr Weg durch die Psychoanalyse von W. M. Kranefeldt. M. e. Einf. von C. G. Jung. 3. Aufl. 152 S. 1956. (1034)

Allgemeine Psychologie von Th. Erismann†. 4 Bde.
- I: Grundprobleme. 3. Aufl. 146 S. 1965. (831)
- II: Grundarten des psychischen Geschehens. 2., neubearb. Aufl. 248 S. 1959. (832/832a)
- III: Experimentelle Psychologie und ihre Grundlagen. 1. Tl. 2., neubearb. Aufl. 112 S., 7 Abb. 1962. (833)
- IV: Experimentelle Psychologie und ihre Grundlagen. 2. Tl. 2., neubearb. Aufl. 199 S., 20 Abb. 1962. (834/834a)

Soziologie. Geschichte und Hauptprobleme von L. von Wiese. 8. Aufl. 183 S. 1967. (101/101a)

Ideengeschichte der sozialen Bewegung des 19. und 20. Jh. von W. Hofmann. 243 S. 1962. (1205/1205a)

Sozialpsychologie von P.R. Hofstätter. 2. Aufl. 191 S., 18 Abb. 1964. (104/104a)

Psychologie des Berufs- und Wirtschaftslebens von W. Moede†. 190 S. 48 Abb. 1958. (851/851a)

Industrie- und Betriebssoziologie von R. Dahrendorf. 4. Aufl. 142 S., 3 Fig. 1967. (103)

Wirtschaftssoziologie von F. Fürstenberg. 122 S. 1961. (1193)

Einführung in die Sozialethik von H.-D. Wendland. 144 S. 1963. (1203)

Religion

Jesus von M. Dibelius†. 4. Aufl. m. e. Nachtr. von W. G. Kümmel. 140 S. 1966. (1130)

Paulus von M. Dibelius†. Nach dem Tode des Verf. hrsg. u. zu Ende gef. von W. G. Kümmel. 3., durchges. Aufl. 156 S. 1964. (1160)

Luther von F. Lau. 2., verb. Aufl. 153 S. 1966. (1187)

Melanchthon von R. Stupperich. 139 S. 1960. (1190)

Zwingli von F. Schmidt-Clausing. 119 S. 1965. (1219)

Sören Kierkegaard. Leben u. Werk von H. Gerdes. 134 S. 1966. (1221)

Einführung in die Konfessionskunde der orthodoxen Kirchen von K. Onasch. 291 S. 1962. (1197/1197a)

Geschichte des christlichen Gottesdienstes von W. Nagel. 215 S. 1962. (1202/1202a)

Geschichte Israels. Von den Anfängen bis zur Zerstörung des Tempels (70 n. Chr.) von E. L. Ehrlich. 2. Aufl. In Vorb. (231/231 a)

Römische Religionsgeschichte von F. Altheim. 2 Bde. 2., umgearb. Aufl.
I: Grundlagen und Grundbegriffe. 116 S. 1956. (1035)
II: Der geschichtliche Ablauf. 164 S. 1956. (1052)

Die Religion des Buddhismus von D. Schlingloff. 2 Bde.
I: Der Heilsweg des Mönchstums. 122 S., 11 Abb., 1 Kte. 1962. (174)
II: Der Heilsweg für die Welt. 129 S., 9 Abb., 1 Kte. 1963. (770)

Musik

Musikästhetik von H. J. Moser. 180 S. M. zahlr. Notenbeisp. 1953. (344)

Systematische Modulation von R. Hernried. 2. Aufl. 136 S. M. zahlr. Notenbeisp. 1950. (1094)

Der polyphone Satz von E. Pepping. 2 Bde.
I: Der cantus-firmus-Satz. 2. Aufl. 233 S. Mit zahlr. Notenbeisp. 1950. (1148)
II: Übungen im doppelten Kontrapunkt und im Kanon. 137 S. M. zahlr. Notenbeisp. 1957. (1164/1164 a)

Allgemeine Musiklehre von H. J. Moser. 2., durchges. Aufl. 155 S. M. zahlr. Notenbeisp. 1955. (220/220 a)

Harmonielehre von H. J. Moser. 2 Bde.
I: 109 S. M. 120 Notenbeisp. 1954. (809)
II: In Vorb. (810)

Die Musik des 19. Jahrhunderts von W. Oehlmann. 180 S. 1953. (170)

Die Musik des 20. Jahrhunderts von W. Oehlmann. 312 S. 1961. (171/171 a)

Technik der deutschen Gesangskunst von H. J. Moser. 3., durchges. u. verb. Aufl. 144 S., 5 Fig., sowie Tab. u. Notenbeisp. 1954. (576/576 a)

Die Kunst des Dirigierens von H. W. von Waltershausen†. 2., verm. Aufl. 138 S. M. 19 Notenbeisp. 1954. (1147)

Die Technik des Klavierspiels aus dem Geiste des musikalischen Kunstwerkes von K. Schubert†. 3. Aufl. 110 S. M. Notenbeisp. 1954. (1045)

Kunst

Stilkunde von H. Weigert. 2 Bde. 3., durchges. u. erg. Aufl.
I: Vorzeit, Antike, Mittelalter. 136 S., 94 Abb. 1958. (80)
II: Spätmittelalter und Neuzeit. 150 S., 88 Abb. 1958. (781)

Archäologie von A. Rumpf. 3 Bde.
I: Einleitung, historischer Überblick. 143 S., 6 Abb., 12 Taf. 1953. (538)
II: Die Archäologensprache. Die antiken Reproduktionen. 136 S., 7 Abb., 12 Taf. 1956. (539)
III: In Vorb. (540)

Geschichte

Einführung in die Geschichtswissenschaft von P. Kirn. 5., bearb. u. erg. Aufl. von J. Leuschner. 127 S. 1967. (270/270a)

Einführung in die Zeitgeschichte von B. Scheurig. 101 S. 1962. (1204)

Zeitrechnung der römischen Kaiserzeit, des Mittelalters und der Neuzeit für die Jahre 1—2000 n. Chr. von H. Lietzmann†. 3. Aufl., durchges. von K. Aland. 130 S. 1956. (1085)

Kultur der Urzeit von F. Behn. 3 Bde. 4. Aufl. der Kultur der Urzeit Bd. 1—3 von M. Hoernes.

I: Die vormetallischen Kulturen. (Die Steinzeiten Europas. Gleichartige Kulturen in anderen Erdteilen.) 172 S., 48 Abb. 1950. (564)

II: Die älteren Metallkulturen. (Der Beginn der Metallbenutzung, Kupfer- und Bronzezeit in Europa, im Orient und in Amerika.) 160 S., 67 Abb. 1950. (565)

III: Die jüngeren Metallkulturen. (Das Eisen als Kulturmetall, Hallstatt-Latène-Kultur in Europa. Das erste Auftreten des Eisens in den anderen Weltteilen.) 149 S. 60 Abb. 1950. (566)

Vorgeschichte Europas von F. Behn. Völl. neue Bearb. der 7. Aufl. der „Urgeschichte der Menschheit" von M. Hoernes. 125 S., 47 Abb. 1949. (42)

Der Eintritt der Germanen in die Geschichte von J. Haller†. 3. Aufl., durchges. von H. Dannenbauer. 120 S. 6 Kartensk. 1957. (1117)

Von den Karolingern zu den Staufern. Die altdeutsche Kaiserzeit (900—1250) von J. Haller†. 4., durchges. Aufl. von H. Dannenbauer. 142 S., 4 Ktn. 1958. (1065)

Von den Staufern zu den Habsburgern. Auflösung des Reichs und Emporkommen der Landesstaaten (1250—1519) von J. Haller†. 2., durchges. Aufl. von H. Dannenbauer. 118 S., 6 Kartensk. 1960. (1077)

Deutsche Geschichte im Zeitalter der Reformation, der Gegenreformation und des dreißigjährigen Krieges von F. Hartung. 2., durchges. Aufl. 128 S. 1963. (1105)

Deutsche Geschichte von 1648—1740. Politischer und geistiger Wiederaufbau von W. Treue. 120 S. 1956. (35)

Deutsche Geschichte von 1713—1806. Von der Schaffung des europäischen Gleichgewichts bis zu Napoleons Herrschaft von W. Treue. 168 S. 1957. (39)

Deutsche Geschichte von 1806—1890. Vom Ende des alten bis zur Höhe des neuen Reiches von W. Treue. 128 S. 1961. (893)

Deutsche Geschichte von 1890 bis zur Gegenwart von W. Treue. In Vorb. (894)

Quellenkunde der Deutschen Geschichte im Mittelalter (bis zur Mitte des 15. Jahrhunderts) von K. Jacob†. 3 Bde.

I: Einleitung. Allgemeiner Teil. Die Zeit der Karolinger. 6. Aufl., bearb. von H. Hohenleutner. 127 S. 1959. (279)

II: Die Kaiserzeit (911—1250). 5. Aufl., neubearb. von H. Hohenleutner. 141 S. 1961. (280)

III: Das Spätmittelalter (vom Interregnum bis 1500). Hrsg. von F. Weden. 152 S. 1952. (284)

Geschichte Englands von H Preller. 2 Bde.
I: bis 1815. 4., erw. Aufl Etwa 135 S., 7 Stammtaf., 2 Ktn. 1967 (375/375a)
II: Von 1815 bis 1910. 2., völl. umgearb. Aufl. 118 S., 1 Stammtaf., 7 Ktn. 1954. (1088)

Römische Geschichte von F Altheim. 4 Bde. 2., verb. Aufl.
I: Bis zur Schlacht bei Pydna (168 v. Chr.). 124 S. 1956. (19)
II: Bis zur Schlacht bei Actium (31 v. Chr.). 129 S. 1956. (677)
III: Bis zur Schlacht an der Milvischen Brücke (312 n. Chr.). 148 S. 1958. (679)
IV: Bis zur Schlacht am Yarmuk (636 n. Chr.). In Vorb. (684)

Geschichte der Vereinigten Staaten von Amerika von O. Graf zu Stolberg-Wernigerode. 192 S., 10 Ktn. 1956. (1051/1051a)

Deutsche Sprache und Literatur

Geschichte der deutschen Sprache von H. Sperber. 5., neubearb. Aufl. von P. von Polenz. 136 S. 1966. (915)

Deutsches Rechtschreibungswörterbuch von M. Gottschaldt†. 2., verb. Aufl. 269 S. 1953. (200/200a)

Deutsche Wortkunde. Kulturgeschichte des deutschen Wortschatzes von A. Schirmer. 5. Aufl. von W. Mitzka. 125 S. 1965. (929)

Deutsche Sprachlehre von W. Hofstaetter. 10. Aufl. Völl. Umarb. der 8. Aufl. 150 S. 1960. (20)

Stimmkunde für Beruf, Kunst und Heilzwecke von H. Biehle. 111 S. 1955. (60)

Redetechnik. Einführung in die Rhetorik von H. Biehle. 2., erw. Aufl. 151 S. 1961. (61)

Grundlagen der Sprecherziehung von J. Jesch In Vorb. (1122/1122a)

Deutsches Dichten und Denken von der germanischen bis zur staufischen Zeit von H. Naumann†. (Deutsche Literaturgeschichte vom 5.—13. Jahrhundert.) 3., verb. Aufl. In Vorb. (1121)

Deutsches Dichten und Denken vom Mittelalter zur Neuzeit von G. Müller (1270 bis 1700). 3., durchges. Aufl. In Vorb. (1086)

Deutsches Dichten und Denken von der Aufklärung bis zum Realismus (Deutsche Literaturgeschichte von 1700—1890) von K. Viëtor†. 3., durchges. Aufl. 159 S. 1958. (1096)

Deutsche Heldensage von H. Schneider. 2. Aufl., bearb. von R. Wisniewski. 148 S. 1964. (32)

Der Nibelunge Nôt in Auswahl. Mit kurzem Wörterbuch hrsg. von K. Langosch. 11., durchges Aufl. 166 S. 1966. (1)

Kudrun und Dietrich-Epen in Auswahl mit Wörterbuch von O. L. Jiriczek. 6. Aufl., bearb. von R. Wisniewski. 173 S. 1957. (10)

Wolfram von Eschenbach, Parzifal. Eine Auswahl mit Anmerkungen und Wörterbuch von H. Jantzen. 3. Aufl., bearb. von H. Kolb. 128 S. 1966. (921)

Hartmann von Aue. Der arme Heinrich nebst einer Auswahl aus der „Klage" dem „Gregorius" und den Liedern (mit einem Wörterverzeichnis) hrsg. von F. Maurer. 96 S. 1958. (18)

Gottfried von Straßburg. Tristan und Isolde in Auswahl hrsg. von F. Maurer. 2. Aufl. 142 S 1965. (22)

Die deutschen Personennamen von M. Gottschald†. 2., verb. Aufl. 151 S. 1955. (422)

Althochdeutsches Elementarbuch. Grammatik und Texte von H. Naumann† u. W. Betz. 4., verb. u. verm. Aufl. 183 S. 1967. (1111/1111 a)

Mittelhochdeutsche Grammatik von H. de Boor u. R. Wisniewski. 5., durchges. Aufl. 150 S. 1967. (1108)

Indogermanisch, Germanisch

Indogermanische Sprachwissenschaft von H. Krahe. 2 Bde.
I: Einleitung und Lautlehre. 5. Aufl. 110 S. 1966. (59)
II: Formenlehre. 4., neubearb. Aufl. 100 S. 1963. (64)

Sanskrit-Grammatik mit sprachvergleichenden Erläuterungen von M. Mayrhofer. 2., völl. neu bearb. Aufl. 110 S. 1965. (1158/1158a)

Altirische Grammatik von J. Pokorny. 2. Aufl. In Vorb. (896/896a)

Gotisches Elementarbuch. Grammatik. Texte mit Übersetzung und Erläuterungen von H. Hempel. 4., neubearb. Aufl. 169 S. 1966. (79/79a)

Altnordisches Elementarbuch. Einführung, Grammatik, Texte (zum Teil mit Übersetzung) und Wörterbuch von F. Ranke. 3., völl. umgearb. Aufl. von D. Hofmann. 205 S. 1967. (1115/1115a/1115b)

Germanische Sprachwissenschaft von H. Krahe. 3 Bde.
I: Einleitung und Lautlehre. 6. Aufl. 147 S. 1966. (238)
II: Formenlehre. 6. Aufl. 149 S. 1967. (780)
III: Wortbildungslehre von W. Meid. 270 S. 1967. (1218/1218a/1218b)

Englisch, Romanisch

Altenglisches Elementarbuch. Einführung, Grammatik, Texte mit Übersetzung und Wörterbuch von M. Lehnert. 6., verb. Aufl. 178 S. 1965. (1125)

Mittelenglisches Elementarbuch von H. Weinstock. 1967. In Vorb. (1226/1226a/1226b)

Historische neuenglische Laut- und Formenlehre von E. Ekwall. 4., verb. Aufl. 150 S. 1965. (735)

Englische Phonetik von H. Mutschmann†. 2. Aufl., bearb. von G. Scherer. 127 S. 1963. (601)

Englische Literaturgeschichte von F. Schubel. 4 Bde.
I: Die alt- und mittelenglische Periode. 2. Aufl. Etwa 163 S. 1967. (1114/1114a)
II: Von der Renaissance bis zur Aufklärung. 160 S. 1956. (1116)
III: Romantik und Viktorianismus. 160 S. 1960. (1124)

Beowulf. Eine Auswahl mit Einführung, teilweiser Übersetzung, Anmerkungen und etymologischem Wörterbuch von M. Lehnert. 4., verb. Aufl. 135 S. 1967. (1135)

Shakespeare von P. Meißner†. 2. Aufl., neubearb. von M. Lehnert. 136 S. 1954. (1142)

Romanische Sprachwissenschaft von H. Lausberg. 4 Bde.
I: Einleitung und Vokalismus. 2., durchges. Aufl. 211 S. 1963. (128/128a)
II: Konsonantismus. 2., durchges. Aufl. 95 S. 1967. (250)
III: Formenlehre. 1. Teil. 99 S. 1962. (1199)
III: Formenlehre. 2. Teil. S. 99—260. 1962. (1200/1200a)
IV: Wortlehre. In Vorb. (1208)

Griechisch, Lateinisch

Griechische Sprachwissenschaft von W. Brandenstein. 3 Bde.
I: Einleitung, Lautsystem, Etymologie. 160 S. 1954. (117)
II: Wortbildung und Formenlehre. 192 S. 1959. (118/118a)
III: Syntax I. Einleitung. Die Flexibilien. 145 S. 1966. (924/924a)

Geschichte der griechischen Sprache. 2 Bde.
I: Bis zum Ausgang der klassischen Zeit von O. Hoffmann†. 3. Aufl., bearb. von A. Debrunner†. 156 S. 1953. (111)
II: Grundfragen und Grundzüge des nachklassischen Griechisch von A. Debrunner†. 144 S. 1954. (114)

Geschichte der griechischen Literatur von W. Nestle. 2 Bde. 3. Aufl., bearb. von W. Liebich.
I: 144 S. 1961. (70)
II: 149 S. 1963. (557)

Grammatik der neugriechischen Volkssprache von J. Kalitsunakis. 3., wes. erw. u. verb. Aufl. 196 S. 1963. (756/756a)

Neugriechisch-deutsches Gesprächsbuch von J. Kalitsunakis. 2. Aufl., bearb. von A. Steinmetz. 99 S. 1960. (587)

Geschichte der lateinischen Sprache von F. Stolz u. A. Debrunner†. 4., stark umgearb. Aufl. von W. P. Schmid. 145 S. 1966. (492/492a)

Geschichte der römischen Literatur von L. Bieler. 2., verb. Aufl. 2 Bde.
I: Die Literatur der Republik. 160 S. 1965. (52)
II: Die Literatur der Kaiserzeit. 133 S. 1965. (866)

Orientalistik, Slavistik

Die Keilschrift von B. Meissner. 3. Aufl., neubearb. von K. Oberhuber. Etwa 150 S. 1967. (708/708a/708b)

Die Hieroglyphen von A. Erman. 3. Aufl., neu bearb. von O. Krückmann. 1967. In Vorb. (608/608a/608b)

Hebräische Grammatik von R. Meyer. 3 Bde.
- I: Einleitung, Schrift- und Lautlehre. 3., neubearb. Aufl. 120 S. 1966. (763/763a/763b)
- II: Formenlehre und Flexionstabellen. 3. Aufl. In Vorb. (764/764a/764b)
- III: Satzlehre. In Vorb. (765/765a/765b)

Hebräisches Textbuch zu G. Beer-R. Meyer, Hebräische Grammatik von R. Meyer. 170 S. 1960. (769/769a)

Slavische Sprachwissenschaft von H. Bräuer. 2 Bde.
- I: Einleitung, Lautlehre. 221 S. 1961. (1191-1191a)

Vergleichende Geschichte der slavischen Literaturen von D. Tschižewskij. 2 Bde. In Vorb.
- I: Einführung. Anfänge des slavischen Schrifttums bis zum Klassizismus. (1222/1222a)
- II: Romantik bis zur Moderne. (1223/1223a)

Russische Grammatik von E. Berneker†. 6., verb. Aufl. von M. Vasmer†. 155 S. 1961. (66)

Polnische Grammatik von N. Damerau. 139 S. 1967. (942/942a)

Erd- und Länderkunde, Kartographie

Afrika von F. Jaeger. Ein geographischer Überblick. 2 Bde. 3. Aufl.
- I: Der Lebensraum. 179 S., 18 Abb. In Vorb. (910)
- II: Mensch und Kultur. 155 S., 6 Abb. In Vorb. (911)

Australien und Ozeanien von H. J. Krug. 176 S., 46 Sk. 1953. (319)

Kartographie von V. Heissler. 2. Aufl. 213 S., 125 Abb., 8 Anl. 1966. (30/30a)

Volkswirtschaft, Statistik, Publizistik

Allgemeine Betriebswirtschaftslehre von K. Mellerowicz. 4 Bde. 11. u. 12. durchges. Aufl.
- I: 224 S. 1964. (1008/1008a)
- II: 188 S. 1966. (1153/1153a)
- III: 260 S. 1967. (1154/1154a)
- IV: 209 S. 1963. (1186/1186a)

Allgemeine Volkswirtschaftslehre von A. Paulsen. 4 Bde.
- I: Grundlegung, Wirtschaftskreislauf. 7. Aufl. 159 S., 11 Abb. 1966. (1169)
- II: Haushalte, Unternehmungen, Marktformen. 7. Aufl. 172 S., 31 Abb. 1966. (1170)

III: Produktionsfaktoren. 5., neubearb. u. erg. Aufl. 228 S., 24 Abb. 1967. (1171/1171 a)
IV: Gesamtbeschäftigung, Konjunkturen, Wachstum. 4., neubearb. u. erg. Aufl. 188 S. 1966. (1172)

Übungsaufgaben mit Lösungen zu A. Paulsen, Allgemeine Volkswirtschaftslehre I/II von W. Wedig. 177 S. 1967. (1227/1227 a)

Geschichte der Volkswirtschaftslehre von S. Wendt. 2. Aufl. Etwa 182 S. 1967. (1194/1194 a)

Allgemeine Volkswirtschaftspolitik von H. Ohm. 2 Bde.
I: Systematisch-Theoretische Grundlegung. 2., verb. u. erg. Aufl. 137 S., 6 Abb. 1965. (1195)
II: Der volkswirtschaftliche Gesamtorganismus als Objekt der Wirtschaftspolitik. 180 S. 1967. (1196/1196 a)

Finanzwissenschaft von H. Kolms. 4 Bde.
I: Grundlegung, Öffentliche Ausgaben. 3., verb. Aufl. 165 S. 1966. (148)
II: Erwerbseinkünfte, Gebühren und Beiträge, Allgemeine Steuerlehre. 3., verb. Aufl. 154 S. 1966. (391)
III: Besondere Steuerlehre. 2., verb. u. erg. Aufl. 204 S. 1966. (776/776 a)
IV: Öffentlicher Kredit. Öffentlicher Haushalt. Finanzausgleich. 191 S. 1964. (782/782 a)

Finanzmathematik von M. Nicolas. 2., verb. Aufl. 192 S., 11 Taf., 8 Tab. u. 72 Beisp. 1967. (1183/1183 a)

Programmierung von Datenverarbeitungsanlagen von H. J. Schneider u. D. Jurksch. 111 S., 8 Tab., 11 Abb. 1967. (1225/1225 a)

Lineare Programmierung von H. Langen. Etwa 200 S. (1206/1206 a)

Buchhaltung und Bilanz von E. Kosiol. 2., überarb. u. veränd. Aufl. 170 S. 1967. (1213/1213 a)

Industrie- und Betriebssoziologie von R. Dahrendorf. 4. Aufl. 142 S., 3 Fig. 1967. (103)

Wirtschaftssoziologie von F. Fürstenberg. 122 S. 1961. (1193)

Psychologie des Berufs- und Wirtschaftslebens von W. Moede†. 190 S. 48 Abb. 1958. (851/851 a)

Einführung in die Arbeitswissenschaft von H. H. Hilf. 169 S., 57 Abb. 1964. (1212/1212 a)

Allgemeine Methodenlehre der Statistik von J. Pfanzagl. 2 Bde.
I: Elementare Methoden unter besonderer Berücksichtigung der Anwendungen in den Wirtschafts- und Sozialwissenschaften. 3., neubearb. Aufl. 266 S., 50 Abb. 1966. (746/746 a)
II: Höhere Methoden unter besonderer Berücksichtigung der Anwendungen in Naturwissenschaften, Medizin und Technik. 2., verb. Aufl. 315 S., 41 Abb. 1966. (747/747 a)

Zeitungslehre von E. Dovifat. 2 Bde. 5., neubearb. Aufl.
I: Theoretische und rechtliche Grundlagen — Nachricht und Meinung —Sprache und Form. 162 S. 1967. (1039/1039 a)
II: Redaktion — Die Sparten: Verlag und Vertrieb, Wirtschaft und Technik — Sicherung der öffentlichen Aufgabe. 179 S. 1967. (1040/1040 a)

Naturwissenschaften

Mathematik

Geschichte der Mathematik von J. E. Hofmann. 4 Bde.
I: Von den Anfängen bis zum Auftreten von Fermat und Descartes. 2., verb. u. verm. Aufl. 251 S. 1963. (226/226a)
II: Von Fermat und Descartes bis zur Erfindung des Calculus und bis zum Ausbau der neuen Methoden. 109 S. 1957. (875)
III: Von den Auseinandersetzungen um den Calculus bis zur französischen Revolution. 107 S. 1957. (882)
IV: Geschichte der Mathematik der neuesten Zeit von N. Stuloff. In Vorb. (883)

Mathematische Formelsammlung von F. O. Ringleb. 8., verb. Aufl. 322 S., 40 Fig. 1967. (51/51a)

Vierstellige Tafeln und Gegentafeln für logarithmisches und trigonometrisches Rechnen in zwei Farben zusammengestellt von H. Schubert und R. Haussner. 3., neubearb. Aufl. von J. Erlebach. 158 S. 1960. (81)

Fünfstellige Logarithmen mit mehreren graphischen Rechentafeln und häufig vorkommenden Zahlenwerten von A. Adler. 4. Aufl., überarb. von J. Erlebach. 127 S., 1 Taf. 1962. (423)

Arithmetik von P. B. Fischer†. 3. Aufl. von H. Rohrbach. 152 S., 19 Abb. 1958. (47)

Höhere Algebra von H. Hasse. 2 Bde. 5., neubearb. Aufl.
I: Lineare Gleichungen. 150 S. 1963. (931)
II: Gleichungen höheren Grades. 158 S., 5 Fig. 1967. (932)

Aufgabensammlung zur höheren Algebra von H. Hasse u. W. Klobe. 3., verb. Aufl. 183 S. 1961. (1082)

Elementare und klassische Algebra vom modernen Standpunkt von W. Krull. 2 Bde.
I: 3., erw. Aufl. 148 S. 1963. (930)
II: 132 S. 1959. (933)

Lineare Programmierung von H. Langen. Etwa 200 S. (1206/1206a)

Progammierung von Datenverarbeitungsanlagen von H. J. Schneider u. D. Jurksch. 111 S., 8 Tab., 11 Abb. 1967. (1225/1225a)

Algebraische Kurven und Flächen von W. Burau. 2 Bde.
I: Algebraische Kurven der Ebene. 153 S., 28 Abb. 1962. (435)
II: Algebraische Flächen 3. Grades und Raumkurven 3. und 4. Grades. 162 S., 17 Abb. 1962. (436/436a)

Einführung in die Zahlentheorie von A. Scholz†. Überarb. u. hrsg. von B. Schoeneberg. 4. Aufl. 128 S. 1966. (1131)

Formale Logik von P. Lorenzen. 3., durchges. u. erw. Aufl. 184 S. 1967. (1176/1176a)

Topologie von W. Franz. 2 Bde.
I: Allgemeine Topologie. 2., verb. Aufl. 144 S., 9 Fig. 1965. (1181)
II: Algebraische Topologie. 153 S. 1965. (1182/1182a)

Elemente der Funktionentheorie von K. Knopp†. 7. Aufl. 144 S., 23 Fig. 1966. (1109)

Funktionentheorie von K. Knopp†. 2 Bde. 11. Aufl.
I: Grundlagen der allgemeinen Theorie der analytischen Funktionen. 144 S., 8 Fig. 1965. (668)
II: Anwendungen und Weiterführung der allgemeinen Theorie. 130 S., 7 Fig. 1965. (703)

Aufgabensammlung zur Funktionentheorie von K. Knopp†. 2 Bde.
I: Aufgaben zur elementaren Funktionentheorie. 7. Aufl. 135 S. 1965. (877)
II: Aufgaben zur höheren Funktionentheorie. 6. Aufl. 151 S. 1964. (878)

Differential- und Integralrechnung von M. Barner. (Früher Witting). 4 Bde.
I: Grenzwertbegriff, Differentialrechnung. 2., durchges. Aufl. 176 S., 39 Fig. 1963. (86)

Gewöhnliche Differentialgleichungen von G. Hoheisel. 7., neubearb. u. erw. Aufl. 142 S. 1965. (920/920a)

Partielle Differentialgleichungen von G. Hoheisel. 4., durchges. Aufl. 128 S. 1960. (1003)

Aufgabensammlung zu den gewöhnlichen und partiellen Differentialgleichungen von G. Hoheisel. 4., neubearb. Aufl. 153 S. 1964. (1059/1059a)

Integralgleichungen von G. Hoheisel. 2., neubearb. u. erw. Aufl. 112 S. 1963. (1099)

Mengenlehre von E. Kamke. 5. Aufl. 194 S., 6 Fig. 1965. (999/999a)

Gruppentheorie von L. Baumgartner. 4., erw. Aufl. 190 S., 3 Taf. 1964. (837/837a)

Ebene und sphärische Trigonometrie von G. Hessenberg†. 5. Aufl. durchges. von H. Kneser 172 S., 60 Fig. 1957 (99)

Darstellende Geometrie von W. Haack. 3 Bde.
I: Die wichtigsten Darstellungsmethoden. Grund- und Aufriß ebenflächiger Körper. 6. Aufl. 113 S., 120 Abb. 1967. (142)
II: Körper mit krummen Begrenzungsflächen. Kotierte Projektionen. 4., durchges. Aufl. 129 S., 86 Abb. 1965. (143)
III: Axonometrie und Perspektive. 3. Aufl. 129 S., 100 Abb. 1965. (144)

Analytische Geometrie von K. P. Grotemeyer. 3., neubearb. Aufl. 218 S., 73 Abb. 1964. (65/65a)

Nichteuklidische Geometrie. Hyperbolische Geometrie der Ebene von R. Baldus†. 4. Aufl., bearb. u. erg. von F. Löbell. 158 S., 75 Fig. 1964. (970/970a)

Differentialgeometrie von K. Strubecker. 3 Bde.
I: Kurventheorie der Ebene und des Raumes. 2., erw. Aufl. 253 S., 45 Fig. 1964. (1113/1113a)
II: Theorie der Flächenmetrik. 195 S., 14 Fig. 1958. (1179/1179a)
III: Theorie der Flächenkrümmung. 254 S., 38 Fig. 1959. (1180/1180a)

Variationsrechnung von L. Koschmieder. 2 Bde. 2., neubearb. Aufl.
I: Das freie und gebundene Extrem einfacher Grundintegrale. 128 S., 23 Fig. 1962. (1074)
II: Anwendung klassischer Verfahren auf allgemeine Fragen des Extrems. — Neuere unmittelbare Verfahren. In Vorb. (1075)

Einführung in die konforme Abbildung von L. Bieberbach. 6. Aufl. Etwa 180 S., 42 Fig. 1967. In Vorb. (768/768a)

Vektoren und Matrizen von S. Valentiner. 4. Aufl. (11., erw. Aufl der „Vektoranalysis"). Mit Anh.: Aufgaben zur Vektorrechnung von H. König. 206 S., 35 Fig. 1967. (354/354a)

Wahrscheinlichkeitstheorie und Grundzüge der Maßtheorie von H. Bauer. 2 Bde.
I: 156 S. 1964. (1216/1216a)
II: In Vorb. (1217)

Versicherungsmathematik von F. Böhm. 2 Bde.
I: Elemente der Versicherungsrechnung. 3., verm. u. verb. Aufl. Durchges. Neudr. 151 S. 1953. (180)
II: Lebensversicherungsmathematik. Einführung in die technischen Grundlagen der Sozialversicherung. 2., verb. u. verm. Aufl. 205 S. 1953. (917/917a)

Finanzmathematik von M. Nicolas, 2., verb. Aufl. 192 S., 11 Taf., 8 Tab. u. 72 Beisp. 1967. (1183/1183a)

Kinematik von H. R. Müller. 171 S., 75 Fig. 1963. (584/584a)

Physik

Einführung in die theoretische Physik von W. Döring. 5 Bde.
I: Mechanik. 3., verb. Aufl. 125 S., 23 Abb. 1965. (76)
II: Das elektromagnetische Feld. 2., verb. Aufl. 132 S., 15 Abb. 1962. (77)
III: Optik. 2., verb. Aufl. 117 S., 32 Abb. 1963. (78)
IV: Thermodynamik. 2., verb. Aufl. 107 S., 9 Abb. 1964. (374)
V: Statistische Mechanik. 2., umgearb. Aufl. 117 S., 10 Abb. 1966. (1017)

Mechanik deformierbarer Körper von M. Päsler. 199 S., 48 Abb. 1960. (1189/1189a)

Atomphysik von K. Bechert, Ch. Gerthsen† u. A. Flammersfeld. 7 Bde. 4., durchges. Aufl.
I: Allgemeine Grundlagen. 1. Teil von A. Flammersfeld. 124 S., 35 Abb. 1959. (1009)
II: Allgemeine Grundlagen. 2. Teil von A. Flammersfeld. 112 S., 47 Abb. 1963. (1033)

III: **Theorie des Atombaus. 1. Teil** von K. Bechert. 148 S., 16 Abb. 1963. (1123/1123a)
IV: **Theorie des Atombaus. 2. Teil** von K. Bechert. 170 S., 14 Abb. 1963. (1165/1165a)

Differentialgleichungen der Physik von F. Sauter. 4., durchges. u. erg. Aufl. 147 S., 16 Fig. 1966. (1070)

Physikalische Formelsammlung von G. Mahler†. Fortgef. von K. Mahler. Neubearb. von H. Graewe. 11. Aufl. 167 S., 69 Fig. 1963. (136)

Physikalische Aufgabensammlung mit Ergebnissen von G. Mahler†. Fortgef. von K. Mahler. Neubearb. von H. Graewe. 12. Aufl. 141 S. 1964. (243)

Chemie

Geschichte der Chemie in kurzgefaßter Darstellung von G. Lockemann. 2 Bde. 2. Aufl.
I: Vom Altertum bis zur Entdeckung des Sauerstoffs. 142 S., 4 Bildn. In Vorb. (264)
II: Von der Entdeckung des Sauerstoffs bis zur Gegenwart. 151 S., 16 Bildn. In Vorb. (265/265a)

Anorganische Chemie von W. Klemm. 14. Aufl. 255 S., 34 Abb. 1967. (37/37a)

Organische Chemie von W. Schlenk jun. 10., erw. Aufl. 273 S., 16 Abb. 1965. (38/38a)

Physikalische Methoden in der Organischen Chemie von G. Kresze. 2 Bde.
I: 119 S., 65 Abb. 1962. (44)
II: 164 S. 1962. (45/45a)

Allgemeine und physikalische Chemie von W. Schulze. 2 Bde.
I: 6., verb. Aufl. 139 S., 10 Fig. 1964. (71)
II: 6., verb. Aufl. 178 S. 37 Fig. In Vorb. (698/698a)

Molekülbau. Theoretische Grundlagen und Methoden der Strukturermittlung von W. Schulze. 123 S., 43 Fig. 1958. (786)

Einfache Versuche zur allgemeinen und physikalischen Chemie von E. Dehn. 371 Versuche m. 40 Abb. 272 S. 1962. (1201/1201a)

Physikalisch-chemische Rechenaufgaben von E. Asmus. 4., verb. Aufl. 96 S. 1967. (445)

Maßanalyse. Theorie und Praxis der klassischen und der elektrochemischen Titrierverfahren von G. Jander und K. F. Jahr. 11., durchges. Aufl., mitbearb. von H. Knoll. 359 S., 56 Fig. 1966. (221/221a)

Qualitative Analyse von H. Hofmann u. G. Jander. 2., durchges. u. verb. Aufl. 308 S., 5 Abb. 1963. (247/247a)

Stöchiometrische Aufgabensammlung von W. Bahrdt† u. R. Scheer. Mit den Ergebnissen. 9., durchges. Aufl. Etwa 119 S. 1967. (452/452a)

Elektrochemie von K. Vetter. 2 Bde.
I: In Vorb. (252)
II: In Vorb. (253)

Geochemie von K. H. Wedepohl. 221 S., 26 Abb., 37 Tab. 1967. (1224/1224a/1224b)

Kristallchemie von J. Zemann. 144 S., 90 Abb. 1966. (1220/1220a)

Technologie

Die Chemie der Kunststoffe von K. Hamann, unt. Mitarb. von W. Funke u. H. D. Hermann. 2. Aufl. 143 S. 1967. In Vorb. (1173/1173a)

Warenkunde von K. Hassak u. E. Beutel†. 2 Bde.
I: Anorganische Waren sowie Kohle und Erdöl. 8. Aufl. Neubearb. von A. Kutzelnigg. 119 S., 18 Fig. 1958. (222)
II: Organische Waren. 8. Aufl. Vollst. neu bearb. von A. Kutzelnigg. 157 S., 32 Fig. 1959. (223)

Die Fette und Öle von Th. Klug. 6., verb. Aufl. 143 S. 1961. (335)

Die Seifenfabrikation von K. Braun†. 3., neubearb. u. verb. Aufl. von Th. Klug. 116 S., 18 Abb. 1953. (336)

Thermische Verfahrenstechnik von H. Bock. 3 Bde.
I: Eigenschaften und Verhalten der realen Stoffe. 184 S., 28 Abb. 1963. (1209/1209a)
II: Funktion und Berechnung der elementaren Geräte. 195 S., 54 Abb. 1964. (1210/1210a)
III: Fließbilder, ihre Funktion und ihr Zusammenbau aus Geräten. 224 S., 67 Abb. 1965. (1211/1211a)

Textilindustrie von A. Blümcke.
I: Spinnerei und Zwirnerei. 111 S., 43 Abb. 1954. (184)

Biologie

Einführung in die allgemeine Biologie und ihre philosophischen Grund- und Grenzfragen von M. Hartmann. 2., unveränd. Aufl. 132 S., 2 Abb. 1965. (96)

Hormone von G. Koller. 2., neubearb. u. erw. Aufl. 187 S., 60 Abb., 19 Tab. 1949. (1141)

Fortpflanzung im Tier- und Pflanzenreich von J. Hämmerling. 2., erg. Aufl. 135 S., 101 Abb. 1951. (1138)

Geschlecht und Geschlechtsbestimmung im Tier- und Pflanzenreich von M. Hartmann. 2., verb. Aufl. 116 S., 61 Abb., 7 Tab. 1951. (1127)

Symbiose der Tiere mit pflanzlichen Mikroorganismen von P. Buchner. 2., verb. u. verm. Aufl. 130 S., 121 Abb. 1949. (1128)

Grundriß der allgemeinen Mikrobiologie von W. u. A. Schwartz. 2 Bde. 2., verb. u. erg. Aufl.
I: 147 S., 25 Abb. 1960. (1155)
II: 142 S., 29 Abb. 1961. (1157)

Botanik

Entwicklungsgeschichte des Pflanzenreiches von H. Heil. 2. Aufl. 138 S., 94 Abb., 1 Tab. 1950. (1137)

Morphologie der Pflanzen von L. Geitler. 3., umgearb. Aufl. 126 S., 114 Abb. 1953. (141)

Pflanzengeographie von L. Diels†. 5., völl. neu bearb. Aufl. von F. Mattick. 195 S., 2 Ktn. 1958. (389/389a)

Die Laubhölzer. Kurzgefaßte Beschreibung der in Mitteleuropa gedeihenden Laubbäume und Sträucher von F. W. Neger† und E. Münch†. 3., durchges. Aufl., hrsg. von B. Huber. 143 S., 63 Fig., 7 Tab. 1950. (718)

Die Nadelhölzer (Koniferen) und übrigen Gymnospermen von F. W. Neger† und E. Münch†. 4. Aufl., durchges. u. erg. von B. Huber. 140 S., 75 Fig., 4 Tab., 3 Ktn. 1952. (355)

Pflanzenzüchtung von H. Kuckuck. 2 Bde.
- I: Grundzüge der Pflanzenzüchtung. 3., völl. umgearb. u. erw. Aufl. 132 S., 22 Abb. 1952. (1134)
- II: Spezielle gartenbauliche Pflanzenzüchtung (Züchtung von Gemüse, Obst und Blumen). 178 S., 27 Abb. 1957. (1178/1178a)

Zoologie

Entwicklungsphysiologie der Tiere von F. Seidel. 2 Bde. 2. Aufl.
- I: Ei und Furchung. Etwa 160 S., 61 Abb. (1162)
- II: Körpergrundgestalt und Organbildung. In Vorb. (1163)

Vergleichende Physiologie der Tiere von K. Herter. 2 Bde. 4. Aufl. der „Tierphysiologie".
- I: Stoff- und Energiewechsel. Neu bearb. von K. Urich. 158 S., 61 Abb. 1966. (972/972a)
- II: Bewegung und Reizerscheinungen. Neu bearb. von G. Birukow. In Vorb. (973)

Das Tierreich
- I: Einzeller, Protozoen von E. Reichenow. 115 S., 59 Abb. 1956. (444)
- II: Schwämme und Hohltiere von H. J. Hannemann. 95 S., 80 Abb. 1956. (442)
- III: Würmer. Platt-, Hohl-, Schnurwürmer, Kamptozoen, Ringelwürmer, Protracheaten, Bärtierchen, Zungenwürmer von S. Jaeckel. 114 S., 36 Abb. 1955. (439)
- IV, 1: Krebse von H. E. Gruner und K. Deckert. 114 S., 43 Abb. 1956. (443)
- IV, 2: Spinnentiere (Trilobitomorphen, Fühlerlose) und Tausendfüßler von A. Kaestner. 96 S., 55 Abb. 1955. (1161)
- IV, 3: Insekten von H. von Lengerken. 2., neubearb. Aufl. 140 S., 59 Abb. 1966. (594)
- V: Weichtiere. Urmollusken, Schnecken, Muscheln und Kopffüßer von S. Jaeckel. 92 S., 34 Fig. 1954. (440)

VI: Stachelhäuter. Tentakulaten, Binnenatmer und Pfeilwürmer von S. Jaeckel. 100 S., 46 Abb. 1955. (441)
VII, 1: Manteltiere, Schädellose, Rundmäuler von H. Fechter. In Vorb. (448)
VII, 2: Fische von D. Lüdemann. 130 S., 65 Abb. 1955. (356)
VII, 3: Lurche (Chordatiere) von K. Herter. 143 S., 129 Abb. 1955. (847)
VII, 4: Kriechtiere (Chordatiere) von K. Herter. 200 S., 142 Abb. 1960. (447/447 a)
VII, 5: Vögel (Chordatiere) von H.-A. Freye. 156 S., 69 Fig. 1960. (869)
VII, 6: Säugetiere (Chordatiere) von Th. Haltenorth. In Vorb. (282)

Land- und Forstwirtschaft

Landwirtschaftliche Tierzucht. Die Züchtung und Haltung der landwirtschaftlichen Nutztiere von H. Vogel. 139 S., 11 Abb. 1952. (228)

Kulturtechnische Bodenverbesserungen von O. Fauser. 2 Bde. 5., verb. u. verm. Aufl.
I: Allgemeines, Entwässerung. 127 S., 49 Abb. 1959. (691)
II: Bewässerung, Ödlandkultur, Flurbereinigung. 159 S., 71 Abb. 1961. (692)

Agrikulturchemie von K. Scharrer. 2 Bde.
I: Pflanzenernährung. 143 S. 1953. (329)
II: Futtermittelkunde. 192 S. 1956. (330/330a)

Geologie, Mineralogie, Kristallographie

Geologie von F. Lotze. 3., verb. Aufl. 179 S., 80 Abb. 1965. (13/13a)

Mineral- und Erzlagerstättenkunde von H. Huttenlocher†. 2 Bde. 2., neubearb. Aufl. von P. Ramdohr.
I: 137 S., 40 Abb., 2 Tab. 1965. (1014/1014a)
II: 135 S., 41 Abb. 1965. (1015/1015a)

Allgemeine Mineralogie. 11., erw. Aufl. der „Mineralogie" von R. Brauns† neubearb. von K. F. Chudoba. 152 S., 143 Textfig., 1 Taf., 3 Tab. 1963. (29/29a)

Spezielle Mineralogie. 11., erw. Aufl. der „Mineralogie" von R. Brauns†, bearb. von K. F. Chudoba. 193 S., 127 Textfig., 6 Tab. 1964. (31/31 a)

Petrographie (Gesteinskunde) von W. Bruhns†. Neubearb. von P. Ramdohr. 6., erw. Aufl. 141 S., 21 Fig. 1966. (173)

Geochemie von K. H. Wedepohl. 221 S., 26 Abb., 37 Tab. 1967. (1224/1224a/1224b)

Kristallchemie von J. Zemann. 144 S., 90 Abb. 1966. (1220/1220a)

Kristallographie von W. Bruhns†. 6. Aufl., neubearb. von P. Ramdohr. 115 S., 164 Abb. 1965. (210)

Einführung in die Kristalloptik von E. Buchwald. 5., verb. Aufl. 128 S., 117 Fig. 1963 (619/619a)

Lötrohrprobierkunde. Mineraldiagnose mit Lötrohr und Tüpfelreaktion von M. Henglein. 4., durchges. u. erw. Aufl. 108 S., 12 Fig. 1962. (483)

Technik

Graphische Darstellung in Wissenschaft und Technik von M. Pirani. 3., erw. Aufl. bearb. von J. Fischer unt. Benutzg. der von I. Runge bes. 2. Aufl. 216 S., 104 Abb. 1957. (728/728a)

Technische Tabellen und Formeln von W. Müller. 5., verb. u. erw. Aufl. von E. Schulze. 165 S., 114 Abb., 99 Taf. 1962. (579)

Einführung in die Arbeitswissenschaft von H. H. Hilf. 164 S., 57 Abb. 1964. (1212/1212a)

Grundlagen der Straßenverkehrstechnik. Theorie der Leistungsfähigkeit von E. Engel. 101 S., 55 Abb. 1962. (1198)

Elektrotechnik

Grundlagen der allgemeinen Elektrotechnik von O. Mohr. 3. Aufl. 260 S., 136 Bild., 14 Taf. 1965. (196/196a)

Die Gleichstrommaschine von K. Humburg. 2 Bde. 2., durchges. Aufl.
I: 102 S., 59 Abb. 1956. (257)
II: 101 S., 38 Abb. 1956. (881)

Die Synchronmaschine von W. Putz. 92 S., 64 Bild. 1962. (1146)

Induktionsmaschinen von F. Unger. 2., erw. Aufl. 142 S., 49 Abb. 1954. (1140)

Die komplexe Berechnung von Wechselstromschaltungen von H. H. Meinke. 3., neubearb. Aufl. 185 S., 126 Abb. 1965. (1156/1156a)

Theoretische Grundlagen zur Berechnung der Schaltgeräte von F. Kesselring. 4. Aufl In Vorb. (711/711a)

Einführung in die Technik selbsttätiger Regelungen von W. zur Megede. 3., überarb. u. erw. Aufl. Etwa 180 S., 86 Abb. 1967. In Vorb. (714/714a)

Elektromotorische Antriebe von W. Meyer. In Vorb. (827/827a)

Überspannungen und Überspannungsschutz von G. Frühauf. Durchges. Neudr. 122 S., 98 Abb. 1950. (1132)

Elektrische Höchstspannungs-Schaltanlagen. Für Freiluft und Innenanordnung von G. Meiners u. K.-H. Wiesenewsky. 138 S., 58 Abb. 1964. (796/796a)

Transformatoren von W. Schäfer. 5., überarb. u. erg. Aufl. Etwa 130 S., 73 Abb. 1967. (952/952a)

Maschinenbau

Thermische Verfahrenstechnik von H. Bock. 3 Bde.
I: Eigenschaften und Verhalten der realen Stoffe. 184 S., 28 Abb. 1963. (1209/1209 a)
II: Funktion und Berechnung der elementaren Geräte. 195 S., 54 Abb. 1964. (1210/1210 a)
III: Fließbilder, ihre Funktion und ihr Zusammenbau aus Geräten. 224 S., 67 Abb. 1965. (1211/1211 a)

Technische Thermodynamik von U. Grigull. 171 S., 74 Abb. 1966. (1084/1084 a)

Metallkunde von H. Borchers. 3 Bde.
I: Aufbau der Metalle und Legierungen. 6. Aufl. 120 S., 90 Abb., 2 Tab. 1964. (432)
II: Eigenschaften, Grundzüge der Form- und Zustandsgebung. 5., erg. u. durchges. Aufl. 182 S., 107 Abb., 10 Tab. 1963. (433/433 a)
III: Die metallkundlichen Untersuchungsmethoden von E. Hanke. In Vorb. (434)

Die Werkstoffe des Maschinenbaues von A. Thum† und C. M. v. Meysenbug. 2 Bde.
I: Einführung in die Werkstoffprüfung. 2., neubearb. Aufl. 100 S., 7 Tab. 56 Abb. 1956. (476)
II: Die Konstruktionswerkstoffe. 132 S., 40 Abb. 1959. (936)

Dynamik von W. Müller. 2 Bde. 2. verb. Aufl.
I: Dynamik des Einzelkörpers. 128 S., 48 Fig. 1952. (902)
II: Systeme von starren Körpern. 102 S., 41 Fig. 1952. (903)

Technische Schwingungslehre von L. Zipperer. 2 Bde. 2., neubearb. Aufl.
I: Allgemeine Schwingungsgleichungen, einfache Schwinger. 120 S., 101 Abb. 1953. (953)
II: Torsionsschwingungen in Maschinenanlagen. 102 S., 59 Abb. 1955. (961/961 a)

Werkzeugmaschinen für Metallbearbeitung von K. P. Matthes. 2 Bde.
I: 100 S., 27 Abb., 11 Zahlentaf., 1 Tafelanh. 1954. (561)
II: Fertigungstechnische Grundlagen der neuzeitlichen Metallbearbeitung. 101 S., 30 Abb., 5 Taf. 1955. (562)

Das Maschinenzeichnen mit Einführung in das Konstruieren von W. Tochtermann. 2 Bde. 4. Aufl.
I: Das Maschinenzeichnen. 156 S., 75 Taf. 1950 (589)
II: Ausgeführte Konstruktionsbeispiele 130 S., 58 Taf. 1950. (590)

Die Maschinenelemente von E. A. vom Ende†. 4., überarb. Aufl. 184 S., 179 Fig., 11 Taf 1963. (3/3 a)

Die Maschinen der Eisenhüttenwerke von L. Engel. 156 S., 95 Abb. 1957. (583/583 a)

Walzwerke von H. Sedlaczek† unt. Mitarb. von F. Fischer u. M. Buch. 232 S., 157 Abb. 1958. (580/580 a)

Getriebelehre von P. Grodzinski†. 2 Bde. 3., neubearb. Aufl. von G. Lechner.
I: Geometrische Grundlagen. 164 S., 131 Fig. 1960. (1061)
II: Angewandte Getriebelehre. In Vorb (1062)

Kinematik von H. R. Müller. 171 S., 75 Fig. 1963. (584/584a)

Gießereitechnik von H. Jungbluth. 2 Bde.
I: Eisengießerei. 126 S., 44 Abb. 1951 (1159)

Die Dampfkessel einschließlich Feuerungen und Hilfseinrichtungen. Physikalische und chemische Grundlagen, Berechnung und Konstruktion, Vorschriften und Beispiele von W. Marcard. 3., neubearb. Aufl. von G. Beyer 2 Bde.
I: Physikalische und chemische Grundlagen, Wärmelehre, Wärmeübertragung, Verbrennung. 133 S., 35 Bild., 26 Tab. 1964. (9/9a)
II: Berechnung und Konstruktion. Dampfkessel, Hilfseinrichtungen. Feuerungen, Berechnung. 108 S., 45 Bild. 1966. (521/521 a)

Die Dampfturbinen. Ihre Wirkungsweise, Berechnung und Konstruktion von C. Zietemann. 3 Bde.
I: Theorie der Dampfturbinen. 4. Aufl 139 S.. 48 Abb. In Vorb. (274)
II: Die Berechnung der Dampfturbinen und die Konstruktion der Einzelteile. 4., verb. Aufl. 132 S. 111 Abb. In Vorb. (715)
III: Die Regelung der Dampfturbinen. die Bauarten, Turbinen für Sonderzwecke, Kondensationsanlagen. 3. verb Aufl. 126 S.. 90 Abb. 1956. (716)

Verbrennungsmotoren von W. Endres. 3 Bde
I: Überblick. Motor-Brennstoffe, Verbrennung im Motor allgemein, im Otto- und Diesel-Motor, 153 S., 57 Abb. 1958 (1076/1076a)
II: Gaswechselvorgang. Aufladen, Leistung, mittl. Druck, Reibung Wirkungsgrade und Kraftstoffverbrauch. 152 S., 62 Abb. 1966 (1184/1184a)
III: Die Einzelteile des Verbrennungsmotors. In Vorb. (1185/1185a)

Autogenes Schweißen und Schneiden von H. Niese. 5. Aufl., neubearb. von A. Küchler. 136 S., 71 Fig 1953. (499)

Die elektrischen Schweißverfahren von H. Niese. 2. Aufl., neubearb. von H. Dienst. 136 S. 58 Abb. 1955 (1020)

Die Hebezeuge. Entwurf von Winden und Kranen von G. Tafel. 2., verb. Aufl. 176 S., 230 Fig. 1954. (414/414a)

Vermessungswesen

Vermessungskunde von W. Großmann. 3 Bde.
I: Stückvermessung und Nivellieren. 12., verb. Aufl. 156 S., 122 Fig. 1965., (468)
II: Horizontalaufnahmen und ebene Rechnungen. 10., verb. Aufl. 149 S., 101 Fig. 1967. (469/469a)
III: Trigonometrische und barometrische Höhenmessung. Tachymetrie und Absteckungen. 8., verb. Aufl 140 S., 102 Fig. 1965. (862)

Kartographie von V. Heissler. 2 Aufl 213 S., 125 Abb., 8 Anl. 1966. (30/30a)

Photogrammetrie von G. Lehmann. 2., neubearb. Aufl. 205 S., 136 Abb. 1966. (1188/1188a)

Wasserbau

Wasserkraftanlagen von A. Ludin unt. Mitarb. von W. Borkenstein, 2 Bde.
- I: Planung, Grundlagen und Grundzüge. 124 S., 60 Abb. 1955. (665)
- II: Anordnung und Ausbildung der Hauptbauwerke. 184 S., 91 Abb. 1958. (666/666a)

Verkehrswasserbau von H. Dehnert. 3 Bde.
- I: Entwurfsgrundlagen, Flußregelungen. 103 S., 53 Abb. 1950. (585)
- II: Flußkanalisierung und Schiffahrtskanäle. 94 S., 60 Abb. 1950. (597)
- III: Schleusen und Hebewerke. 98 S., 70 Abb. 1950. (1152)

Wehr- und Stauanlagen von H. Dehnert. 134 S., 90 Abb. 1952. (965)

Talsperren von F. Tölke. 122 S., 70 Abb. 1953. (1044)

Hoch- und Tiefbau

Die wichtigsten Baustoffe des Hoch- und Tiefbaus von O. Graf†. 4., verb. Aufl. 131 S., 63 Abb. 1953. (984)

Baustoffverarbeitung und Baustellenprüfung des Betons von A. Kleinlogel. 2., neubearb. u. erw. Aufl. 126 S., 35 Abb. 1951. (978)

Festigkeitslehre. 2 Bde.
- I: Elastizität, Plastizität und Festigkeit der Baustoffe und Bauteile von W. Gehler† u. W. Herberg. Durchges. u. erw. Neudr. 159 S., 118 Abb. 1952. (1144)
- II: Formänderung, Platten, Stabilität und Bruchhypothesen von W. Herberg und N. Dimitrov. 187 S., 94 Abb. 1955. (1145/1145a)

Grundlagen des Stahlbetonbaues von A. Troche. 2., neubearb. u. erw. Aufl. 208 S., 75 Abb., 17 Bemessungstaf., 20 Rechenbeisp. 1953. (1078)

Statik der Baukonstruktionen von A. Teichmann. 3 Bde.
- I: Grundlagen. 101 S., 51 Abb., 8 Formeltaf. 1956. (119)
- II: Statisch bestimmte Stabwerke. 107 S., 52 Abb., 7 Taf. 1957. (120)
- III: Statisch unbestimmte Systeme. 112 S., 34 Abb., 7 Formeltaf. 1958. (122)

Fenster, Türen, Tore aus Holz und Metall. Eine Anleitung zu ihrer guten Gestaltung, wirtschaftlichen Bemessung und handwerksgerechten Konstruktion von W. Wickop†. 5. Aufl. In Vorb. (1092)

Heizung und Lüftung von W. Körting. 2 Bde., neubearb. Aufl.
- I: Das Wesen und die Berechnung der Heizungs- und Lüftungsanlagen. 171 S., 29 Abb., 36 Zahlentaf. 1962. (342/342a)
- II: Die Ausführung der Heizungs- und Lüftungsanlagen. In Vorb. (343)

Industrielle Kraft- und Wärmewirtschaft von F. A. F. Schmidt u. A. Beckers. 167 S., 73 Abb. 1957. (318/318a)

Sammlung Göschen Bandnummernfolge

1 Langosch, Der Nibelunge Nôt
3/3a v. Ende, Maschinenelemente
9/9a Marcard-Beyer, Dampfkessel I
10 Jiriczek-Wisniewski, Kudrun und Dietrich-Epen
13/13a Lotze, Geologie
18 Maurer, Hartmann von Aue, Der arme Heinrich
19 Altheim, Römische Geschichte I
20 Hofstaetter, Dt. Sprachlehre
22 Maurer, Gottfried von Strassburg
29/29a Brauns-Chudoba, Allgemeine Mineralogie
30/30a Heissler, Kartographie
31/31a Brauns-Chudoba, Spezielle Mineralogie
32 Schneider-Wisniewski, Deutsche Heldensage
35 Treue, Dt. Geschichte von 1648 bis 1740
37/37a Klemm, Anorgan. Chemie
38/38a Schlenk, Organische Chemie
39 Treue, Dt. Geschichte von 1713 bis 1806
42 Behn-Hoernes, Vorgeschichte Europas
44 Kresze, Physikal. Meth. in der Organ. Chemie I
45/45a Kresze, Physikal. Meth. in der Organ. Chemie II
47 Fischer-Rohrbach, Arithmetik
51/51a Ringleb, Mathem. Formelsammlung
52 Bieler, Röm. Literaturgesch. I
59 Krahe, Indogerm. Sprachwiss. I
60 Biehle, Stimmkunde
61 Biehle, Redetechnik
64 Krahe, Indogerm. Sprachwiss. II
65/65a Grotemeyer, Analyt. Geometrie
66 Berneker-Vasmer, Russische Grammatik
70 Nestle-Liebich, Gesch. d. griechischen Literatur I
71 Schulze, Allgemeine und physikalische Chemie I
76 Döring, Einf. i. d. th. Physik I
77 Döring, Einf. i. d. th. Physik II
78 Döring, Einf. i. d. th. Physik III
79/79a Hempel, Got. Elementarbuch
80 Weigert, Stilkunde I
81 Schubert-Haussner-Erlebach, Vierstell. Logarithmentafeln
86 Barner, Differential- u. Integralrechnung I
96 Hartmann, Einf. in die allgem. Biologie
99 Hessenberg-Kneser, Ebene und sphär. Trigonometrie
101/101a Wiese, Soziologie
103 Dahrendorf, Industrie- und Betriebssoziologie
104/104a Hofstätter, Sozialpsychologie
111 Hoffmann-Debrunner, Gesch. d. griechischen Sprache I
114 Debrunner, Gesch. der griechischen Sprache II
117 Brandenstein, Griechische Sprachwissenschaft I
118/118a Brandenstein, Griechische Sprachwissenschaft II
119 Teichmann, Statik der Baukonstruktionen I
120 Teichmann, Statik der Baukonstruktionen II
122 Teichmann, Statik der Baukonstruktionen III
128/128a Lausberg, Romanische Sprachwissenschaft I

136 Mahler-Graewe, Physikal. Formelsammlung
141 Geitler, Morphologie der Pflanzen
142 Haack, Darst. Geometrie I
143 Haack, Darst. Geometrie II
144 Haack, Darst. Geometrie III
145/145a Weimer, Gesch. der Pädagogik
148 Kolms, Finanzwissenschaft I
156/156a Landmann, Philosophische Anthropologie
170 Oehlmann, Musik des 19. Jhs.
171/171a Oehlmann, Musik des 20. Jhs.
173 Bruhns-Ramdohr, Petrographie
174 Schlingloff, Religion des Buddhismus I
180 Böhm, Versicherungsmathem. I
184 Blümcke, Textilindustrie I
196/196a Mohr, Grundlagen der allgem. Elektrotechnik
200/200a Gottschald, Dt. Rechtschreibungswörterbuch
210 Bruhns-Ramdohr, Kristallographie
220/220a Moser, Allg. Musiklehre
221/221a Jander-Jahr-Knoll, Maßanalyse
222 Hassak-Beutel-Kutzelnigg, Warenkunde I
223 Hassak-Beutel-Kutzelnigg, Warenkunde II
226/226a Hofmann, Gesch. der Mathematik I
228 Vogel, Landw. Tierzucht
231/231a Ehrlich, Geschichte Israels
238 Krahe, German. Sprachwiss. I
243 Mahler-Graewe, Physikal. Aufgabensammlung
247/247a Hofmann-Jander, Qualitative Analyse
250 Lausberg, Romanische Sprachwissenschaft II
252 Vetter, Elektrochemie I
253 Vetter, Elektrochemie II
257 Humburg, Gleichstrommaschine I
264 Lockemann, Gesch. der Chemie I
265/265a Lockemann, Geschichte der Chemie II
270/270a Kirn-Leuschner, Einführung in die Geschichtswissenschaft
274 Zietemann, Dampfturbinen I
279 Jacob-Hohenleutner, Quellenkunde der deutschen Geschichte I
280 Jacob-Hohenleutner, Quellenkunde der deutschen Geschichte II
281 Leisegang, Einführung in die Philosophie
282 Haltenorth, Säugetiere
284 Jacob-Weden, Quellenkunde der deutschen Geschichte III
318/318a Schmidt-Beckers, Industrielle Kraft- u. Wärmewirtschaft
319 Krug, Australien und Ozeanien
329 Scharrer, Agrikulturchemie I
330/330a Scharrer, Agrikulturchemie II
335 Klug, Fette und Öle
336 Braun-Klug, Seifenfabrikation
342/342a Körting, Heizung und Lüftung I
343 Körting, Heizung und Lüftung II
344 Moser, Musikästhetik
354/354a Valentiner-König, Vektoren und Matrizen
355 Neger-Münch-Huber, Nadelhölzer
356 Lüdemann, Fische
374 Döring, Einf. i. d. th. Physik IV
375/375a Preller, Geschichte Englands
389/389a Diels-Mattick, Pflanzengeographie
391 Kolms, Finanzwissenschaft II
394/394a Schilling, Von der Renaissance bis Kant
414/414a Tafel, Hebezeuge
422 Gottschald, Dt. Personennamen
423 Adler-Erlebach, Fünfstellige Logarithmen
432 Borchers, Metallkunde I
433/433a Borchers, Metallkunde II
434 Borchers-Hanke, Metallkunde III
435 Burau, Algebr. Kurven und Flächen I
436/436a Burau, Algebr. Kurven und Flächen II
439 Jaeckel, Würmer
440 Jaeckel, Weichtiere
441 Jaeckel, Stachelhäuter
442 Hannemann, Schwämme und Hohltiere
443 Gruner-Deckert, Krebse

444 Reichenow, Einzeller
445 Asmus, Physikal.-chem. Rechenaufgaben
447/447a Herter, Kriechtiere
448 Fechter, Manteltiere
452/452a Bahrdt-Scheer, Stöchiometr. Aufgabenslg.
468 Großmann, Vermessungskunde I
469/469a Großmann, Vermessungskunde II
476 Thum-Meysenbug, Werkstoffe des Maschinenbaues I
483 Henglein, Lötrohrprobierkunde
492/492a Stolz-Debrunner-Schmid, Geschichte der lateinischen Sprache
499 Niese-Küchler, Autogenes Schweißen
500 Simmel, Hauptprobleme der Philosophie
521/521a Marcard-Beyer, Dampfkessel II
536 Lehmann, Kant
538 Rumpf, Archäologie I
539 Rumpf, Archäologie II
540 Rumpf, Archäologie III
557 Nestle-Liebich, Gesch. der griech. Literatur II
561 Matthes, Werkzeugmaschinen I
562 Matthes, Werkzeugmaschinen II
564 Behn-Hoernes, Kultur der Urzeit I
565 Behn-Hoernes, Kultur der Urzeit II
566 Behn-Hoernes, Kultur der Urzeit III
571 Lehmann, Philosophie des 19. Jahrhunderts I
576/576a Moser, Gesangskunst
579 Müller-Schulze, Techn. Tabellen
580/580a Sedlaczek-Fischer-Buch, Walzwerke
583/583a Engel, Maschinen der Eisenhüttenwerke
584/584a Müller, Kinematik
585 Dehnert, Verkehrswasserbau I
587 Kalitsunakis-Steinmetz, Neugriech.-dt. Gesprächsbuch
589 Tochtermann, Maschinenzeichnen I
590 Tochtermann, Maschinenzeichnen II
594 Lengerken, Insekten
597 Dehnert, Verkehrswasserbau II
601 Mutschmann-Scherer, Engl. Phonetik
608/608a/608b Erman-Krückmann, Hieroglyphen
619/619a .juchwald, Kristalloptik
665 Ludin-Borkenstein, Wasserkraftanlagen I
666/666a Ludin-Borkenstein, Wasserkraftanlagen II
668 Knopp, Funktionentheorie I
677 Altheim, Röm. Geschichte II
679 Altheim, Röm. Geschichte III
684 Altheim, Röm. Geschichte IV
691 Fauser, Kulturtechn. Bodenverbesserungen I
692 Fauser, Kulturtechn Bodenverbesserungen II
698/698a Schulze, Allgemeine u. physikalische Chemie II
703 Knopp, Funktionentheorie II
708/708a/708b Meissner-Oberhuber, Keilschrift
709 Lehmann, Philosophie des 19. Jahrhunderts II
711/711a Kesselring, Berechnung der Schaltgeräte
714/714a zur Megede, Technik selbsttätiger Regelungen
715 Zietemann, Dampfturbinen II
716 Zietemann, Dampfturbinen III
718 Neger-Münch-Huber, Laubhölzer
728/728a Pirani-Fischer-Runge, Graph. Darstellung in Wissenschaft u. Technik
735 Ekwall, Historische neuengl. Laut- und Formenlehre
746/746a Pfanzagl, Allg. Methodenlehre der Statistik I
747/747a Pfanzagl, Allg. Methodenlehre der Statistik II
756/756a Kalitsunakis, Gramm. d. Neugriech. Volksspr.
763/763a/763b Meyer, Hebräische Grammatik I
764/764a/764b Meyer, Hebräische Grammatik II
765/765a/765b Meyer, Hebräische Grammatik III
768/768a Bieberbach, Einführung in die konforme Abbildung

769/769a Beer-Meyer, Hebräisches Textbuch
770 Schlingloff, Religion des Buddhismus II
776/776a Kolms, Finanzwissenschaft III
780 Krahe, German Sprachwiss. II
781 Weigert, Stilkunde II
782/782a Kolms, Finanzwissenschaft IV
786 Schulze, Molekülbau
796/796a Meiners-Wiesenewsky, Elektr. Höchstspannungs-Schaltanlagen
807 Kropp, Erkenntnistheorie
809 Moser, Harmonielehre I
810 Moser, Harmonielehre II
826 Koch, Philosophie d Mittelalters
827/827a Meyer, Elektromotorische Antriebe
831 Erismann, Allg. Psychologie I
832/832a Erismann, Allg. Psychologie II
833 Erismann, Allg. Psychologie III
834/834a Erismann, Allg. Psychologie IV
837/837a Baumgartner, Gruppentheorie
845 Lehmann, Philosophie im ersten Drittel des 20. Jhs. I
847 Herter, Lurche
850 Lehmann, Philosophie im ersten Drittel des 20. Jhs II
851/851 a Moede, Psychologie des Berufs- und Wirtschaftslebens
857 Capelle, Griech. Philosophie I
858 Capelle, Griech. Philos. II
859 Capelle, Griech. Philos. III
862 Großmann, Vermessungskunde III
863 Capelle, Griech. Philos. IV
866 Bieler, Röm Literaturgeschichte II
869 Freye, Vögel
875 Hofmann, Geschichte der Mathematik II
877 Knopp, Aufgabensammlung zur Funktionentheorie I
878 Knopp, Aufgabensammlung zur Funktionentheorie II
881 Humburg, Gleichstrommaschine II
882 Hofmann, Geschichte der Mathematik III
883 Stuloff, Mathematik der neuesten Zeit
893 Treue, Dt. Geschichte von 1806 bis 1890
894 Treue, Dt. Geschichte von 1890 bis zur Gegenwart
896/896a Pokorny, Altirische Gramm.
902 Müller, Dynamik I
903 Müller, Dynamik II
910 Jaeger, Afrika I
911 Jaeger, Afrika II
915 Sperber-Polenz, Gesch. der Deutschen Sprache
917/917a Böhm, Versicherungsmathematik II
920/920a Hoheisel, Gewöhnliche Differentialgleichungen
921 Jantzen-Kolb, W. v. Eschenbach, Parzival
924/924a Brandenstein, Griechische Sprachwissenschaft III
929 Schirmer-Mitzka, Dt. Wortkunde
930 Krull, Elementare und klassische Algebra I
931 Hasse, Höhere Algebra I
932 Hasse, Höhere Algebra II
933 Krull, Elementare und klassische Algebra II
936 Thum-Meysenbug, Werkstoffe d. Maschinenbaues II
942/942a Damerau, Polnische Grammatik
952/952a Schäfer, Transformatoren
953 Zipperer, Techn. Schwingungslehre I
961/961a Zipperer, Techn. Schwingungslehre II
965 Dehnert, Wehr- und Stauanlagen
970/970a Baldus-Löbell, Nichteuklidische Geometrie
972/972a Herter-Urich, Vergleichende Physiologie der Tiere I
973 Herter-Birukow, Vergleichende Physiologie der Tiere II
978 Kleinlogel, Baustoffverarbeitung und Baustellenprüfung d. Betons
984 Graf, Baustoffe des Hoch- und Tiefbaus
999/999a Kamke. Mengenlehre
1000 Jaspers, Geistige Situat. der Zeit

1003 Hoheisel, Partielle Differentialgleichungen
1008/1008a Mellerowicz, Allgem. Betriebswirtschaftslehre I
1009 Bechert-Gerthsen-Flammersfeld, Atomphysik I
1014/1014a Huttenlocher-Ramdohr, Mineral- und Erzlagerstättenkunde I
1015/1015a Huttenlocher-Ramdohr, Mineral- und Erzlagerstättenkunde II
1017 Döring, Einf. i. d. th. Physik V
1020 Niese-Dienst, Elektrische Schweißverfahren
1031/1031a Apel-Ludz, Philosophisches Wörterbuch
1033 Bechert-Gerthsen-Flammersfeld, Atomphysik II
1034 Kranefeldt-Jung, Therapeutische Psychologie
1035 Altheim, Röm. Religionsgeschichte I
1039/1039a Dovifat, Zeitungslehre I
1040/1040a Dovifat, Zeitungslehre II
1044 Tölke, Talsperren
1045 Schubert, Technik des Klavierspiels
1051/1051a Stolberg-Wernigerode, Gesch. d. Vereinigten Staaten
1052 Altheim, Röm. Religionsgeschichte II
1059/1059a Hoheisel, Aufgabenslg. z. d. gew. u. part. Differentialgleichungen
1061 Grodzinski-Lechner, Getriebelehre I
1062 Grodzinski-Lechner, Getriebelehre II
1065 Haller-Dannenbauer, Von d. Karolingern zu den Staufern
1070 Sauter, Differentialgleichungen der Physik
1074 Koschmieder, Variationsrechnung I
1075 Koschmieder, Variationsrechnung II
1076/1076a Endres, Verbrennungsmotoren I
1077 Haller-Dannenbauer, Von den Staufern zu den Habsburgern
1078 Troche, Stahlbetonbau
1082 Hasse-Klobe, Aufgabensammlung zur höheren Algebra
1084/1084a Grigull, Techn. Thermodynamik
1085 Lietzmann-Aland, Zeitrechnung
1086 Müller, Dt. Dichten und Denken
1088 Preller, Gesch. Englands II
1092 Wickop, Fenster, Türen, Tore
1094 Hernried, System, Modulation
1096 Viëtor, Dt. Dichten und Denken
1099 Hoheisel, Integralgleichungen
1105 Hartung, Dt. Geschichte im Zeitalter der Reformation
1108 de Boor-Wisniewski, Mittelhochdeutsche Grammatik
1109 Knopp, Elemente der Funktionentheorie
1111/1111a Naumann-Betz, Althochdt. Elementarbuch
1113/1113a Strubecker, Differentialgeometrie I
1114/1114a Schubel, Engl. Literaturgeschichte I
1115/1115a/1115b Ranke-Hofmann, Altnord. Elementarbuch
1116 Schubel, Engl. Literaturgeschichte II
1117 Haller-Dannenbauer, Eintritt der Germanen in die Geschichte
1121 Naumann, Dt. Dichten u. Denken
1122/1122a Jesch, Sprecherziehung
1123/1123a Bechert-Gerthsen-Flammersfeld, Atomphysik III
1124 Schubel, Engl. Literaturgeschichte III
1125 Lehnert, Altengl. Elementarbuch
1127 Hartmann, Geschlecht u. Geschlechtsbestimmung im Tier- und Pflanzenreich
1128 Buchner, Symbiose d. Tiere
1130 Dibelius-Kümmel, Jesus
1131 Scholz-Schoeneberg, Einführung in die Zahlentheorie
1132 Frühauf, Überspannungen
1134 Kuckuck, Pflanzenzüchtung I
1135 Lehnert, Beowulf
1137 Heil, Entwicklungsgesch. d. Pflanzenreiches
1138 Hämmerling, Fortpflanzung im Tier- und Pflanzenreich
1140 Unger, Induktionsmaschinen

1141 Koller, Hormone
1142 Meissner-Lehnert, Shakespeare
1144 Gehler-Herberg, Festigkeitslehre I
1145/1145a Herberg-Dimitrov, Festigkeitslehre II
1146 Putz, Synchronmaschine
1147 Waltershausen, Kunst d. Dirigierens
1148 Pepping, Der polyphone Satz I
1152 Dehnert, Verkehrswasserbau III
1153/1153a Mellerowicz, Allgem. Betriebswirtschaftslehre II
1154/1154a Mellerowicz, Allgem. Betriebswirtschaftslehre III
1155 Schwartz, Mikrobiologie I
1156/1156a Meinke, Komplexe Berechnungen v. Wechselstromschaltungen
1157 Schwartz, Mikrobiologie II
1158/1158a Mayrhofer, Sanskrit-Grammatik
1159 Jungbluth, Gießereitechnik I
1160 Dibelius-Kümmel, Paulus
1161 Kaestner, Spinnentiere
1162 Seidel, Entwicklungsphysiologie der Tiere I
1163 Seidel, Entwicklungsphysiologie der Tiere II
1164/1164a Pepping, Der polyphone Satz II
1165/1165a Bechert-Gerthsen-Flammersfeld, Atomphysik IV
1169 Paulsen, Allgemeine Volkswirtschaftslehre I
1170 Paulsen, Allgemeine Volkswirtschaftslehre II
1171/1171a Paulsen, Allgemeine Volkswirtschaftslehre III
1172 Paulsen, Allgemeine Volkswirtschaftslehre IV
1173/1173a Hamann-Funke-Hermann, Chemie der Kunststoffe
1176/1176a Lorenzen, Form. Logik
1178/1178a Kuckuck, Pflanzenzüchtung II
1179/1179a Strubecker, Differentialgeometrie II
1180/1180a Strubecker, Differentialgeometrie III
1181 Franz, Topologie I
1182/1182a Franz, Topologie II
1183/1183a Nicolas, Finanzmathematik
1184/1184a Endres, Verbrennungsmotoren II
1185/1185a Endres, Verbrennungsmotoren III
1186/1186a Mellerowicz, Allgem. Betriebswirtschaftslehre IV
1187 Lau, Luther
1188/1188a Lehmann, Photogrammetrie
1189/1189a Päsler, Mechanik
1190 Stupperich, Melanchthon
1191/1191a Bräuer, Slav. Sprachwissenschaft I
1193 Fürstenberg, Wirtschaftssoziologie
1194/1194a Wendt, Gesch. d. Volkswirtschaftslehre
1195 Ohm, Allgem. Volkswirtschaftspolitik I
1196/1196a Ohm, Allgem. Volkswirtschaftspolitik II
1197/1197a Onasch, Konfessionskunde der orthod. Kirchen
1198 Engel, Straßenverkehrstechnik
1199 Lausberg, Romanische Sprachwissenschaft III, 1. Teil
1200/1200a Lausberg, Romanische Sprachwissenschaft III, 2. Teil
1201/1201a Dehn, Versuche zur allgem. u. phys. Chemie
1202/1202a Nagel, Gesch. des christl. Gottesdienstes
1203 Wendland, Sozialethik
1204 Scheurig, Zeitgeschichte
1205/1205a Hofmann, Ideengeschichte d. soz. Bewegung
1206/1206a Langen, Lineare Programmierung
1208 Lausberg, Romanische Sprachwissenschaft IV
1209/1209a Bock, Therm. Verfahrenstechnik I
1210/1210a Bock, Therm. Verfahrenstechnik II
1211/1211a Bock, Therm. Verfahrenstechnik III
1212/1212a Hilf, Arbeitswissenschaft
1213/1213a Kosiol, Buchhaltung und Bilanz

1216/1216a **Bauer**, Wahrscheinlichkeitstheorie I
1217 Bauer, Wahrscheinlichkeitstheorie II
1218/1218a/1218b Meid, German. Sprachwiss. III
1219 Schmidt-Clausing, Zwingli
1220/1220a Zemann, Kristallchemie
1221 Gerdes, Kierkegaard
1222/1222a Tschižewskij, Slav. Literaturen I
1223/1223a Tschižewskij, Slav. Literaturen II
1224/1224a/1224b Wedepohl, Geochemie
1225/1225a Schneider-Jurksch, Datenverarbeitungsanlagen
1226/1226a/1226b Weinstock, Mittelengl. Elementarbuch
1227/1227a Wedig, Übungsaufgaben zu A. Paulsen, Allgem. Volkswirtschaftslehre I/II

Autorenregister

FSC
www.fsc.org
MIX
Papier | Fördert gute Waldnutzung
FSC® C083411

Zeitfracht Medien GmbH
Ferdinand-Jühlke-Straße 7
99095 Erfurt, Deutschland
produktsicherheit@kolibri360.de